普通高等院校计算机基础教育“十四五”规划教材

大学信息技术素养

杨立军　谷　佩　陈　雪　主编

中国铁道出版社有限公司
CHINA RAILWAY PUBLISHING HOUSE CO., LTD.

内 容 简 介

本书根据教育部大学计算机课程教学指导委员会最新制定的《关于进一步加强高等学校计算机基础教学的意见暨计算机基础课程教学基本要求》编写而成，主要内容包括计算机与计算思维、信息与计算机中的数据、计算机网络基础、数据库概述、算法与程序设计基础、多媒体技术与应用、办公软件应用。

本书适合作为高等院校信息技术应用基础课程的教材，亦可作为计算机爱好者的自学用书。

图书在版编目（CIP）数据

大学信息技术素养/杨立军，谷佩，陈雪主编. —北京：中国铁道出版社有限公司，2021.9（2024.9 重印）
普通高等院校计算机基础教育“十四五”规划教材
ISBN 978-7-113-28347-6

Ⅰ. ①大… Ⅱ. ①杨… ②谷… ③陈… Ⅲ. ①电子计算机-高等学校-教材 Ⅳ. ①TP3

中国版本图书馆 CIP 数据核字(2021)第 177539 号

书　　名：大学信息技术素养
作　　者：杨立军　谷　佩　陈　雪

策　　划：魏　娜　　　　**编辑部电话：**（010）63549508
责任编辑：陆慧萍　王占清
封面设计：付　巍
封面制作：刘　颖
责任校对：焦桂荣
责任印制：樊启鹏

出版发行：中国铁道出版社有限公司（100054，北京市西城区右安门西街 8 号）
网　　址：https://www.tdpress.com/51eds/
印　　刷：北京铭成印刷有限公司
版　　次：2021 年 9 月第 1 版　2024 年 9 月第 3 次印刷
开　　本：787 mm×1 092 mm 1/16　印张：14　字数：348 千
书　　号：ISBN 978-7-113-28347-6
定　　价：39.00 元

前　言

信息技术是研究如何获取信息、处理信息、传输信息和使用信息的技术。

本书讨论的信息技术是指利用计算机、网络等各种硬件设备及软件工具，对信息进行获取、加工、存储、传输与使用的技术。

当前，信息技术已经应用到社会生活的各个方面，人们的生产方式、生活方式以及学习方式都发生了深刻的变化，全民教育、优质教育、个性化学习和终身学习已成为信息时代教育发展的重要特征。面对日趋激烈的国力竞争，世界各国普遍关注教育信息化在提高国民素质和增强国家创新能力方面的重要作用。《国家中长期教育改革和发展规划纲要（2010—2020年）》明确指出：“信息技术对教育发展具有革命性影响，必须予以高度重视。”

本书根据教育部大学计算机课程教学指导委员会最新制定的《关于进一步加强高等学校计算机基础教学的意见暨计算机基础课程教学基本要求》编写而成，主要内容包括计算机与计算思维、信息与计算机中的数据、计算机网络基础、数据库概述、算法与程序设计基础、多媒体技术与应用、办公软件应用。

本书适合作为高等院校信息技术应用基础课程的教材，亦可作为计算机爱好者的自学用书。书中所有素材、案例及教案可向编者（邮箱：yxdgsxs@163.com）索取。

本书由杨立军、谷佩、陈雪主编，参加本书编写的人员及负责的章节如下：武新慧、陈雪编写第1、7章；路慧、杨立军编写第2、3、5章；谷佩、杨树元编写第4、6章。全书由杨立军、谷佩统稿。

本书的编写得到了河北师范大学汇华学院的大力支持和帮助，由“河北师范大学汇华学院精品教材建设项目”资助，在此深表感谢。

李孟建对本书提出了宝贵的意见及建议，在此深表谢意。同时，对在本书出版过程中提出建议和给予帮助的其他朋友表示深深的感谢。

由于编者能力所限，书中难免会出现一些不足和疏漏之处，恳请大家批评指正。

编　者

2021年5月

目录

第1章 计算机与计算思维

计算机是人类最先进的科学技术发明之一，对人类的生产活动和社会活动产生了极其重要的影响，它的出现推动了整个社会的飞速发展，使人类社会从工业社会步入了信息社会。它的应用领域从最初的军事科研扩展到社会的各个领域，已形成了规模巨大的计算机产业，带动了全球范围的技术进步，由此引发了深刻的社会变革。现在，计算机成为信息社会中必不可少的工具。

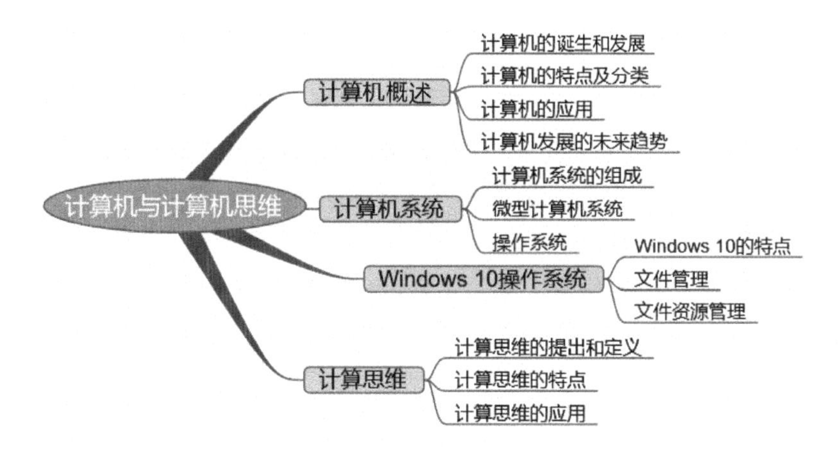

1.1 计算机概述

在漫长的人类文明发展过程中，出现过许多计算工具，例如算盘、计算尺等，这些计算工具帮助人们进行科学计算，为推动人类文明发展做出了巨大的贡献。随着社会需求的改变，计算工具不断开发和升级，进入 20 世纪后，计算机的出现又让人类文明进入一个崭新的时代。

1.1.1 计算机的诞生和发展

计算机是一种以高速进行计算、具有内部存储能力、由程序控制操作过程的自动电子装置，其主要功能是进行数字计算和信息处理。它具有极高的处理速度、超大的信息存储空间、精准的计算能力和逻辑判断能力，是一种按程序自动运行的现代化智能电子设备。

1. 电子计算机的诞生

1946 年 2 月 14 日，为了设计弹道，在美国陆军总部的指导下，美国宾夕法尼亚大学的物理学家约翰·莫奇勒博士（John W. Mauchly）和电气工程师普雷斯波·埃克特（J. Prespen Eckert）领导的研制小组，成功研制了世界上第一台真正能运行的电子数字计算机 ENIAC（Electronic

Numerical Integrator And Calculator），如图 1–1 所示。这台计算机体积庞大，由 18 000 个电子管组成，占地 170 m^2，重达 30 t，每小时用电 140 kW，运行速度为在 1 秒内可以进行 5 000 次加法运算或 500 次乘法运算，这比当时最快的电子计算器的运算速度要快 1 000 多倍。用 ENIAC 计算题目时，首先要根据题目的计算步骤编好一条条指令，再按指令连接好外部线路，然后启动它自动运行并输出结果。当到下一道题时，还要重复以上工作，所以它存在明显的缺陷。但由于它的运算速度比以前的计算工具提高了近千倍，使科学家们从大量的计算中解放出来。ENIAC 的出现具有跨时代的伟大意义，标志着电子计算机时代的到来。

图 1–1　ENIAC

2. **计算机发展的四个阶段**

ENIAC 被广泛认为是世界上第一台现代意义上的计算机，但它自身存在明显的缺陷。1945 年 6 月，美籍匈牙利数学家冯·诺依曼发表了一份长达 101 页的报告，这就是著名的《关于 EDVAC 的报告草案》。冯·诺依曼对 ENIAC 作了两项重大的改进，在计算机发展史上树起了一座新的里程碑：

第一，将十进制改为二进制，从而大大简化了计算机的结构和运算过程。

第二，将程序与数据一起存储在计算机内，使得电子计算机的全部运算成为真正的自动过程。

目前，计算机的基本结构仍采用冯·诺依曼提出的原理和思想，因此冯·诺依曼也被誉为“现代电子计算机之父”。

从第一台电子计算机诞生至今，计算机技术以前所未有的速度迅猛发展。一般根据计算机所采用的逻辑元件，将计算机的发展分为如下四个阶段，如表 1–1 所示。

表 1–1　计算机发展的四个阶段

阶段	第一代	第二代	第三代	第四代
时间	1946—1955 年	1956—1964 年	1965—1970 年	1971 年至今
逻辑元件	电子管	晶体管	中小规模集成电路	（超）大规模集成电路
内存储器	汞延迟线、磁芯	磁芯存储器	半导体存储器	半导体存储器
外存储器	磁鼓	磁鼓、磁带	磁带、磁盘	磁盘、光盘
外围设备	读卡机、纸带机	读卡机、纸带机、电传打字机	读卡机、打印机、绘图机	键盘、显示器、打印机、绘图机
处理速度	10^3～10^5 IPS	10^6 IPS	10^7 IPS	10^8～10^{10} IPS
内存容量	数千字节	数十千字节	数十千字节 ~ 数兆字节	数十兆字节
编程语言	机器语言	汇编语言、高级语言	汇编语言、高级语言	高级语言、第四代语言
系统软件	无	操作系统	操作系统、实用程序	操作系统、数据库管理系统
代表机型	ENIAC IBM 650 IBM 709	IBM 7090 IBM 7094 CDC 7600	IBM 360 系列 富士通 F230 系列	大型、巨型计算机 微型、超微型计算机

① 第一代电子计算机是电子管计算机。到 1955 年，全世界已经生产了几千台大型电子计算机，其中有的运算速度已经高达每秒几万次。这些电子计算机都以电子管为主要组件，所以叫电子管计算机。这代计算机体积大，耗电量多，发热量大，速度慢，存储容量小，程序设计采用机器语言或汇编语言，主要用于军事和科学计算。尽管这代计算机存在这些局限性，但它奠定了计算机发展的基础。利用这一代电子计算机，人们将人造卫星送上了天。

② 第二代电子计算机是晶体管计算机。1956 年，美国贝尔实验室用晶体管代替电子管，制成了世界上第一台全晶体管计算机 Lepreachaun。第二代计算机较第一代具有速度快、寿命长、体积小、重量轻、耗电量少等优点。这一代计算机软件有了较大发展，出现了监控程序并发展成为后来的操作系统，推出了 BASIC、FORTRAN、COBOL 高级程序设计语言。它使编程工作更加简化，其应用领域也已拓展到信息处理及其他科学领域。

③ 第三代电子计算机是中小规模集成电路计算机。1962 年，美国得克萨斯公司与美国空军合作，以集成电路作为计算机的基本电子组件，制成了一台实验性的样机。在这时期，计算机的体积、功耗都进一步减少，可靠性大为提高，运算速度达到了每秒 4 000 万次。与晶体管元件相比，集成电路体积更小，耗电更少，寿命更长。软件在这个时期得到快速发展，出现了分时操作系统，提出结构化、模块化程序设计方法。计算机应用范围进一步扩大，广泛应用于信息处理、工业控制、科学计算等领域。

④ 第四代电子计算机是大规模 / 超大规模集成电路计算机。1971 年，Intel 公司制成了第一代微处理器 4004，这一芯片由 2 250 个晶体管组成。此时的计算机操作系统向虚拟操作系统发展，数据库管理系统不断完善和提高，程序设计语言进一步发展和改进。计算机性能不断提高，体积大大缩小，价格不断下降，逐步普及到家庭。伴随着多媒体、计算机网络技术的发展，计算机应用到了社会各个领域。

3. 中国计算机的发展

（1）第一代电子管计算机研制

我国第一代电子管计算机的研制时间是 1958—1964 年。1958 年 8 月 1 日，在中国科学院计算技术研究所，由七机部张梓昌高级工程师领衔研制的中国第一台电子管通用计算机 103 机交付使用，如图 1-2 所示，标志着我国第一台电子计算机诞生。

（2）第二代晶体管计算机研制

我国第二代晶体管计算机的研制时间是 1965—1972 年。1965 年，中国科学院成功研制了我国第一台大型晶体管计算机 109 乙机，之后推出 109 丙机。它们在我国两弹试制中发挥了重要作用，被用户誉为“功勋机”。

（3）第三代中小规模集成电路的计算机研制

我国第三代中小规模集成电路计算机的研制时间是 1973 年至 20 世纪 80 年代初。1973 年，北京大学与北京有线电厂等单位合作研制成功了运算速度每秒 100 万次的大型通用计算机。1974 年，清华大学等单位联合设计，研制成功 DJS-130 小型计算机，之后又推出了 DJS-140 小型机，形成了 100 系列产品。20 世纪 70 年

图 1-2　103 机

代后期，电子部 32 所和国防科大分别研制成功 655 机和 151 机，速度都在百万次级。

（4）第四代超大规模集成电路的计算机研制

我国第四代超大规模集成电路的计算机的研制时间是 1980 年至今。1980 年初，我国开始采用 Z80、X86 和 6502 芯片研制微机。1983 年 12 月，电子部六所研制成功与 IBM PC 兼容的 DJS–0520 微机。我国的微机生产水平已达到了国际先进水平，先后诞生了联想、长城、方正、同方、浪潮等一批国际微机品牌。同时，中国超级计算机也在这一时期发展迅速，跃升到国际先进水平国家当中。中国在 1983 年就研制出第一台超级计算机银河一号，使中国成为继美国、日本之后第三个能独立设计和研制超级计算机的国家。中国以国产微处理器为基础制造出本国第一台超级计算机，名为“神威蓝光”，在 2019 年 11 月 TOP500 组织发布的世界超级计算机 500 强榜单中，中国占据了 227 个，神威・太湖之光超级计算机位居榜单第三位，天河二号超级计算机位居第四位。

1.1.2 计算机的特点及分类

1. 计算机的特点

（1）自动运行程序且支持人机交互

计算机采用了存储程序控制的方式，能在程序控制下自动并连续地进行高速运算。数据和程序储存在计算机中，一旦向计算机发出运行指令，计算机就能在程序的控制下，自动按事先规定的步骤执行，直到完成指定的任务为止，这是计算机最突出的特点。另外，计算机的多种输入 / 输出设备以及相应的软件，可支持用户进行方便的人机交互。

（2）运算速度快，运行精度高

计算机发展到今天，不但可以快速地完成各种指令、任务，而且具有前几代计算机无法比拟的计算精度，运算速度可达亿次以上，甚至有的机器可达万亿次计算。2013 年 6 月 17 日，国际 TOP500 组织公布全球超级计算机 500 强排行榜榜单，中国国防科学技术大学研制的“天河二号”以每秒 33.86 千万亿次的浮点运算速度，成为全球最快的超级计算机。2016 年 6 月，中国已经研发出了当时世界上最快的超级计算机“神威・太湖之光”，目前，落户在位于无锡的中国国家超级计算机中心。该超级计算机的浮点运算速度是世界第二快超级计算机“天河二号”（同样由中国研发）的 2 倍，达 9.3 亿亿次每秒。2019 年，“神威・太湖之光”和“天河二号”超级计算机运算速度继续提升，位于世界前列。

（3）具有记忆和逻辑判断能力

计算机的存储系统由内存和外存组成，具有存储和“记忆”大量信息的能力。现代计算机的内存容量已经以吉字节（GB）计算，外存的容量更是惊人，普通的 PC 硬盘容量已经达到太字节（TB）。计算机借助于逻辑运算，可以让计算机做出逻辑判断，分析命题是否成立，并可根据命题成立与否做出相应的对策。

（4）可靠性高

计算机采用大规模和超大规模集成电路，从而具有非常高的可靠性，随着微电子技术和计算机技术的发展，电子计算机连续无故障运行时间可达到几十万小时以上。

（5）网络与通信功能

计算机技术与通信技术的结合，产生了计算机网络。20 世纪最伟大的发明之一就是

Internet，它连接了全世界 200 多个国家和地区的各种计算机。人们通过计算机网络可共享网上资料、互相学习等。

除此之外，现代的微型计算机（Microcomputer）还具有体积小、重量轻、耗电少、易维护、易操作、功能强、使用方便、价格便宜等优点，可以帮助人们完成更多复杂的工作。

2. **计算机的分类**

（1）按用途分类

计算机按其用途不同可分为专用计算机（Special Purpose Computer）和通用计算机（General Purpose Computer）。专用计算机是指专为某一特定问题而设计制造的电子计算机，用来提供特定的服务，如在导弹和火箭上使用的计算机大部分是专用计算机。通用计算机能解决多种类型的问题，适合各种工作环境，通用性强。通用计算机适用于一般科学计算、学术研究、工程设计和数据处理等广泛用途的计算。通常所说的计算机均指通用计算机。

（2）按处理信息的方式分类

计算机按其处理信息的方式可分为模拟计算机（Analogue Computer）、数字计算机（Digital Computer）和混合计算机（Hybrid Computer）。模拟计算机用来处理模拟数据，这些模拟数据通过模拟量表示，模拟量可以是电压、电流、温度等。这类计算机在模拟计算和控制系统中应用较多。例如，利用模拟计算机求解高阶微分方程，其解题速度非常快。数字计算机可以进行数字信息和模拟物理量的处理，适合于科学计算、信息处理、过程控制和人工智能等，有速度快、精度高、自动化、通用性强等特点。混合计算机通过模/数、数/模转换器将数字计算机和模拟计算机连接，集合了模拟计算机和数字计算机的优点。

（3）按性能指标分类

计算机按其性能指标可以分为巨型计算机、小巨型计算机、大型机、小型计算机、工作站和微型计算机六类，该分类方法是由美国电气和电子工程师协会（Institute of Electrical and Electronics Engineers，IEEE）提出的。

① 巨型计算机又称“超级计算机”（Super Computer），它是所有计算机中性能最高、功能最强、速度极快、存储量巨大、结构复杂的一类计算机。它是一种大规模的电子计算机，主要表现为高速度和大容量，其运算速度可达每秒 1 000 万次以上，存储容量也在 1 000 万位以上。这类计算机价格相当昂贵，主要用于复杂、尖端的科学研究领域，特别是军事科学计算。生产这类计算机的能力可以反映一个国家的计算机科学水平。图 1-3 所示为我国研制成功的“银河Ⅱ”巨型计算机。

② 小巨型（Mini Computer）计算机是小巨型超级计算机，其功能略低于巨型计算机，价格只有巨型计算机的 1/10，具有更好的性价比。小巨型机是计算机中性能较好、应用领域非常广泛的一类计算机。小巨型机结构简单、使用和维护方便，备受中小企业欢迎，主要用于科学计算、数据处理和自动控制等。

③ 大型机一般用在高科技和尖端科研领域。它由许多中央处理器协同工作，有着海量的存储容量。大型机是计算机中通用性能最强，功能、速度、存储量仅次于巨型机的一类计算机。大型机的运算速度能达到每秒千亿次，通常能容纳上万用户同时使用，经常用来作为大型的商用服务器，具有很强的处理和管理能力，具有比较完善的指令系统和丰富的外围设备，主要用于大银行、大公司、规模较大的高校和科研所。图 1-4 所示为 IBM Z9 系列大型

计算机。

图 1-3 “银河Ⅱ”巨型计算机

图 1-4 IBM Z9 系列大型计算机

④ 小型计算机是小规模的大型计算机，其运行原理类似于 PC 和服务器，但性能和用途又与之截然不同。它是一种高性能的计算机，比大型计算机价格低，但几乎有着同样的处理能力，可以满足中、小型单位的工作需要。

⑤ 工作站（Work Station）是介于微型机和小型机之间的一种高档计算机，其运算速度比计算机快，通常它配有大容量的主存、高分辨大屏幕显示器、较高的运算速度和较强的网络通信能力，具有大型机或小型机的多任务、多用户能力，且兼有微型机的操作便利和良好的人机界面。因此，工作站主要用于图像处理和计算机辅助设计等领域。

⑥ 微型计算机简称“微机”，也称为个人计算机（Personal Computer，PC），是由大规模集成电路组成的电子计算机。微型计算机以中央处理器（CPU）为核心，由运算器、控制器、存储器、输入设备和输出设备五部分组成。微型机是应用领域最广泛、发展最快、人们最感兴趣的一类计算机，目前市场上销售的绝大部分计算机都属于微型计算机，具有功能强、体积小、灵活性高、价格便宜等优势。

微型计算机和工作站、小型计算机甚至大型计算机之间的界限已经越来越模糊，各类计算机之间的主要区别体现在运算速度、存储容量及机器体积等方面。

1.1.3 计算机的应用

1. 科学计算

科学计算也称为数值计算，是指用于完成科学研究和工程技术中提出的科学问题的计算，是计算机最早也是相对最成熟的应用领域。世界上第一台计算机的研制就是为科学计算而设计的，利用计算机可以解决人工无法解决的复杂计算问题。如今，科学计算仍然是计算机应用的一个重要领域，如高能物理、工程设计、地震预测、气象预报、航天技术等。由于计算机具有高运算速度和精度，以及逻辑判断能力，因此出现了计算力学、计算物理、计算化学、生物控制论等新的学科。

2. 数据处理

数据处理又称信息处理，为非数值计算，是目前计算机应用最多的领域。数据处理是指用计算机对各种类型的数据如文字、图形、声音等进行收集、存储、加工、分析和传输的过程。一般来说，科学计算的数据量不大，但计算过程比较复杂，而数据处理的数据量很大，但计算方法较简单。

3. **过程控制**

过程控制又称实时控制，是通过实时监测目标物体的当前状态，及时调整被控对象，使被控对象能够正确地完成目标物体的生产、制造或运行。用计算机进行控制，可以大大提高自动化水平，减轻劳动强度，提高劳动生产率。尤其在现代化的今天，计算机在卫星、导弹发射等国防尖端领域更是起着不可替代的作用。

4. **计算机辅助**

计算机辅助是计算机应用的一个非常广泛的领域。利用计算机可以辅助人们实现部分或全部具有设计性质的工作。计算机辅助主要有计算机辅助设计（CAD）、计算机辅助制造（CAM）、计算机辅助测试（CAT）和计算机辅助教学（CAI）等。

5. **人工智能**

人工智能是指用计算机来模拟人的智能，使计算机具有识别语言、文字、图形及进行推理、学习和适应环境的能力。人工智能是计算机应用的前沿领域，开发一些具有人类某些智能的应用系统，使计算机具有自学习适应和逻辑推理的功能，帮助人们学习和完成某些推理工作，如计算机推理、智能学习系统、专家系统、机器人等。

6. **网络与通信**

计算机技术与现代通信技术的完美结合产生了计算机网络。计算机网络的建立，不仅把不同地域、不同国家、不同行业联系在一起，还使人们足不出户就可以预订车票、网上购物等，大大改变了人们的生活和工作方式。

1.1.4 计算机发展的未来趋势

自世界上第一台通用电子计算机诞生以来，距今已有近 70 多年的历史。在这几十年中，计算机及其所涉及的技术领域不断发展与完善，计算机技术也飞速发展。当前计算机正朝着巨型化、微型化、智能化、网络化、多媒体化等方向发展。

1. **未来新一代的计算机**

直到今天，人们使用的所有计算机，都采用冯·诺依曼提出的“存储程序”原理为体系结构，因此也统称为冯·诺依曼型计算机。新一代计算机是微电子技术、光学技术、超导技术、电子仿生技术等多学科相结合的产物，目标是希望打破以往固有的计算机体系结构，使计算机能进行知识处理、自动编程、测试和排错，能具有人类那样的思维、推理和判断能力。非传统计算机技术有：利用光作为载体进行信息处理的光计算机；利用蛋白质、DNA 的生物特性设计的生物计算机；模仿人类大脑功能的神经元计算机以及具有学习、思考、判断和对话能力，可以辨别外界物体形状和特征，且建立在模糊数学基础上的模糊电子计算机等。未来的计算机还可能是超导计算机、量子计算机、DNA 计算机或纳米计算机等。

2. **计算机技术与网络技术的新发展**

在当代，计算机科学与技术的发展可谓突飞猛进。各种新概念、新应用、新产品不断在市场上推出，令人目不暇接。走在各类学科中最尖端的计算机科学，正全面影响着人们的生活、学习和工作方式。

（1）物联网

物联网，顾名思义就是连接物品的网络，其概念早在 20 世纪末就提出。1999 年，美国麻省理工学院建立了“自动识别中心”（Auto-ID），提出“万物皆可通过网络互联”，阐明了物联网的基本含义。早期的物联网是依托射频识别（RFID）技术的物流网络，随着技术和应用的发展，物联网的内涵已经发生了较大变化。

国际电信联盟（ITU）对物联网定义是：通过二维码识读设备、射频识别装置、红外感应器、全球定位系统和激光扫描器等信息传感设备，按约定的协议，把任何物品与互联网相连接，进行信息交换和通信，以实现智能化识别、定位、跟踪、监控和管理的一种网络。

简单地说，物联网就是解决物品与物品（Thing to Thing，T2T）、人与物品（Human to Thing，H2T）、人与人（Human to Human，H2H）之间的互连。但是与传统互联网不同的是：H2T 是指人利用通用装置与物品之间的连接，从而使得物品连接更加地简化；H2H 是指人之间不依赖于 PC 而进行的互连；而物联网希望做到的则是 T2T，即物品能够彼此进行“交流”，无须人的“干预”。物联网示意图如图 1-5 所示。

那么，如何理解物联网与实际物品之间的交流呢？我们来举一些例子说明。

图 1-5　物联网示意图

例如智能交通，物联网技术在道路交通方面的应用比较成熟。随着社会车辆越来越普及，交通拥堵甚至瘫痪已成为城市的一大问题。对道路交通状况实时监控并将信息及时传递给驾驶人，让驾驶人及时作出出行调整，有效缓解了交通压力；公交车上安装定位系统，能及时了解公交车行驶路线及到站时间，乘客可以根据搭乘路线确定出行，免去不必要的时间浪费。再如智能家居，智能家居就是物联网在家庭中的基础应用。家中无人，可利用手机等产品客户端远程操控智能空调，调节室温，从而实现全自动的温控操作，使用户在炎炎夏季回家就能享受到冰爽带来的惬意；还可以通过客户端实现智能灯泡的开关、调控灯泡的亮度和颜色等；另外，智能摄像头、窗户传感器、智能门铃、烟雾探测器、智能报警器等都是家庭不可少的安全监控设备，即使出门在外，也可以在任意时间、地方查看家中任何一角的实时状况，避免任何安全隐患。看似烦琐的种种家居生活因为物联网变得更加轻松、美好。

（2）云计算

云计算（Cloud Computing）的概念是由 Google 首先提出的。云计算作为一种网络应用模式，由一系列可以动态升级和被虚拟化的资源组成，这些资源被所有云计算的用户共享并且可以方便地通过网络访问，用户无须掌握云计算的技术，只需要按照个人或者团体的需要租赁云计算的资源。

根据美国国家标准与技术研究院（NIST）定义：云计算是一种按使用量付费的模式，这种模式提供可用的、便捷的、按需的网络访问，进入可配置的计算资源共享池（资源包括网络、服务器、存储、应用软件、服务等），这些资源能够被快速提供，只须投入很少的管理工作，或与服务供应商进行很少的交互，云计算简图如图 1-6 所示。云计算概念被大量运用到生产环境中，国外的云计算已经非常成熟，如 IBM、Microsoft 都拥有自己的云平台。

图 1-6　云计算简图

而国内著名的腾讯、新浪、百度等企业目前也都拥有云平台，以提供相应的数据服务。各种基于云计算的应用服务范围正日渐扩大，影响力也不可估量。

对于云计算服务的使用者来说，“云”中的资源是可以随时获取，并且可无限扩展的。用户可以按需支付并使用“云”服务。云计算提供了最可靠、最安全的数据存储中心，用户不用再担心数据丢失、病毒入侵等麻烦。因为在“云”的另一端，有全世界最专业的团队来帮助管理信息，有全世界最先进的数据中心来帮助保存数据。

云计算是当前一个热门的技术名词，很多专家认为，云计算会改变互联网的技术基础，甚至会影响整个产业的格局。正因为如此，很多大型企业都在研究云计算技术和基于云计算的服务，亚马逊、谷歌、微软、戴尔、IBM 等 IT 国际巨头以及百度、阿里巴巴等国内业界都在其中。几年之内，云计算已从新兴技术发展成为当今的热点技术。

（3）大数据

对于“大数据”（Big Data），研究机构 Gartner 给出了这样的定义：“大数据”是需要新处理模式才能具有更强的决策力、洞察发现力和流程优化能力的海量、高增长率和多样化的信息资产。

随着云时代的来临，大数据也吸引了越来越多的关注。大数据的特点有四个层面：第一，数据量巨大，从太字节级别跃升到拍字节级别；第二，数据类型繁多，大数据的数据来自多种数据源；第三，处理速度快，这也是大数据的鲜明特征；第四，价值密度低，只要合理利用数据并对其进行正确、准确的分析，将会带来很高的价值回报。一般将其归纳为四个“V”——Volume（数据体量大）、Variety（数据类型繁多）、Velocity（处理速度快）、Value（价值密度低）。

1.2 计算机系统

计算机系统是按人的要求接收和存储信息，自动进行数据处理和计算，并输出结果信息的机器系统。

1.2.1 计算机系统的组成

一个完整的计算机系统由硬件系统和软件系统两部分组成，如图 1-7 所示。硬件通常是指一切看得见、摸得着的设备实体，是客观存在的物理实体，由电子元件和机械元件构成，是计算机系统的物质基础。软件系统是指运行在计算机上的程序和数据，泛指各类程序和文件，计算机软件包括计算机本身运行所需要的系统软件和完成用户任务所需要的应用软件。

1. 计算机硬件系统

自第一台计算机 ENIAC 发明以来，计算机系统的技术已经得到了很大的发展，但计算机硬件系统的基本结构没有发生变化，仍然属于冯·诺依曼体系计算机。计算机硬件系统由运算器、控制器、存储器、输入设备和输出设备五部分组成。

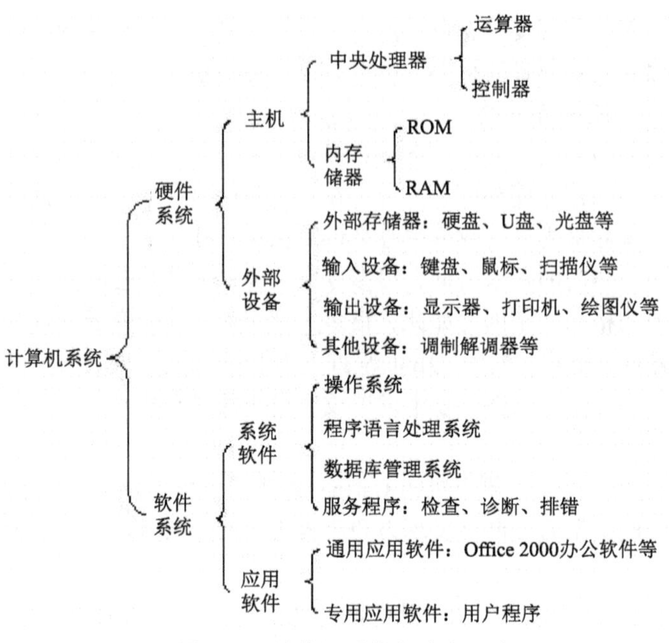

图 1-7　计算机系统的基本组成

（1）冯·诺依曼结构

以冯·诺依曼为首的研制小组于 1945 年提出了“存储程序控制”的计算机结构，该结构被称为“冯·诺依曼结构”，又称作普林斯顿体系结构（Princetion Architecture），它奠定了现代计算机的基本结构。

存储程序概念可以简要地概括为以下三方面：

① 计算机（指硬件）由运算器、存储器、控制器、输入设备和输出设备五大基本部件组成。

② 计算机内部采用二进制来表示指令和数据。

③ 将编好的程序和原始数据事先存入存储器中，然后再启动计算机工作。

（2）计算机的工作原理

计算机的工作过程实际上是快速地执行指令的过程，如图 1-8 所示。指令是指计算机能够识别并执行某种基本操作的命令。一条指令通常分成操作码和地址码两部分，操作码指示计算机执行何种操作，如加法、取数操作等；地址码指示参与运算数据在内存或 I/O 设备的位置。计算机系统中所有指令的集合称为该计算机的指令系统。当计算机在工作时，有两种信息在执行指令的过程中流动：数据流和控制流。

一般把计算机完成一条指令所花费的时间称为一个指令周期，指令周期越短，指令执行越快。通常所说的 CPU 主频就反映了指令执行周期的长短。

指令的执行过程一般分为以下几个步骤：

① 取指令：将要执行的指令从内存中取出送到 CPU。

② 分析指令：由译码器对指令的操作码进行译码，并转换成相应的控制信号。

③ 执行指令：根据操作码和操作数完成相应操作。

④ 产生下一条指令的地址。

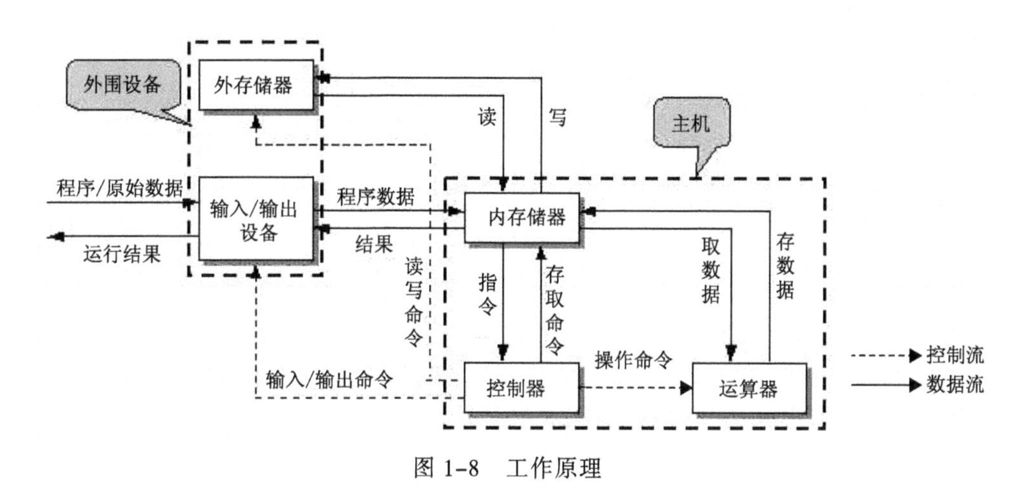

图 1-8　工作原理

⑤ 重复步骤①～④。

（3）计算机硬件组成

计算机硬件，是指组成计算机的各种物理设备，它包括计算机的主机和外围设备，由五大功能部件组成，即运算器、控制器、存储器、输入设备和输出设备。这五大部件相互配合，协同工作。

① 运算器：核心部件是算术逻辑单元（Arithmetic Logic Unit，ALU），是计算机对信息数据进行处理和运算的部件，运算器包括以下几个部分：通用寄存器、状态寄存器、累加器和关键的算术逻辑单元。运算器可以进行算术运算和逻辑运算。

② 控制器：可以看作计算机的大脑和指挥中心，它通过整合分析相关的数据和信息，从存储器中取出指令，并对指令进行译码，根据指令的要求，按时间先后顺序向其他各部件发出控制信息，保证各部件协调一致地工作，让计算机的各个组成部分有序地完成指令。控制器和运算器共同组成了中央处理器（CPU）。

③ 存储器：是计算机记忆或暂存数据的部件，用来保存数据、指令和运算结果等。

④ 输入设备：输入设备（Input Devices）是将数据、程序等各种用户信息转换为计算机能识别和处理的二进制信息形式的设备，是用户与计算机系统之间进行信息交换的主要装置之一。常用的输入设备有键盘、鼠标、扫描仪、摄像头等。

⑤ 输出设备：输出设备（Output Devices）是指将主机内的信息转换成数字、文字、符号、图形、图像或声音等进行输出的设备，常用的输出设备有显示器、打印机和绘图仪等。

2. **计算机软件系统**

计算机软件系统是相对于硬件系统而言的，没有软件系统的计算机是无法工作的。计算机的性能不仅仅取决于硬件系统，更大程度上取决于软件的配置是否完善、齐全。

计算机的软件系统是指计算机在运行的各种程序、数据及相关的文档资料等，如图 1-9 所示。计算机软件系统分为系统软件和应用软件两大类。

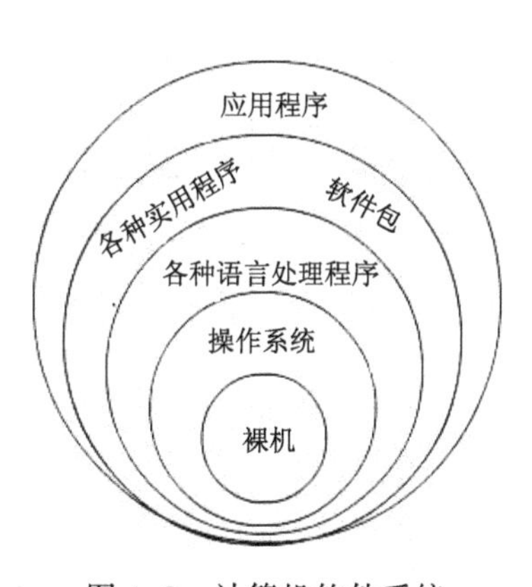

图 1-9　计算机软件系统

（1）系统软件

系统软件是指控制和协调计算机及外围设备，支持应用软件开发和运行的系统，是无须用户干预的各种程序的集合，主要功能是调度、监控和维护计算机系统；负责管理计算机系统中各种独立的硬件，使它们可以协调工作。

① 操作系统。

操作系统是最重要、最基本的系统软件，是系统软件的核心。它是管理和控制整个计算机软硬件资源，方便用户充分而有效地使用这些资源的程序集合。计算机系统中的主要部件之间能相互配合、协调一致的工作，都是靠操作系统的统一控制才得以实现的，其他软件都是建立在操作系统基础上的。操作系统是沟通用户与计算机之间的"桥梁"，是人机交互的界面。没有它，用户无法使用其他软件和程序。

常见的操作系统及其特点如表 1-2 所示。

表 1-2　常见操作系统及其特点

操作系统	特点
DOS	单任务，只包括设备管理和文件管理两部分
Windows	多任务，图形化界面
Mac OS X	采用了先进的网络和图形技术，特有的新型虚拟存储管理等
UNIX	运行效率高，可拆卸的树形结构文件系统，可移植性好等
Linux	多用户、多任务操作系统；开发源代码，完全免费；操作系统的内核可根据需要进行定制；硬件环境要求低；具有强大的网络通信功能等

操作系统的种类繁多，有嵌入式操作系统、个人计算机操作系统、网络操作系统和大型机操作系统等，如：广泛使用在智能手机或平板电脑的嵌入式操作系统 Android、IOS 等，主要用于个人计算机上的桌面操作系统 Windows、Mac OS X 等，主要用于服务器上的操作系统 Windows Server、Red Hat Linux 等。

② 计算机语言及语言处理系统。

计算机语言又称程序设计语言，是指编写程序所使用的语言，是人与计算机之间交流的工具。按照和硬件结合的紧密程度，可以将程序设计语言分为机器语言、汇编语言和高级语言。

- 机器语言。机器语言是直接用二进制代码表达的计算机语言，是计算机系统能够直接执行的语言。它的特点是计算机能够直接识别，用其编写的程序执行效率高，但编写困难，可移植性差，可读性差，并且不易掌握。
- 汇编语言。为了克服机器语言的缺点，人们想到直接用英文单词或缩写来替代二进制代码进行编程，从而出现了汇编语言。汇编语言也是面向机器的语言，它采用比较容易识别和记忆的符号来表示程序，例如，使用 ADD 表示加法，使用 MOV 表示传送等。用汇编语言编写的程序比用机器语言编写的程序易于理解和记忆。汇编语言编写的程序在执行之前必须先翻译成机器语言程序（目标程序），再连接成可执行程序在计算机中执行。程序执行效率较高，但可移植性差。
- 高级语言。汇编语言虽然比机器语言前进了一步，但使用起来仍然很不方便，编程依然是一件极其烦琐的事情。因而，人们继续寻找一种更方便的编程语言，于是出现了高级语言。高级语言是最接近自然语言的程序设计语言，它不依赖计算机硬件，通用性和可移植性较好。用高级语言编写的程序，计算机硬件同样不能直接识别和执行，也要经过翻译后才能执行。高级语言种类较多，常用的语言有 Visual Basic、Visual C++、C#、Java 和 Python 等。

语言处理程序也属于系统软件。对于计算机硬件来说，只能识别和执行用机器语言编写的程序。如果使用汇编语言或高级语言编写程序，在计算机执行之前要先进行翻译，完成这个翻译过程的程序称为语言翻译程序，主要有汇编程序、解释程序和编译程序三种。

- 汇编程序。汇编程序的作用是将用汇编语言编写的源程序翻译成机器语言的目标程序。
- 解释程序。解释方式是通过解释程序对源程序一边翻译一边执行。
- 编译程序。大多数高级语言编写的程序采用编译的方式。编译过程是把源程序翻译成目标程序，然后通过连接程序将目标程序和库文件连接成可执行文件，通常可执行文件的扩展名是.exe。由于可执行文件独立于源程序，因此可以反复运行，运行速度较快。

无论是编译程序还是解释程序，其作用都是将高级语言编写的源程序翻译成计算机可以识别和执行的机器指令。它们的区别在于：编译方式是先将源程序编译成可执行程序，然后脱离源程序和编译程序单独执行，所以效率高，执行速度快；而解释方式是源程序和解释程序必须同时参与，边解释边执行，不产生目标文件和可执行程序，相对来说，效率较低，执行速度较慢。

③ 数据库管理系统。

数据库管理系统（DataBase Management System，DBMS）是应用最广泛的软件之一，它是一种操纵和管理数据库的大型软件，用于建立、使用和维护数据库。用户通过 DBMS 访问数据库中的数据，数据库管理员也通过 DBMS 进行数据库的维护工作。

现在常见的关系数据库产品有 Microsoft Access、MySQL、SQL Server 和 Oracle 等。

④ 系统辅助工具软件。

系统辅助工具软件是系统软件的一个组成部分，用来帮助用户更好地控制、管理和使用计算机的各种资源，如显示系统信息、整理磁盘、制作备份、监控系统、查杀病毒等。

（2）应用软件

应用软件是用户为了解决某些特定具体问题而开发、研制或外购的各种程序，它通常涉及应用领域知识，并在系统软件的支持下运行，如文字处理、图形处理、动画设计、网络应用等软件。常见的应用软件有办公软件、多媒体处理软件和游戏软件等。

① 办公软件。办公软件是日常办公需要的一些软件，一般有文字处理软件、电子表格处理软件、演示文稿制作软件等。常见的办公软件有微软公司的 Microsoft Office 和金山公司的 WPS 等。

② 多媒体处理软件。多媒体处理软件主要用于处理音频、视频及动画等。常用的视频处理软件有 Adobe Premiere、Flash、Cool Edit、Maya、3ds Max 等，其中，Flash 用于制作二维动画，Cool Edit 用于音频处理，Maya、3ds Max 等是大型的 3D 动画处理软件。

③ 游戏软件。游戏软件通常是指用各种程序和动画效果相结合的软件产品，正在不断发展壮大。

1.2.2 微型计算机系统

微型计算机系统简称“微机系统”。它是以处理器为核心，配上由大规模集成电路制成的存储器、输入/输出接口电路及系统总线所组成的小型计算机，又称为微机、电脑、个人计算机或 PC，普通用户日常所见到和接触的大多是微型计算机。

1. 微型计算机的基本组成

目前的各种微型计算机从概念结构上来说都是由中央处理器、存储器、输入/输出设备，以及连接它们的总线组成。

（1）中央处理器

中央处理器（Central Processing Unit，CPU）是电子计算机的主要设备之一，是计算机中的核心配件。其功能主要为处理指令、执行操作、控制时间、处理数据。它包括运算器和控制器两大部件，其中还包括高速缓冲存储器及实现它们之间联接的数据、控制的总线。CPU 是一小块集成电路，如图 1-10 所示。目前世界上生产微机 CPU 的厂家主要有 Intel（英特尔）和 AMD（超威）等公司。

图 1-10　CPU

在计算机体系结构中，CPU 是对计算机的所有硬件资源（如存储器、输入/输出单元） 进行控制调配、执行通用运算的核心。CPU 的性能指标直接决定微型计算机的性能指标，主要包括主频、字长、高速缓存等。

- 主频。主频是指 CPU 的时钟频率，单位是兆赫（MHz）或吉赫（GHz），表示在 CPU 内数字脉冲信号振荡的速度，是微型计算机性能的一个重要指标。主频越高，CPU 在一个时钟周期里所能完成的指令数就越多，CPU 的运算速度也就越快。
- 字长。字（Word）是计算机最方便、最有效进行操作的数据或信息长度，一个字由若干字节组成。字又称机器字，将组成一个字的位数称为该字的字长，字长越长容纳的位数越多，计算机的运算速度就越快，处理能力就越强。因而，字长是计算机硬件的一项重要技术指标，不同档次的计算机有不同的字长。
- 高速缓存。封闭在 CPU 芯片内部的高速缓冲存储器，是一种速度比内存更快的存储器，用于暂时存储 CPU 运算时产生的部分指令和数据，相当于内存和 CPU 之间的缓冲区，实现内存和 CPU 的速度匹配。

（2）存储器

存储器是计算机系统中的记忆设备，是指存储程序和数据的部件。它分为内存储器（简称内存或主存）和外存储器（简称外存或辅存）两类。

① 内存。

内存（Memory）是计算机的重要部件之一，是计算机各种信息存放和交换的中心，是主板上的存储部件，用来存储当前运行的程序和数据。CPU 根据存储单元地址从内存中读出数据或向内存写入数据。内存容量就是所有存储单元的总数，以字节为基本单位。较之于外存，内存容量小，存取速度快。

按存取方式，内存可分为只读存储器（Read Only Memory，ROM）和随机存储器（Random Access Memory，RAM）。

ROM 的特点是只能从中读出信息，不能随意写入信息，是一个永久性存储器，断电后信息不会丢失。ROM 主要用来存放固定不变的程序和数据，如机器的开机自检程序、初始化程序、基本输入/输出设备的驱动程序等。

RAM 随着计算机的启动，可以随时存取信息，特点是断电后信息会丢失。通常，微型计算机的内存容量配置就是指 RAM，它是计算机性能的一个重要指标。内存插在主板的存储器插槽上，其外观如图 1-11 所示。

图 1-11　金士顿 8 GB DDR3 1600 内存

② 外存。

外存的特点是存储容量大，信息能永久保存，相对于内存存储速度慢。目前，常用的外存有机械硬盘、固态硬盘和 U 盘等。

- 硬盘存储器（Hard Disk Driver，HDD）简称硬盘，是微机的主要外存设备，由磁盘片、读/写控制电路和驱动机构组成，用于存放计算机操作系统、各种应用程序和数据文件。硬盘大部分组件都密封在一个金属外壳内，如图 1-12 所示。

图 1-12　硬盘及内部结构

硬盘作为主要的存储设备，通过硬盘接口连接到计算机的主板。从整体的角度上，硬盘接口分为 IDE、SATA、SCSI、SAS 和光纤通道五种，IDE 接口硬盘多用于家用产品中，也部分应用于服务器，SCSI 接口硬盘则主要应用于服务器市场，而光纤通道只用于高端服务器上，价格昂贵。SATA 主要应用于家用市场，有 SATA、SATA Ⅱ、SATA Ⅲ，是现在的主流。

- 光盘全称为高密度光盘（Compact Disk，CD），是以光信息作为存储信息的载体，是一种广泛使用的外存。光盘按读/写限制分为只读光盘、只写一次光盘和可擦写光盘，前两种属于不可擦除的，如 CD-ROM（Compact Disk-Read Only Memory）是只读光盘，CD-R（Compact Disk-Recordable）是只写一次光盘。
- 可移动外存储设备：常见的可移动外存储设备有闪存卡、U 盘和移动硬盘。
  - 闪存卡（Flash Memory）是一种新型半导体技术，具有低功耗、高存储密度、高读/写速度等特点，其种类繁多，有 Compact Flash（CF）卡、Memory Stick（MS）卡和 Scan Disk（SD）卡等。目前，基于闪存技术的闪存卡主要面向数码照相机、智能手机等产品，可通过读卡器读取闪存卡上的信息。
  - U 盘是一种非易失性半导体存储器，具有体积较小、便于携带、系统兼容性好等特点，它采用标准的 USB 接口，支持即插即用，使用非常方便。
  - 移动硬盘，是一种容量更大的移动存储设备，能在一定程度上满足需要经常传送大量数据的用户的需要，容量可达几百吉字节到几太字节。

（3）输入/输出设备

输入设备（Input Devices）是指将数据和信息输入到计算机中的设备，其作用是把数字、字符、图像、声音等形式的信息转换成计算机能识别的二进制代码。目前常用的输入设备有键盘、鼠标、扫描仪、摄像头等。

输出设备（Output Devices）是指将主机内的信息转换成数字、文字、符号、图形、图像或声音等进行输出的设备，常用的输出设备有显示器、打印机和绘图仪等。

（4）总线

计算机硬件的主要部件并不是孤立存在的，它们在处理信息的过程中需要相互连接和传输。在计算机系统中各部件的连接是通过总线进行的。总线（Bus）是计算机系统各部件间信息传送的公共通道，常被比喻为"高速公路"，它包含了运算器、控制器、存储器和输入/输出设备之间信息传送所需要的全部信号。总线结构是微型计算机硬件结构的最重要特点。根据总线内所传送的信息性质将总线分为三类，如图 1–13 所示。

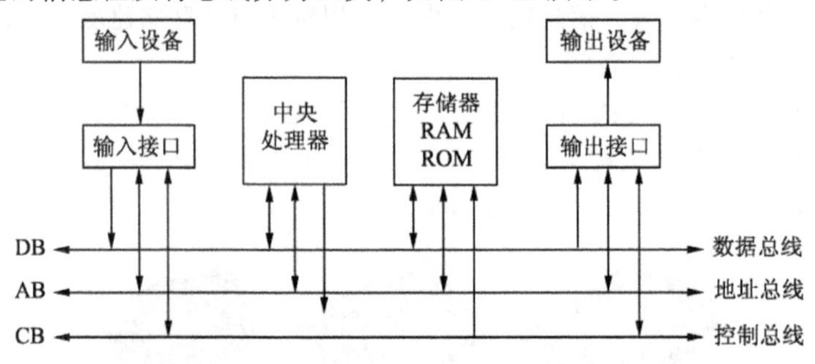

图 1–13　微型计算机总线结构图

- 地址总线（Address Bus）用来传送地址信息。地址总线采用统一编址方式实现 CPU 对内存或 I/O 设备的寻址，CPU 能直接访问内存地址的范围取决于地址总线的数目。
- 数据总线（Data Bus）用来传送数据信息。数据信息可以由 CPU 传至内存或 I/O 设备，也可以由内存或 I/O 设备送至 CPU。数据总线的位数是 CPU 一次可传输的数据量，它决定了 CPU 的类型与档次。
- 控制总线（Control Bus）用来传输 CPU、内存和 I/O 设备之间的控制信息，这些控制信息包括 I/O 接口的各种工作状态信息、I/O 接口对 CPU 提出的中断请求、CPU 对内存和 I/O 接口的读/写信息、访问信息及其他各种功能控制信息，是总线中功能最强、最复杂的总线。

根据连接设备的不同，总线又可以分为内部总线、系统总线和外部总线。内部总线位于 CPU 芯片内部，用于运算器、各寄存器、控制器和 Cache 之间的数据传输；系统总线是连接系统主板与扩展插槽的总线；外部总线则是用于连接系统与外围设备的总线。

2. **微型计算机系统的层次结构**

在微型计算机系统中，从局部到全局包括三个层次，即微处理器、微型计算机、微型计算机系统，它们之间有着密切的联系。

① 微处理器（Microprocessor），是由一片或几片大规模集成电路组成的具有运算器和控制器的中央处理机部件，即 CPU（Cental Processing Unit）。微处理器本身并不等于微型计算机，它仅仅是微型计算机的中央处理器，有时为了区别大、中、小型中央处理器（CPU）与

微处理器，把前者称为CPU，后者称为MPU（Microprocessing Unit）。一般来说，工作频率越高，CPU工作速度越快，能够处理的数据量也就越大，功能也就越强。

② 微型计算机（Microcomputer），是指以微处理器为核心，配上由大规模集成电路制作的存储器、输入/输出接口电路及系统总线所组成的计算机，简称微型机，又称微型电脑。有的微型计算机把CPU、存储器和输入/输出接口电路都集成在单片芯片上，称为单片微型计算机，也叫单片机。

③ 微型计算机系统（Microcomputer System），简称“微机系统”，是指以微型计算机为中心，以相应的外围设备、电源、辅助电路（统称硬件）以及控制微型计算机工作的系统软件所构成的计算机系统。“微机系统”是一种能自动、高速、精确地处理信息的现代化电子设备，它是帮助人类从事记忆、计算、分析、判断等思维活动的工具。

1.2.3 操作系统

操作系统（Operation System，OS）是计算机用户和计算机硬件之间起媒介作用的程序，是管理计算机硬件与软件资源的计算机程序。在操作系统的支持下，计算机才能运行其他软件。操作系统需要处理如管理与配置内存、决定系统资源供需的优先次序、控制输入设备与输出设备、操作网络与管理文件系统等基本事务。操作系统也提供一个让用户与系统交互的操作界面。

1. 操作系统的发展

在计算机中，操作系统是其最基本也是最为重要的基础性系统软件，为计算机用户提供了各项服务。经过几十年的发展，计算机操作系统已经由一开始的简单控制循环体发展成为较为复杂的分布式操作系统，再加上计算机用户需求的多样化，计算机操作系统已经成为既复杂而又庞大的计算机软件系统之一。纵观计算机历史，操作系统与计算机硬件的发展息息相关。

在最初的时期，计算机没有操作系统，人们通过各种按钮来控制计算机，用户自己动手操作，使用的是机器语言。后来出现了汇编语言，操作人员通过有孔的纸带将程序输入计算机进行编译。这些将语言内置的计算机只能由制作人员自己编写程序来运行。随着计算技术和大规模集成电路的发展，微型计算机迅速发展起来。从20世纪70年代中期开始出现了计算机操作系统。这个系统允许用户通过控制台的键盘对系统进行控制和管理，其主要功能是对文件信息进行管理，以实现其他设备文件或硬盘文件的自动存取。随着计算机硬件的发展，操作系统也随着硬件设施而渐渐演化，每一代进化都以减少成本、缩小体积、降低功耗、增大容量和提高性能为目标。从最早的批量模式开始，分时机制也随之出现，在多处理器时代来临时，操作系统也随之增加多处理器协调功能，甚至是分布式系统的协调功能。

2. 操作系统的功能

计算机的操作系统对于计算机可以说是十分重要的，操作系统可以对计算机系统的各项资源板块开展调度工作，其中包括软硬件设备、数据信息等，运用计算机操作系统可以降低人工分配资源的工作强度，使用者对于计算机的操作干预程度降低，计算机的智能化工作效率就可以得到很大的提升。

操作系统主要包括以下几个方面的功能：

① 进程管理：其工作主要是进程调度，在单用户单任务的情况下，处理器仅为一个用

户的一个任务所独占，进程管理的工作十分简单。但在多道程序或多用户的情况下，组织多个作业或任务时，就要解决处理器的调度、分配和回收等问题。

② 存储管理：存储分配、存储共享、存储保护、存储扩张。

③ 设备管理：设备分配、设备传输控制、设备独立性。

④ 文件管理：文件存储空间的管理、目录管理、文件操作管理、文件保护。

⑤ 作业管理：负责处理用户提交的任何要求。

3. 操作系统的分类

计算机的操作系统根据不同的用途分为不同的种类，从功能角度分析，分别有实时系统、分时系统、批处理系统、网络操作系统等。

① 实时系统：是指系统可以快速地对外部命令进行响应，在相应的时间里处理问题，协调系统工作。常用的实时系统有 RDOS 等。

② 分时系统：主要是将 CPU 的时间划分成时间片，轮流接收和处理各个用户从终端输入的命令。它实现了用户的人机交互需要，多个用户共同使用一个主机，很大程度上节约了资源成本。分时系统具有多路性、独立性、交互性、及时性的优点。典型的分时系统有 UNIX、Linux 等。

③ 批处理系统：出现于 20 世纪 60 年代，批处理系统能够提高资源的利用率和系统的吞吐量。批处理系统现在已经不多见了。

④ 网络操作系统：是在单机操作系统的基础上发展起来的，是向网络计算机提供服务的操作系统。借由网络达到互相传递数据与各种消息，分为服务器(Server)及客户端(Client)。目前常用的有 Windows Server。

4. 常见的操作系统

操作系统有很多种类，目前主要有 DOS、Windows、UNIX、Linux 等。

（1）DOS 操作系统

磁盘操作系统（Disk Operating System），是早期个人计算机上的一类操作系统。它曾经最广泛地应用在 PC 上，是人与机器的一座桥梁，用户不必去死记硬背那些枯燥的机器指令，只需通过一些接近于自然语言的 DOS 命令，就可以轻松地完成绝大多数的日常操作。

（2）Windows 操作系统

Microsoft Windows 操作系统是美国微软公司研发的一套操作系统，它采用了图形用户界面，操作更加简便。个人计算机上主要应用的 Windows 操作系统有 Windows XP、Windows 7、Windows 10 和 Windows Server 服务器企业级操作系统等。

（3）UNIX 操作系统

UNIX 是一个强大的多用户、多任务的操作系统，支持多种处理器架构，按照操作系统的分类，属于分时系统。UNIX 是 20 世纪 70 年代初出现的一个操作系统，除了作为网络操作系统之外，还可以作为单机操作系统使用。UNIX 作为一种开发平台和台式操作系统获得了广泛使用，目前主要用于工程应用和科学计算等领域。

（4）Linux 操作系统

Linux，全称 GNU/Linux，是一套免费使用和自由传播的类似于 UNIX 的一个多用户、多任务的操作系统。它与 UNIX 完全兼容，能运行主要的 UNIX 工具软件、应用程序和网络协议。Linux 硬件环境要求低，具有强大的网络通信功能等。

1.3 Windows 10 操作系统

Windows 10 是目前主流的操作系统，自发布以来，它的兼容性也在不断提升，可以在台式机、笔记本和平板电脑等设备上运行。

1.3.1 Windows 10 的特点

Windows 10 比 Windows 7 更为安全，其优势更为明显。

① 开机启动时间缩短，系统整体性能高。

② 在保留原有功能的同时，更注重页面设计。它采用了 Metro 设计风格，同时加入了炫酷的暗黑模式，设计了可定制的人性化导航栏、个性化的动态磁贴，更加美观大方。

③ 增加了语言助手，可以通过邮件和搜索结果跟踪为用户提供有用的信息。

④ 文件管理，在文件管理窗口顶部，可以看到功能键排列在功能区界面中，查找和单击非常方便。文件传输速度以图形方式显示，更加直观。

⑤ 安全性提升，增加了加密方式，比如面部识别、指纹识别等。

Window 10 包括家庭版、专业版、企业版、教育版、移动版、移动企业版、物联网核心版，共计 7 个版本，一般用户多选择家庭版或专业版。

1.3.2 文件管理

在 Windows 10 中各种数据都是以文件的形式存储的，用户对计算机的操作实际上就是对文件的操作。文件管理，就是操作系统中实现文件统一管理的一组软件、被管理的文件以及为实施文件管理所需要的一些数据结构的总称。从系统角度来看，文件系统是对文件存储器的存储空间进行组织、分配和回收，负责文件的存储、检索、共享和保护。

1. 文件的概念

计算机中文件的概念与普通文件载体不同，计算机文件是以计算机硬盘为载体存储在计算机上的信息集合。文件可以是文本文档、图片、程序等。

（1）文件的命名

在操作系统中，每个文件都有一个属于自己的文件名。每当新建一个文件时，应该为该文件指定一个有意义的名字，尽量做到见名知其义。文件名由主文件名和扩展名组成，主文件名和扩展名之间用一个“.”字符分隔，同一文件夹中的文件不能重名。

文件的命名规则包括：在 Windows 操作系统下，文件主名可由 1 ~ 255 个字符组成，不能出现“\”“/”“:”“*”“?”“““”””“<”“>”“|” 等特殊字符，扩展名至多有 188 个字符，通常由 1 ~ 3 个字符组成。

（2）文件的类型

计算机中的文件可分为系统文件、通用文件与用户文件三类。前两类是在安装操作系统和硬件、软件时装入磁盘的，其文件名和扩展名由系统自动生成，不能随便更改或删除。表 1-3 中列出了常见的扩展名对应的文件类型。

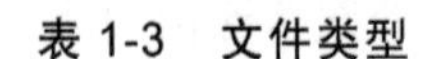

表 1-3　文件类型

文件扩展名	文件类型	文件扩展名	文件类型
.doc　.docx	Word 文档	.txt	文本文档/记事本文档
.xls　.xlsx	电子表格文件	.exe .com	可执行文件
.rar　.zip	压缩文件	.hlp	帮助文档
.wav　.mid　.mp3	音频文件	.htm　.html	超文本文件
.avi　.mpg	可播放视频文件	.bmp　.gif　.jpg	图形文件
.bak	备份文件	.int .sys .dll .adt	系统文件
.tmp	临时文件	.bat	批处理文件
.ini	系统配置文件	.wps	WPS 文本文件
.obj	目标代码文件	.pdf	图文多媒体文件
.lnk	快捷方式		

（3）文件的属性

一个文件包括两部分内容：一是文件所包含的数据；二是有关文件本身的说明信息，即文件属性。文件的属性，包含类型、大小和创建时间等信息。用户选择文件并右击，从弹出的快捷菜单中选择“属性”菜单项，在“常规”选项卡中会显示包括文件类型、打开方式、位置、大小、占用空间、创建时间、修改时间、访问时间和属性等相关信息。一个文件（夹）通常可以是只读、隐藏、存档等几种属性。

2. 文件夹的概念

操作系统中用于存放程序和文件的容器就是文件夹。文件夹是用来组织和管理磁盘文件的一种数据结构。文件夹一般采用多层次结构，在这种结构中每一个磁盘有一个根文件夹，它包含若干文件和文件夹。文件夹不但可以包含文件，还可以包含下一级文件夹，这种多级文件夹结构既帮助用户将不同类型和功能的文件分类存储，又方便文件查找，还允许不同文件夹中的文件拥有相同的文件名。

3. 路径

在多级目录的文件系统中，当要访问某个文件时，除了文件名外，一般还需要知道该文件的路径信息，即文件放在什么盘的什么文件夹下。所谓路径，是指从此文件夹到彼文件夹之间所经过的各个文件夹的名称，两个文件夹名之间用分隔符“\”分开。路径的表达格式为：<盘符>：\ <文件夹名> \ …… \ <文件夹名> \ <文件名>。

4. 快捷方式

快捷方式是一个与某个项目链接的图标，而不是项目本身，双击快捷方式可以打开该项目。为方便使用，可以在桌面上创建某些文件或程序的快捷方式，具体方法如下：

方法一：在要创建快捷方式的程序或者文件上右击，在弹出的快捷菜单中选择“发送到”→“桌面快捷方式”命令。

方法二：在要创建快捷方式的程序、文件或文件夹上右击，在弹出的快捷菜单中选择“复制”命令，然后在桌面空白处右击，在弹出的快捷菜单中选择“粘贴快捷方式”命令。

方法三：在桌面空白处右击，选择“新建”→“快捷方式”命令，弹出“创建快捷方式”对话框；在“请键入对象的位置”中单击“浏览”按钮，选中想要创建快捷方式的程序或文件（夹），单击“下一步”按钮；在“键入快捷方式名称”文本框中输入要设置的程序名称，单击“完成”按钮。

1.3.3 文件资源管理器

资源管理器是 Windows 操作系统提供的资源管理工具，使用资源管理器可以方便地实现浏览、查看、移动和复制文件或文件夹等操作。可以不必打开多个窗口，而只在一个窗口中就可以浏览所有的磁盘和文件夹。

1. 资源管理器的打开方式

Windows 10 资源管理器窗口，打开资源管理器的方法为：

- 右击“开始”按钮，在弹出的快捷菜单中选择“文件资源管理器”命令。
- 选择“开始”→“Windows 系统”选项，选择“文件资源管理器”命令。
- 右击任务栏的任务按钮，在跳转列表中选择“文件资源管理器”命令。
- 使用【Windows+E】组合键。

2. 资源管理器窗口的组成

每当打开应用程序时，桌面上就会出现一块显示程序和内容的矩形工作区域，这块区域被称为窗口。窗口是用户访问 Windows 资源和 Windows 展示信息的重要组件，Windows 资源管理器窗口帮助用户做好导航，方便用户更加快捷地使用文件、文件夹和库。资源管理器窗口主要由以下几个组成部分，如图 1-14 所示。

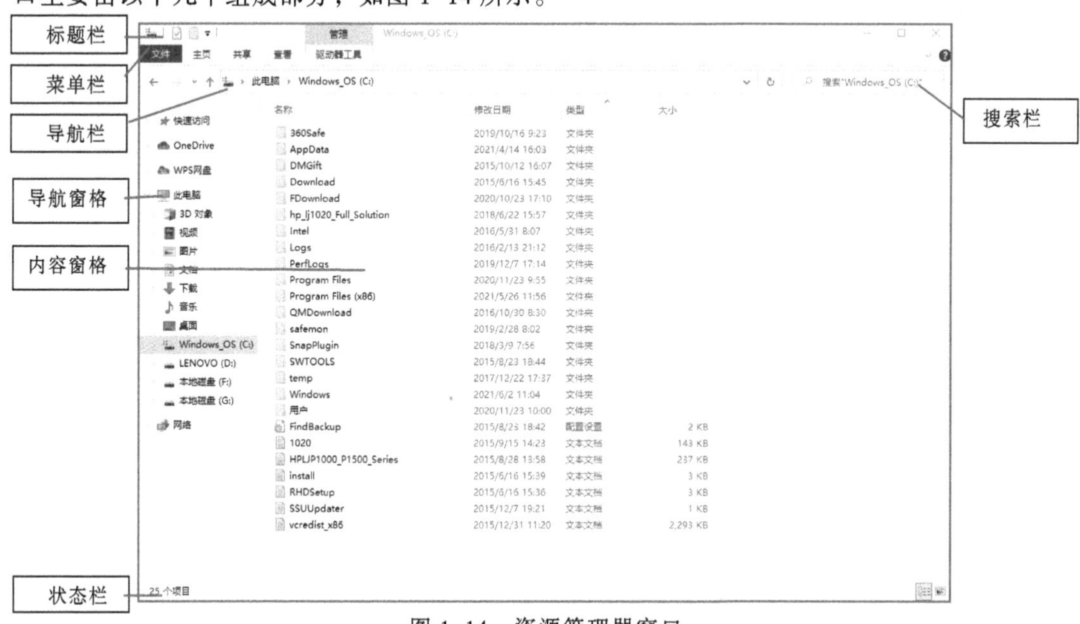

图 1-14　资源管理器窗口

- 标题栏：窗口的最上方是标题栏，由 3 部分组成，从左到右依次为快速访问工具栏、窗口内容标题和窗口控制按钮。
- 导航栏：导航栏由一组导航按钮、地址栏和搜索栏组成，导航按钮包括“返回”按钮、“前进”按钮、“最近浏览的位置”菜单和“向上一级”按钮。
- 导航窗格：在“文件资源管理器”窗口左边的导航窗格中，默认显示快速访问、One Drive、此电脑、网络和家庭组，它们都是该设备的文件夹根。

- 搜索栏：窗口右上角的搜索框，输入想要搜索的文件名称即可在指定范围内搜索想要找到的文件。
- 内容窗格：内容窗格是“文件资源管理器”窗口中最重要的部分，用于显示当前文件夹中的内容。所有当前位置上的文件和文件夹都显示在内容窗格中，文件和文件夹的操作也在内容窗口中进行。
- 状态栏：状态栏位于窗口底部，包括窗口提示、详细信息和大图标。

1.4 计算思维

随着计算机性能的提升，它能够解决的问题越来越多，也不断地推动人们思维方式的改变。人们在利用计算机解决问题时也有自己独特的思维方式和解决方法。

1.4.1 计算思维的提出和定义

人类运用其所制造的工具不断影响、改变着人类社会的形态、思维方式。现代计算机、计算机计算、信息的发展和应用正深刻地影响、改变着我们的生活方式、思维方式。思维是一种高级心理活动形式，包括分析、抽象、综合、概况等人脑对信息的处理。科学理论、科学实验、科学计算是人类认识世界的三大方法论，这三种科学分别对应着三种思维，分别是理论思维、实验思维和计算思维。

国际上广泛认同的计算思维定义来自周以真（Jeannette M. Wing）教授，周教授使计算思维的概念清晰化和系统化。2006 年 3 月，美国卡内基·梅隆大学计算机科学系主任周以真教授，在美国计算机权威期刊 *Communications of the ACM* 杂志上明确了计算思维的概念。周教授认为，计算思维是运用计算机科学的基础概念进行问题求解、系统设计以及人类行为理解等涵盖计算机科学之广度的一系列思维活动。也就是说，计算思维是一种解决问题的思考方式，而不是具体的学科知识，这种思考方式要运用计算机科学的基本理念，而且用途广泛。

1.4.2 计算思维的特点

计算思维的目的是求解问题、设计系统和理解人类行为，使用的方法是计算机科学。

1. 计算思维是概念化，不是程序化设计

计算机科学不是计算机编程。像计算机科学家那样去思维意味着远不止能为计算机编程，还要求能够在抽象的多个层次上思维。

2. 计算思维是根本的技能，不是刻板的技能

根本技能是每一个人为了在现代社会中发挥职能所必须掌握的一种技能，刻板技能意味着机械的重复。如果真的能实现计算机像人类一样思考之后，思维就真的变成机械的了。

3. 计算思维是人的思维，不是计算机的思维方式

计算思维是人类求解问题的一条途径，但决非要使人类像计算机那样思考。计算机枯燥且沉闷，人类聪颖且富有想象力。计算机之所以能求解问题，是因为人类赋予计算机人类的思维。配置了计算设备，我们就能用自己的智慧去解决那些在计算时代之前不敢尝试的问题，实现“只有想不到，没有做不到”的境界。

4. **计算思维是数学和工程思维的互补与融合**

计算机科学在本质上源自数学思维，因为像所有的科学一样，其形式化基础建筑于数学之上。计算机科学又从本质上源自工程思维，因为我们建造的是能够与实际世界互动的系统，基本计算设备的限制迫使计算机科学家必须计算性地思考，不能只是数学性地思考。构建虚拟世界的自由使我们能够设计超越物理世界的各种系统。

5. **计算思维是思想，不是人造物**

不只是我们生产的软硬件等人造物将以物理形式到处呈现，并时时刻刻触及我们的生活，更重要的是还有我们用以接近和求解问题、管理日常生活、与他人交流和互动的计算概念，而且面向所有的人，所有地方。当计算思维真正融入人类活动的整体以致不再表现为一种显式哲学的时候，它就将成为一种现实。

1.4.3 计算思维的应用

计算思维选择合适的方式去陈述一个问题，对一个问题的相关方面建模并用最有效的办法实现问题求解。计算思维利用启发式推理来寻求解答，就是在不确定情况下的规划、学习和调度。它就是搜索、搜索、再搜索，结果是一系列的网页、一个赢得游戏的策略，或者一个反例。计算思维利用海量数据来加快计算，在时间和空间之间、在处理能力和存储容量之间进行权衡。

那么，如何理解计算思维渗透到人们的日常生活中？我们来举几个简单的例子。比如，学生上学前把当天需要的书、习题册、文具等放进背包，这就是“预置”和“缓存”。当孩子丢了自己的物品时，家长建议他沿着经过的道路寻找，这就是“回推”。对于溜冰爱好者来说，在什么时候停止租用冰鞋而为自己买一双呢？这就是“在线算法”。

事实上，计算思维日常渗透到生活中的每个角落。例如，智能家居让您轻松享受生活，出门在外，您可以远程遥控您的家居各智能系统：回家的路上提前打开家中的空调；到家开门时，自动打开过道灯；厨房中可以启动电饭煲提前做饭等。再比如无人驾驶汽车，能自动规划行车路线并控制车辆到达预定目标。它是利用车载传感器来感知车辆周围环境，并根据感知所获得的道路、车辆位置和障碍物信息，控制车辆的转向和速度，从而使车辆能够安全、可靠地在道路上行驶等。

习题

一、选择题

1. 1946 年诞生了世界上第一台多用途电子计算机，它的英文名字是（　　）。

A. UNIVAC　　B. EDVAC　　C. ENIAC　　D. MARRK

2. 世界上第一台计算机产生于（　　）。

A. 宾夕法尼亚大学　　B. 麻省理工学院

C. 哈佛大学　　D. 加州大学洛杉矶分校

3. 大规模和超大规模集成电路是第（　　）代计算机所主要使用的逻辑元器件。

A. 1　　B. 2　　C. 3　　D. 4

4. 计算机应用最早也最成熟的应用领域是（　　）。

A. 数值计算　　B. 数据处理　　C. 过程控制　　D. 人工智能

5. 我国的计算机的研究始于（　　）。

A. 20 世纪 50 年代　　B. 21 世纪 50 年代
C. 18 世纪 50 年代　　D. 19 世纪 50 年代

6. 中央处理器（CPU）的主要组成部件是（　　）。

A. 控制器和内存　　B. 运算器和内存
C. 控制器和寄存器　　D. 运算器和控制器

7. CPU 与其他部件之间传送数据是通过（　　）实现的。

A. 数据总线　　B. 地址总线　　C. 控制总线　　D. 以上都不是

8. 计算机软件系统应包括（　　）。

A. 操作系统和语言处理系统　　B. 数据库软件和管理软件
C. 程序和数据　　D. 系统软件和应用软件

9. 微型计算机硬件系统中最核心的部件是（　　）。

A. 主板　　B. CPU　　C. 内存储器　　D. I/O 设备

10. Windows XP、Windows 10 都是（　　）。

A. 最新程序　　B. 应用软件　　C. 工具软件　　D. 操作系统

二、填空题

1. 第一台电子计算机 ENIAC 每秒钟运算速度为______。
2. 计算机系统包括______和______。
3. 计算机的基本理论“存储程序”是由______提出来的。
4. 第二代计算机的逻辑元件主要是______。
5. 计算机按用途不同可分为______和______。
6. Microsoft office 和金山公司的 WPS 属于______。
7. 计算机硬件包括运算器、控制器、______、输入设备和输出设备。
8. I/O 设备的含义是______。
9. 内存可分为______和______。
10. 2006 年 3 月，______明确了计算思维的概念。

三、简答题与操作题

1. 计算机的特点有哪些？
2. 在 D 盘下建立结构文件夹 D:\Test\TestA。
3. 在 D 盘下建立一个名为“计算机的历史与发展.txt”的文本文件。
4. 在 C:\Windows 文件夹范围内查找所有扩展名为.bmp 的文件。
5. 如何在桌面创建快捷方式？

第2章 信息与计算机中的数据

现代社会中，信息一直在发挥着重大的作用，是人类生存和社会发展的基本资源。信息的处理、管理和应用能力越来越成为一种最基本的生存能力。

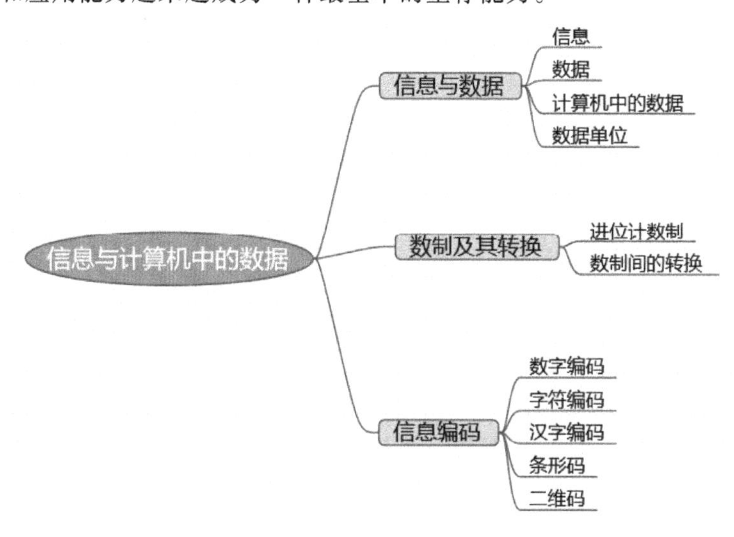

2.1 信息与数据

2.1.1 信息

信息（Information）是客观事物状态及其运动特征的一种普遍形式，它是对各种事物变化和特征的反映，体现了事物之间的相互作用和联系。信息是人们用来认识事物的一种知识，人们的生活离不开信息，就像人离不开空气和水一样。因此，信息、物质、能量，是人类赖以生存和发展的三大要素。

信息可以分为多种形态，有数字、文本、图像、声音、视频等，这些形态之间可以相互转化。例如，将歌声录进计算机，就是把声音信息转化成了数字信息。

信息可以从不同的角度进行分类：按其表现形式，可分为数字信息、文本信息、图像信息、声音信息、视频信息等；按其应用领域，可分为社会信息、管理信息、科技信息和军事信息等；按其加工的顺序，又可分为一次信息、二次信息和三次信息等。

2.1.2 数据

计算机科学中的信息通常被认为是能够用计算机处理的有意义的内容，它必须借助于某种形式表现出来，即数据，如数值、文字、图形、图像等。

数据（Data）是信息的载体，它将信息按一定规则排列并用符号表示出来。这些符号可以构成数字、文字、图像等，也可以是计算机代码。

接收信息者必须了解构成数据的各种符号序列的意义和规律，才能根据这些意义去获得所接收信息的实际意思。例如，当一个学生从老师那里拿到成绩单时，假定其考试成绩是 80 分，写在试卷上的 80 分实际上是数据。80 这个数据本身是没有意义的，只有当数据以某种形式经过处理、描述或与其他数据比较时，数据背后的意义才会出现。“这名学生考试考了 80 分”这才是信息，信息是有实际意义的。所以，只有了解了数据的背景意义后，才能获得相应的信息。数据要转化为信息，可以用公式“数据+背景=信息”表示。

信息和数据是相互联系、相互依存又相互区别的两个概念。数据是信息的具体表现形式，它反映了信息的内容；信息是数据处理之后产生的结果，具有针对性、时效性。

2.1.3 计算机中的数据

计算机最主要的功能是信息处理。计算机中的数据是以二进制形式存储和运算的，它的特点是逢二进一。

计算机采用二进制，是因为只需表示 0 和 1，技术上容易实现，如电压电平的高与低、开关的接通与断开。0 和 1 两个数在传输和处理时不易出错、可靠性高。

二进制的算术运算法则简单，实现相应算法的电路更容易。二进制的 0 和 1 正好与逻辑量“假”和“真”相对应，易于进行逻辑运算。

逻辑运算主要包括三种基本运算：逻辑加法（又称“或”运算）、逻辑乘法（又称“与”运算）和逻辑否定（又称“非”运算）：

1. 逻辑加法

逻辑加法通常用符号“+”或“∨”来表示。逻辑加法运算规则如下：

$$0+0=0, \quad 0\vee 0=0$$
$$0+1=1, \quad 0\vee 1=1$$
$$1+0=1, \quad 1\vee 0=1$$
$$1+1=1, \quad 1\vee 1=1$$

可以看出，逻辑加法有“或”的意义。也就是说，在给定的逻辑变量中，A 或 B 只要有一个为 1，其逻辑加的结果为 1。

2. 逻辑乘法

逻辑乘法通常用符号“×”或“∧”或“·”来表示。逻辑乘法运算规则如下：

$$0\times 0=0, \quad 0\wedge 0=0, \quad 0\cdot 0=0$$
$$0\times 1=0, \quad 0\wedge 1=0, \quad 0\cdot 1=0$$
$$1\times 0=0, \quad 1\wedge 0=0, \quad 1\cdot 0=0$$
$$1\times 1=1, \quad 1\wedge 1=1, \quad 1\cdot 1=1$$

不难看出，逻辑乘法有“与”的意义。它表示只当参与运算的逻辑变量都同时取值为 1 时，其逻辑乘积才等于 1。

3. **逻辑否定**

逻辑否定常用符号“¬”或“—”来表示。其运算规则如下：

$\neg 0=1$，$\overline{0}=1$（非 0 等于 1）

$\neg 1=0$，$\overline{1}=0$（非 1 等于 0）

日常生活中，人们习惯使用十进制数据、文字等，因而计算机的输入/输出仍采用人们所熟悉的形式。其间的转换，则由计算机系统的硬件和软件来实现，转换过程如图 2-1 所示。

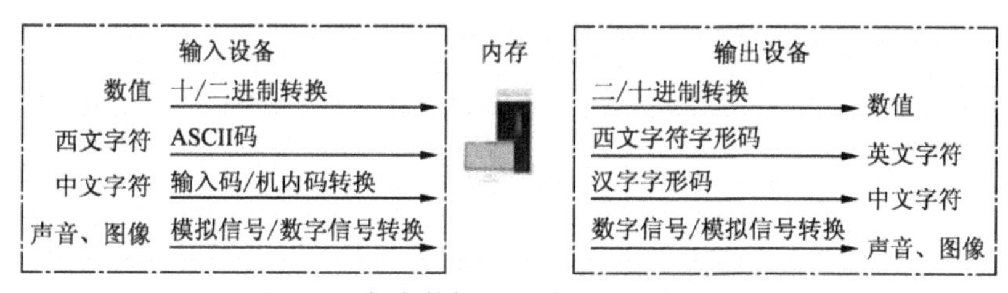

图 2-1　各类数据在计算机中的转换过程

2.1.4　数据单位

在计算机中，数据是以二进制形式存储和运算的，数据的存储单位有位、字节和字，其中位是计算机中数据的最小单位，而存储容量的基本单位是字节。

1. **位**

计算机中的最小数据单位是二进制的一个数位，简称位（bit）。一个二进制位有两种形态，即 0 或 1。

2. **字节**

八个二进制位组成一个字节（Byte），简写为 B，1 B=8 bit，字节是数据存储最常用的单位。一个字节可以存储一个英文字符，两个字节可以存储一个汉字。

为了便于衡量存储器的大小，统一以字节为单位。将 2^{10} 字节即 1 024 字节称为千字节，记为 1 KB；2^{20} 字节称为兆字节，记为 1 MB；2^{30} 字节称为吉字节，记为 1 GB；2^{40} 字节称为太字节，记为 1 TB；2^{50} 字节称为拍字节，记为 1 PB；2^{60} 字节称为艾字节，记为 1 EB，即 1 EB=2^{10} PB=2^{20} TB=2^{30} GB=2^{40} MB=2^{50} KB=2^{60} B。其换算关系如下：

$$1\ \text{KB}=2^{10}\ \text{B}=1\,024\ \text{B}$$

$$1\ \text{MB}=2^{20}\ \text{B}=1\,024\ \text{KB}=1\,024\times 1\,024\ \text{B}$$

$$1\ \text{GB}=2^{30}\ \text{B}=1\,024\ \text{MB}=1\,024\times 1\,024\times 1\,024\ \text{B}$$

3. **字**

字（Word）是计算机最方便、最有效进行操作的数据或信息长度，一个字由若干字节组成。字又称机器字，将组成一个字的位数称为该字的字长，字长越长容纳的位数越多，计算机的运算速度就越快，处理能力就越强。因而，字长是计算机硬件的一项重要技术指标，不同档次的计算机有不同的字长。微型计算机的字长有 16 位、32 位和 64 位等，传统的大、中、小型机的字长为 48 ~ 128 位。

2.2 数制及其转换

在日常生活中，人们使用的数据通常是用十进制表示的，而计算机中使用的数据是二进制表示的。那么二进制与十进制之间如何进行转换呢？

2.2.1 进位计数制

用一组固定的数字符号和一套统一的规则来表示数值的方法称为进位计数制（简称数制），这些数字符号称为数码。

在一种数制中，如果采用 R 个基本符号（0，1，2，…，R–1）表示数值，则称 R 数制，R 称为该数制的基数。

数制中每一固定位置对应的单位值称为位权，位权等于基数的若干次幂，其代表的数值为该数字乘以一个固定的数值，如十进制数从低位到高位的位权分别为 10^0、10^1、10^2 等。例如，十进制数 123456 的值可表示为：

$$(123456)_{10}=1\times10^5+2\times10^4+3\times10^3+4\times10^2+5\times10^1+6\times10^0$$

同理，八进制数从低位到高位的位权分别为 8^0、8^1、8^2 等，用这样的位权能够表示八进制的数值。例如，八进制数 3421 的值可以表示为：

$$(3421)_8=3\times8^3+4\times8^2+2\times8^1+1\times8^0$$

任何一个数，可以将其展开成多项式和的形式，如 R 进制的数 N 表示如下：

$$N=a_n\times R^n+\ldots+a_0\times R^0+a_{-1}\times R^{-1}+\ldots+a_{-m}\times R^{-m}$$

其中，a_n、a_0、a_{-1} 和 a_{-m} 等是数码，R^n、R^0、R^{-1} 和 R^{-m} 等是位权。表 2–1 给出了计算机中常用的几种进制及其特点。

表 2-1 常用进制及其特点

进　　制	十 进 制	二 进 制	八 进 制	十 六 进 制
运算法则	逢十进一	逢二进一	逢八进一	逢十六进一
基数	10	2	8	16
数码	0、1、2、3、4、5、6、7、8、9	0、1	0、1、2、3、4、5、6、7	0、1、2、3、4、5、6、7、8、9、A、B、C、D、E、F
位权	10^i	2^i	8^i	16^i
表示符号	D	B	O	H

2.2.2 数制间的转换

1. *R* 进制转换为十进制

任何进制的数都可以展开成一个多项式，其中每项是位权与系数的乘积，这个多项式的和就是所对应的十进制数。例如：

$$\begin{aligned}(10011.101)_2 &=1\times2^4+0\times2^3+0\times2^2+1\times2^1+1\times2^0+1\times2^{-1}+0\times2^{-2}+1\times2^{-3}\\&=16+2+1+0.5+0.125\\&=(19.625)_{10}\end{aligned}$$

将非十进制数转换成十进制数，是把非十进制数按位权值展开求和。例如：

$$
\begin{aligned}
(327.4)_8 &= 3\times8^2+2\times8^1+7\times8^0+4\times8^{-1} \\
&= 192+16+7+0.5 \\
&= (215.5)_{10}
\end{aligned}
$$

2. 十进制转换成 *R* 进制

将十进制数转换成 *R* 进制数转换规则为：将该数分成整数与小数两部分，整数部分除以基数取余，逆序排列（先获得的余数为 *R* 进制整数的低位，后获得的余数为 *R* 进制整数的高位）；小数部分乘以基数取整，顺序排列（先获得的整数为 *R* 进制小数的高位，后获得的整数为 *R* 进制小数的低位）。

例如，将十进制数 $(103.625)_{10}$ 转换成二进制数。

转换过程如下：

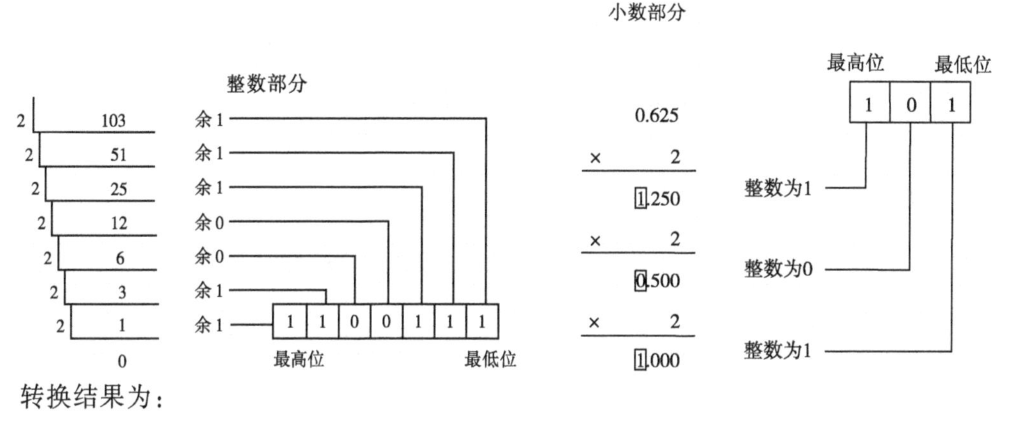

转换结果为：

$$(103.625)_{10}=(1100111.101)_2$$

注意：

① 十进制小数在乘 2 转换成二进制的过程中并不能保证乘积的小数部分全部为 0，此时需要达到一定精度即可，这就是实数转换成二进制数会产生误差的原因。例如，$(0.87)_{10}$ 可以转换成 $(0.1101111)_2$ 保留小数点后 7 位。

② 也可以利用计算机中的计算器进行计算。

3. 二进制数、八进制数、十六进制数间相互转换

（1）二进制数与八进制数相互转换

因为 $2^3=8$，$2^4=16$，所以三位二进制数对应于一位八进制数，四位二进制数对应于一位十六进制数。

由二进制数转换成八进制数，以小数点为界，整数部分从右至左，小数部分从左至右，每三位分为一组，然后将每组二进制数转化成八进制数。如果分组后二进制整数部分最左边一组不够三位，则在左边补零，小数部分在最后一组右边补零。

例如，将二进制数 $(1011010111.11011)_2$ 转换成八进制数，结果是 $(1327.66)_8$。

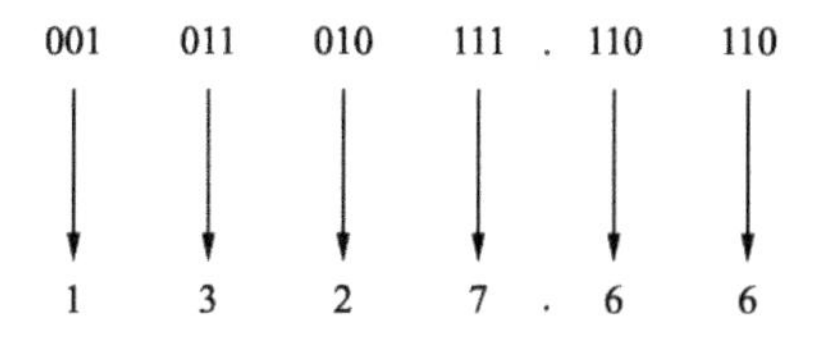

同理，将八进制数转换成二进制数是上述方法的逆过程，即将每位八进制数用相应的三位二进制数代替。

例如，将八进制数转$(516.72)_8$转换成二进制数，结果是$(101001110.11101)_2$。

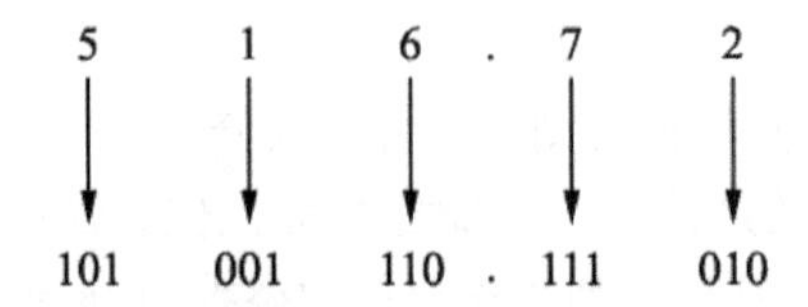

（2）二进制数与十六进制数相互转换

由二进制数转换成十六进制数，以小数点为界，整数部分从右至左，小数部分从左至右，每四位分为一组，然后将每组二进制数转换成十六进制数。如果分组后二进制整数部分最左边一组不够四位，则在左边补零，小数部分在最后一组右边补零。

例如，将二进制数$(1011010111.11011)_2$转换成十六进制数，结果是$(2D7.D8)_{16}$。

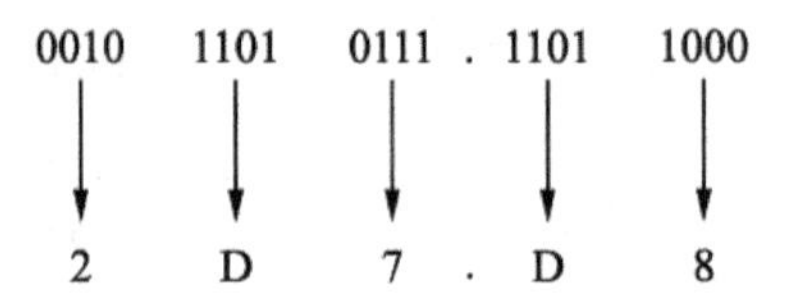

同理，将十六进制数转换成二进制数是上述方法的逆过程，将每位十六进制数用相应的四位二进制数取代。

例如，将十六进制数$(A3F.B6)_{16}$转换成二进制数，结果是$(101000111111.10110110)_2$。

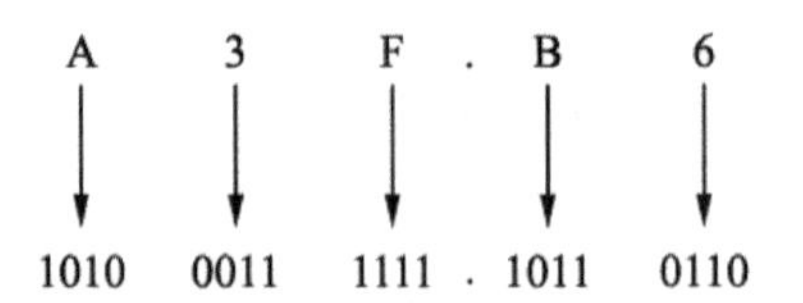

（3）八进制数与十六进制数相互转换

八进制数和十六进制数之间的转换可以借助二进制进行，即先将八进制数转换成二进制数，再将该二进制数转换成十六进制数，反之亦然。

2.3 信息编码

当今的计算机既能处理数值数据，也能处理字符、汉字、图形、图像、声音、视频等各种类型的数据。因为计算机只能识别二进制形式的数，所以要计算机处理任何类型的数据都必须用二进制形式存储在计算机内。也就是说，这些数据必须通过某种方式进行编码后才能输入计算机中。

2.3.1 数字编码

计算机处理的数据有数值数据也有非数值数据，对数值数据本身，计算机采用的是二进制数字系统，为了记忆和书写方便，人们将二进制数转换成八进制数或十六进制数的表示形式。而对非数值数据中的各种符号、字母及数字字符等，计算机采用特定的编码来表示，编码仍用二进制来表示。这种对数据进行编码的规则称为码制。

在选择计算机的数的表示方式时，一般需要考虑几个因素，即要表示的数的类型、数值的范围、数值的精确度、数据存储和处理所需要的硬件。计算机中常用的数据表示格式有两种：一是定点格式，二是浮点格式。一般来说，定点格式表示的数值范围有限，对硬件要求不高。而浮点格式表示的数值范围很大，对硬件要求较高。

1. 定点数的表示方法

定点格式，即约定机器中所有数据的小数点位置是固定不变的。由于约定在固定的位置，小数点就不再使用记号“.”。定点表示的数值有两种：定点整数和定点小数，如图 2-2 所示。对于定点整数，小数点的位置约定在最低位的右边，用来表示整数；对于定点小数，小数点的位置约定在符号位之后，用来表示小于 1 的纯小数。采用定点数表示的优点是数据的有效精度高，缺点是数据表示范围小。目前，计算机中多采用定点纯整数表示，因此将定点数的运算简称为整数运算。

（a）定点整数　　　　（b）定点小数

图 2-2　定点数的小数点位置

2. 浮点数的表示方法

电子的质量（9×10^{-28}）和太阳的质量（2×10^{33}）相差甚远，在定点计算机中无法直接表示这个数值的范围。为了能表示更大范围的数值，数学上通常采用“科学计数法”，即把数据表示成一个纯小数乘 10 的幂的形式，例 $9\times10^{-28}=0.9\times10^{-27}$。计算机数字编码中则可以把表示这种数据的代码分成两段：一段表示数据的有效数值部分，另一段表示指数部分，即表示小数点的位置。当改变指数部分的数值时，相当于改变了小数点的位置，即小数点是浮动的，因此称为浮点数。在计算机中指数部分称为阶码，数值部分称为尾数，格式如图 2-3 所示，通常阶码用定点整数表示，尾数用定点小数表示。

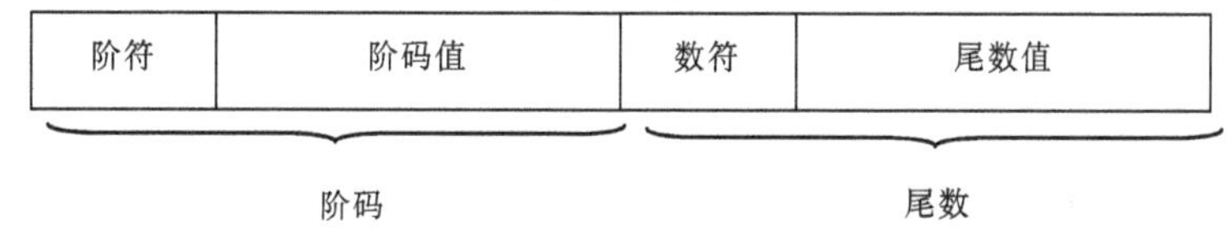

图 2-3　浮点数格式

后来为了便于软件移植，按 IEEE 754 标准，32 位浮点数和 64 位浮点数的标准格式为：

32 位浮点数：

31	30　　23	22　　0
S	E	M

64 位浮点数：

63	62　　52	51　　0
S	E	M

32 位的浮点数中，S 是浮点数的符号位，占 1 位，安排在最高位，S=0 表示正数，S=1 表示负数。M 是尾数，放在低位部分，占用 23 位，小数位置放在尾数域最左有效位的右边。E 是阶码，占用 8 位，阶符采用移码方法来表示正负指数。采用这种方式时，将浮点数的指

数变成阶码时，应将指数加上一个固定的偏移值 127（01111111）。为了提高数据的表示精度，当尾数的值不为 0 时，尾数域的最高有效位应为 1，这称为浮点数的规格化表示。

64 位的浮点数中符号位占 1 位，阶码域占 11 位，尾数域占 52 位，指数偏移值是 1023。表 2–2 中列出了 IEEE 754 中浮点数的表示范围。

表 2-2　IEEE 754 中浮点数的表示范围

单精度（32 位）		双精度（64 位）		表示的对象
指数	尾数	指数	尾数	
0	0	0	0	
0	非 0	0	非 0	正负规格化
1~254	任意数	1~2046	任意数	正负浮点数
255	0	2047	0	正负无穷
255	非 0	2047	非 0	不是一个数（NaN）

NaN 是一个代表无效运算的符号，采用这个标志的目的是让程序员能够推迟进行测试及判断的时间，以便在方便的时候进行。

浮点数所表示的范围远比定点数大，一般在高档微机以上的计算机中同时采用定点、浮点数表示，由使用者进行选择。而单片机中多采用定点数表示。

例：将数$(20.59375)_{10}$转换为 IEEE 754 标准的 32 位浮点数的二进制存储格式。

$$(20.59375)_{10}=10100.10011=1.010010011\times 2^4$$

于是，S=0，E=4+127=131，M=010010011

得到 32 位浮点数的二进制存储格式为：

0100　0001　1010　0100　1100　0000　0000　0000

3. 十进制数串的表示方法

大多数通用性较强的计算机都能直接处理十进制形式表示的数据。十进制数串在计算机内主要有两种表示形式：

（1）字符串形式，即一个字节存放一个十进制的数位或符号位。在主存中，这样的一个十进制数占用连续的多个字节，故为了指明这样一个数，需要给出该数在主存中的起始地址和位数（串的长度）。这种方式表示的十进制字符串主要用在非数值计算的应用领域中。

（2）压缩的十进制数串形式，即一个字节存放两个十进制的数位。每个数位占用半个字节，其值可用 BCD 码或 ASCII 的低 4 位表示。符号位也占半个字节并放在最低数字位之后。在这种表示中，规定数位加符号位之和必须为偶数，当和不为偶数时，应在最高数字位前补一个 0。与字符串表示形式类似，要指明一个压缩的十进制数串，也得给出它在主存中的首地址和数字位个数。这种存储形式比字符串形式节省存储空间，便于直接完成十进制数的算术运算，是广泛采用的较为理想的方法。

4. 数的机器码表示

在计算机中对数据进行运算操作时，符号位如何表示呢？是否也同数值位一起参加运算呢？为了妥善处理好这些问题，就产生了把符号位和数值位一起编码来表示相应数的表示方法，如原码、反码、补码、移码等。为了区别数和机器中的这些编码表示的数，通常将前者称为真值，后者称为机器码。对数值数据，采用在数值位的前面设置一个符号位来表示符号数，用0表示正，用1表示负。

（1）原码

原码的编码规则为，符号位用0表示正，用1表示负。数值部分用二进制的绝对值表示。一般情况下，对于正数 $X=+x_{n-1}\ldots x_1x_0$，则有$(X)_原=0\ x_{n-1}\ldots x_1x_0$；对于负数 $X=-x_{n-1}\ldots x_1x_0$，则有$(X)_原=1x_{n-1}\ldots x_1x_0$。对于0，在机器中，原码有“+0”“-0”之分，即有两种形式：（+0）=0 000…0；(-0)=1 000…0。

采用原码表示法简单易懂，即符号位加上二进制数的绝对值，但它的最大缺点是加法运算复杂。因为，当两数相加时，如果是同号则数值相加；如果是异号，则要进行减法。在进行减法运算时，需要比较绝对值大小，然后大数减去小数，最后确定符号。为了解决这个问题，人们找到了补码表示法。

（2）补码

采用补码表示法进行减法运算比原码方便多了。因为无论数是正或负，机器总是可以把减法转化为加法。这样在计算机中实现起来就比较方便。下面说明由原码表示法变成补码表示法的方法。

一个正整数，当用原码、反码、补码表示时，符号位都是固定为 0，用二进制表示的数位值都相同，因此一个正整数的原码、反码、补码是相同的。

一个负整数，当用原码、反码、补码表示时，符号位都是固定为 1，用二进制表示的数位值都不相同。此时由原码表示法变成补码表示法的规则如下：

① 原码符号位为1不变，整数的每一位二进制数位按位求反得到反码。

② 反码符号位为1不变，反码数值位最低位加1，得到补码。

例如，两个整数的减法运算 42 - 84，用补码表示，如用两字节存放数值，其中最高位为符号位，则 42-84=42+(-84)用补码表示如下：

42 的补码是 0000 0000 0010 1010

-84 的补码是 1111 1111 1010 1100

42 - 84 的运算，是 42 的补码加上-84 的补码运算，得到结果：1111 1111 1101 0110，便是 42-84 的补码。

2.3.2 字符编码

计算机不仅要处理数值领域的问题，还需要处理非数值领域的问题。这样一来，需要引入文字、字母及某些专门符号，以便表示文字语言、逻辑语言等信息。然而，数字计算机只能处理二进制数据，因此，上述信息必须编写成二进制格式的代码，也就是字符信息用数据表示，称为字符编码。

字符编码就是规定用二进制码如何来表示字母、数字和其他专用符号。在计算机系统中，目前主要用 ASCII 码，它是美国标准信息交换码（American Standard Code for Information Interchange），已被国际标准化组织（ISO）定为国际标准。ASCII 码有七位 ASCII 码和八位 ASCII 码两种。

1. 七位 ASCII 码

七位 ASCII 码称为基本 ASCII 码，该编码是国际通用的。它采用七位二进制表示 128 个字符，包括 10 个阿拉伯数字、52 个英文大小写字母、32 个标点符号和运算符，以及 34 个控制符，如表 2-3 所示。

表 2-3　七位 ASCII 码表

低四位	高三位							
	000	001	010	011	100	101	110	111
0000	NUL	DLE	SP	0	@	P	`	p
0001	SOH	DC1	!	1	A	Q	a	q
0010	STX	DC2	"	2	B	R	b	r
0011	ETX	DC3	#	3	C	S	c	s
0100	EOT	DC4	$	4	D	T	d	t
0101	ENQ	NAK	%	5	E	U	e	u
0110	ACK	SYN	&	6	F	V	f	v
0111	BEL	ETB	'	7	G	W	g	w
1000	BS	CAN	(	8	H	X	h	x
1001	HT	EM	)	9	I	Y	i	y
1010	LF	SUB	*	:	J	Z	j	z
1011	VT	ESC	+	;	K	[	k	{
1100	FF	FS	,	<	L	\	l	
1101	CR	GS	-	=	M	]	m	}
1110	SO	RS	.	>	N	^	n	~
1111	SI	US	/	?	O	_	o	DEL

七位 ASCII 码在计算机中用一个字节（八个二进制位）表示，将最左边一位（最高位）置为 0。如数字 0 的 ASCII 码是 00110000，对应的值是 48，字母 A 的 ASCII 码 01000001，对应的值是 65。

从 ASCII 码表中看出，有 34 个非图形字符（包含前 33 个字符和最后一个空格），94 个可打印字符，也称为图形字符。这些字符按照 ASCII 码值从小到大进行排列。

2. 八位 ASCII 码

八位 ASCII 码称为扩充 ASCII 码，将七位码扩展成八位码，可以表示 256 个字符。所表示的每个字符的字节最高位可以是 0，也可以是 1。

2.3.3　汉字编码

为了能直接使用西文标准键盘把汉字输入计算机，就必须为汉字设计相应的输入编码方法。计算机对汉字的处理要比西文字符复杂，主要体现在数量繁多、字形复杂和字音多变上，因此，汉字的编码也要复杂得多。

1. **国标码**

1980 年，我国颁布了《信息交换用汉字编码字符集基本集》，即国家标准 GB 2312—1980，简称国标码，又称汉字交换码。在国标码中收入了 6 763 个汉字和 682 个非汉字图形符号，其中，6 763 个汉字按使用频度分为一级汉字 3 755 个和二级汉字 3 008 个。国标码规定，每个符号由两个字节代码组成，每个字节占用低 7 位，最高位恒为 0。

2. **汉字的输入码**

为将汉字输入到计算机而设计的编码称为汉字输入码，目前主要是利用西文键盘输入汉字。因此，输入码是由键盘上的字母、数字或符号组成的。例如，搜狗拼音输入法、智能 ABC 输入法、五笔字型输入法等。下面以搜狗拼音输入法为例，简单介绍一些输入法的使用。

（1）输入法的选择与切换

可使用鼠标从多个输入法中单击选择一项，也可用键盘操作，按【Ctrl+Shift】组合键进行各项输入法之间的切换；按【Ctrl+Space】组合键进行中英文输入法之间的切换。

（2）输入法状态条的使用

选择一种输入法后，屏幕上会出现输入法状态条。搜狗拼音输入法的状态条如图 2-4（a）所示。输入法状态条表示当前的输入状态，可以通过单击状态条上的按钮或按快捷键来切换状态。以搜狗拼音输入法为例，它们的含义如图 2-4（b）所示。

（a）搜狗拼音输入法的状态条

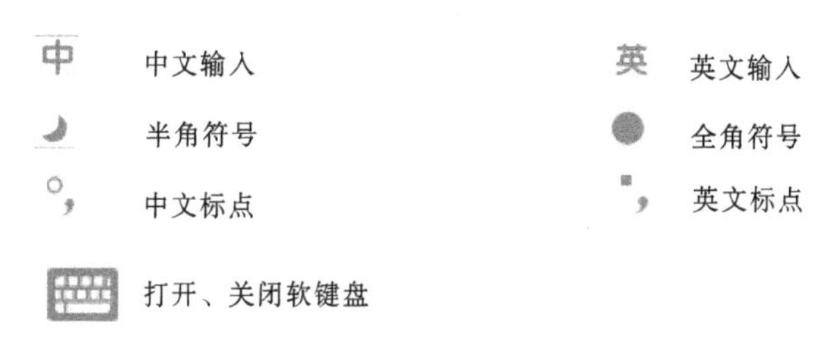

（b）图标含义

图 2-4　搜狗拼音输入法状态条和图标含义

① 全角与半角。输入法状态条上有一个全角/半角切换按钮，可通过单击切换。在全角状态下，输入的所有字符和数字均占两个英文字符的显示位置；在半角状态下，输入的所有字符和数字均占一个英文字符的显示位置。

② 中文标点符号。输入法状态条上有一个中/英文标点切换按钮，可通过单击切换。在中文标点状态下可以输入各种中文标点符号，键位表如表 2-4 所示。

表 2-4　中文标点输入键位对照表

中文标点	键　位	说　明	中文标点	键　位	说　明
。句号	.		（）左右括号	()	自动嵌套
，逗号	,		《单双左书名号	<	自动嵌套
；分号	;		》单双右书名号	>	自动嵌套
：冒号	:		……省略号	^	双符处理
？问号	?		——破折号	_	双符处理
！感叹号	!		、顿号	\	
“”双引号	“	自动配对	·间隔号	@	

③ 软键盘。使用软键盘可以增加用户输入的灵活性。右击软键盘按钮，弹出软键盘菜单如图 2-5（a）所示，选择一种软键盘类型后，屏幕上会出现相应键盘图，例如选择“特殊符号”选项后，则出现图 2-5（b）所示软键盘，此时可以单击所需符号，也可以在键盘上敲击相应键位。

1 PC 键盘　asdfghjkl;
2 希腊字母　α β γ δ ε
3 俄文字母　а б в г д
4 注音符号　ㄆ ㄊ ㄍ ㄐ ㄔ
5 拼音字母　ā á ě è ó
6 日文平假名　あ い う え お
7 日文片假名　ア イ ウ ヴ エ
8 标点符号　『‖々·』
9 数字序号　Ⅰ Ⅱ Ⅲ ㈠ ①
0 数学符号　± × ÷ Σ √
A 制表符　┐┼├┬┼
B 中文数字　壹贰千万兆
C 特殊符号　▲☆◆□→
关闭软键盘(L)

（a）软键盘菜单

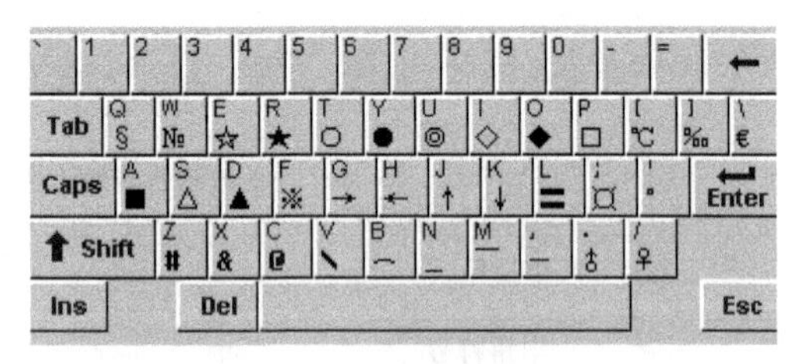

（b）特殊符号软键盘

图 2-5　软键盘

3. 机内码

汉字的机内码是供计算机内部进行汉字存储、处理和传输而统一使用的代码。为了实现中、西文并存，通常利用字节的最高位来区分某个码值是代表汉字还是 ASCII 码字符。所以，汉字机内码是在国标码的基础上，将两个字节的最高位一律由 0 改为 1。由此可见，同一汉字的国标码和汉字机内码是不相同的。

4. 汉字字形码

汉字字形码又称汉字字模，用于汉字在显示屏或打印机上输出。每一个汉字的字形都预先存放在计算机内，汉字字形主要有点阵和矢量两种表示方法。

图 2-6　点阵字模和矢量字

点阵字形是用一个排列成方阵的点来描述汉字，凡笔画所到的格子点为黑点，用二进制数 1 表示，否则为白点，用 0 表示。一个 16×16 点阵的字形码需要 16×16÷8=32（字节）存储空间。汉字的矢量表示法是将汉字看作由笔画组成的图形，提取每个笔画的坐标值，所有坐标值组合起来就是该汉字字形的矢量信息，如图 2-6 所示。汉字的矢量表示法不会有失真的现象，可随意缩放，而点阵字形在放大后会出现马赛克。

从上述汉字编码的角度看，一般汉字的处理过程实际上是各种汉字编码间的转换过程，如图 2-7 所示。

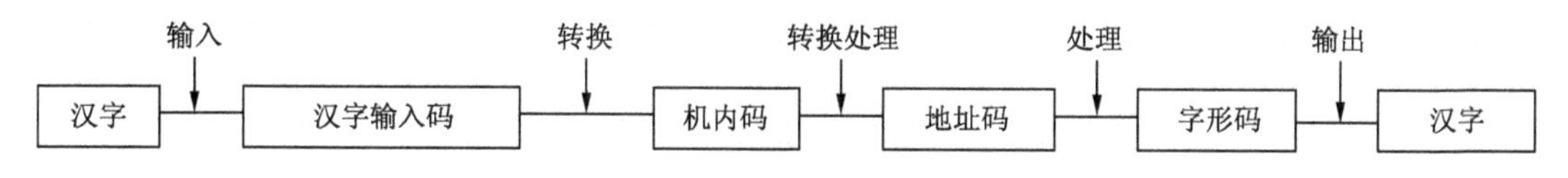

图 2-7　汉字信息处理系统的工作过程

2.3.4　条形码

条形码（Barcode）是将宽度不等的多个黑条和白条，按照一定的编码规则排列，用以表达一组信息的图形标识符。常见的条形码是由反射率相差很大的黑条（简称条）和白条（简称空）排成的平行线图案。条形码可以标出物品的生产地、制造厂家、商品名称、生产日期等许多信息。条码符号是由反射率不同的“条”“空”按照一定的编码规则组合起来的一种信息符号。由于条码符号中“条”“空”对光线具有不同的反射率，从而使条码扫描器接收到强弱不同的反射光信号，相应地产生电位高低不同的电脉冲。条形码扫描器利用光电元件将检测到的光信号转换成电信号，再将电信号通过模拟数字转换器转化为数字信号传输到计算机中处理。

条形码技术（Bar Code Technology，BCT）是在计算机的应用实践中产生和发展起来的一种自动识别技术。它是为实现对信息的自动扫描而设计的，它是快速、准确而可靠地采集数据的有效手段。条形码技术的应用解决了数据录入和数据采集的瓶颈问题，为物流管理提供了有利的技术支持。条形码技术的核心内容是通过光电扫描设备识读这些条形码符号来实现机器的自动识别，并快速、准确地把数据录入计算机，从而达到自动管理的目的。条形码技术的研究对象主要包括标准符号技术、自动识别技术、编码规则、印刷技术和应用系统设计五个部分。

目前，条形码技术在许多领域都得到广泛的应用。零售业是条形码应用最为成熟的领域。目前大多数超市中的商品都使用条形码，大大加快了收银的速度和准确性，同时销售信息能及时准确地被统计出来。商家在经营过程中可以准确地掌握各种商品的流通信息。条形码也被广泛用于图书馆中的图书流通环节，图书和借书证上都贴上了条形码，借书还书时只要扫描一下即可，这大大地提高了工作效率。大量格式化的单据的录入问题是一件很烦琐的事，浪费大量的人力不说，正确率也难以保障。使用条形码技术，可以把上千个字母或汉字放入名片大小的一个条形码中，并用专用的扫描器在几秒钟内正确地输入这些内容。条形码技术是迄今为止最经济、实用的一种自动识别技术，在商品流通、图书管理、邮政管理、银行系统、仓储管理与物流跟踪等领域都得到广泛的应用。

2.3.5　二维码

二维码（2-Dimensional Bar Code），又称二维条码，是用某种特定的几何图形按一定规律在平面分布的黑白相间的记录数据符号信息的图形。其巧妙地利用“0”“1”比特流的概念，使用若干个与二进制相对应的几何形体来表示文字数值信息，通过图像输入设备或光电扫描

设备自动识读以实现信息自动处理。QR Code（Quick Response）是近几年来移动设备上超流行的一种编码方式。它是由Denso公司于1994年9月研制的一种矩阵二维码符号，它具有信息容量大、可靠性高、可表示汉字及图像多种文字信息、保密防伪性强等优点。

智能手机和平板电脑的普及催生了二维码应用。随着4G/5G移动网络的发展，二维码应用不再受到时空和硬件设备的限制。它渗透到我们生活的方方面面，如登录应用、支付、加好友、点餐及资源分享等。

草料二维码是一个二维码在线服务网站，提供二维码生成、美化、印制、统计、管理等技术支持和行业解决方案。帮助用户在不同行业、不同场景下，通过二维码减少信息沟通成本，提升营销和管理效率。草料二维码可以在二维码中自由添加内容，如文本、音视频、网址、名片等，能满足对二维码的多种需求。同时，还可以使用二维码表单实现信息收集，将纸质表单电子化。

随着二维码应用渐趋广泛，二维码的安全性也正备受挑战，捆绑恶意软件和病毒正成为二维码普及道路上的绊脚石。发展与防范二维码滥用正成为一个亟待解决的问题。

习题

一、选择题

1. 执行逻辑“与”运算 10101110∧10110001，其运算结果是（　　）。

   A. 01011111　　B. 10100000　　C. 00011111　　D. 01000000

2. 字节是计算机中（　　）信息单位。

   A. 基本　　B. 最小　　C. 最大　　D. 不是

3. 下列各种进制的数中，最大的数是（　　）。

   A. 二进制数 101001　　B. 八进制数 52

   C. 十六进制数 2B　　D. 十进制数 44

4. 二进制数 1100100 对应的十进制数是（　　）。

   A. 384　　B. 192　　C. 100　　D. 320

5. 将十六进制数 BF 转换成十进制数是（　　）。

   A. 187　　B. 188　　C. 191　　D. 196

6. 按对应的 ASCII 码比较，下列正确的是（　　）。

   A. “A”比“B”大　　B. “f”比“Q”大

   C. 空格比逗号大　　D. “H”比“R”大

7. 我国的国家标准 GB 2312—1980 用（　　）位二进制数来表示一个字符。

   A. 8　　B. 16　　C. 4　　D. 7

8. 在计算机中，应用最普遍的字符编码是（　　）。

   A. 原码　　B. 反码　　C. ASCII 码　　D. 汉字编码

9. 输出汉字字形的清晰度与（　　）有关。

   A. 不同的字体　　B. 汉字的笔画

   C. 汉字点阵的规模　　D. 汉字的大小

10. 对于各种多媒体信息，（　　）。

A. 计算机只能直接识别图像信息　　B. 计算机只能直接识别音频信息
C. 不需转换直接就能识别　　D. 必须转换成二进制数才能识别

二、填空题

1. 计算机中的数据是指____。

2. 在计算机内部，一切信息的存取、处理和传送的形式是______________。

3. 如果一个存储单元能存放一个字节，那么一个 32 KB 的存储器共有______________个存储单元。

4. 执行逻辑“非”运算 10110101，其运算结果是______________________。

5. 计算机能处理的最小数据单位是______________。

6. 1 G 表示 2 的______________次方。

7. 执行十六进制算术运算 32 - 2B，其运算结果是___________________ 。

8. 101101 B 表示一个______________ 进制数。

9. GB 2312—1980 码在计算机中用______________ byte 存放。

10. 常用的汉字输入法属于______________。

三、简答题

1. 简述信息和数据的联系和区别。

2. 解释名词：位、字节、字。

3. 简述 R 进制转换为十进制、十进制转换为 R 进制转换规则。

4. 什么是原码、反码、补码？

5. 简述一般汉字处理过程。

第3章 计算机网络基础

以 Internet 为代表的计算机网络是现代信息社会最重要的基础设施之一，它已渗透到社会的各个领域，成为国家进步和社会发展的基本要素，是未来知识经济的基础载体和支撑环境。计算机网络及其应用的水平已成为衡量一个国家基本国力和经济竞争力的重要标志。

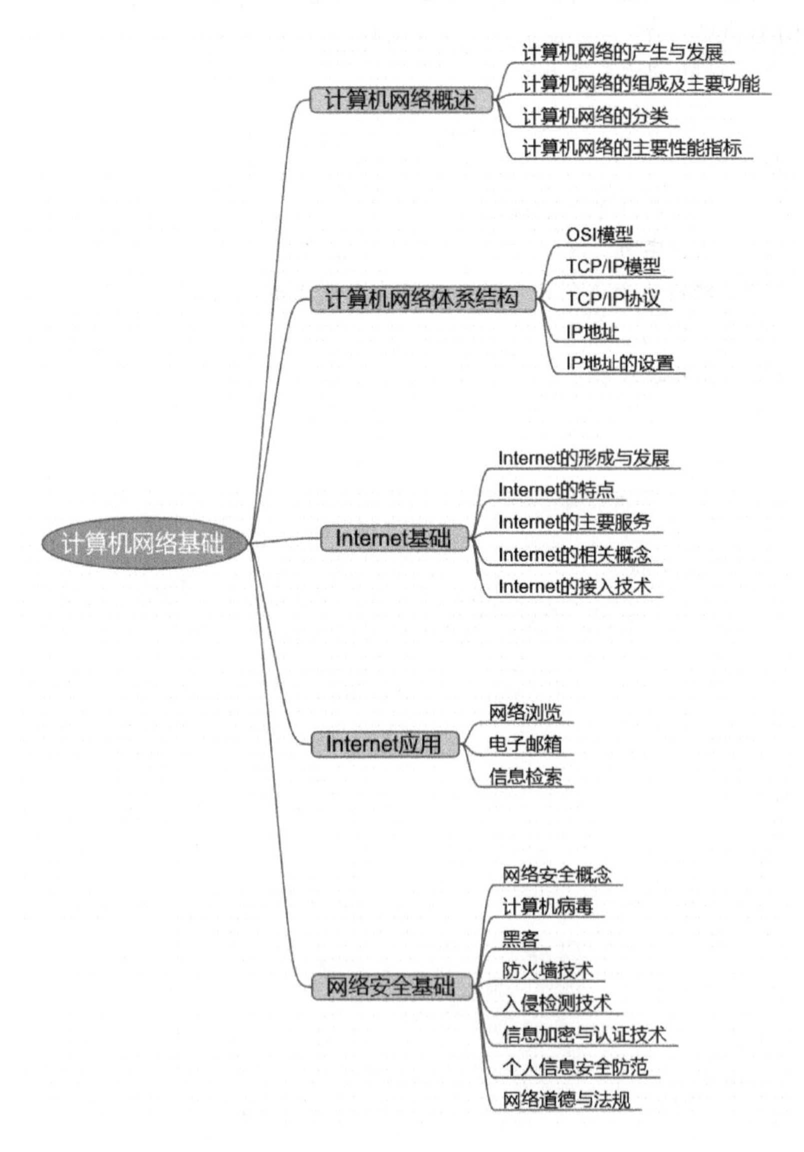

3.1 计算机网络概述

计算机网络是计算机技术与通信技术相结合的产物，目前已广泛应用于经济、政务、军事、教育、文化、科研、娱乐等社会生活的各个领域。它的出现将人类社会带入一个全新的信息时代，并引发了深刻的变革。

3.1.1 计算机网络的产生与发展

计算机网络仅有几十年的发展历史，但是它经历了从简单到复杂、从低级到高级、从地区到全球的发展过程。根据不同阶段的技术特点和应用需求，这个过程大致可划分为四个阶段。

1. **面向终端的第一代计算机网络**

在20世纪60年代中期之前，当时的计算机造价昂贵，而通信线路和通信设备相对比较便宜，为了实现资源共享和信息处理，人们通过通信线路和通信设备将若干台终端与一台计算机相连，建立了一种联机系统。1954年，美国空军建立的半自动化地面防空系统（SAGE）就是这种联机系统的典型应用。

联机系统的计算机既要负责数据处理，又要控制与终端的通信，负荷很重，同时一个终端要单独使用一根通信线路，因此通信线路利用率低。该系统还不能算是真正的计算机网络，但已是计算机技术与通信技术相结合形成的网络雏形，通常将这种具有通信功能的计算机系统称为面向终端的第一代计算机网络。

2. **以共享资源为主的第二代计算机网络**

20世纪60年代中期到70年代，计算机网络不再局限于单个计算机网络，出现了多个计算机互联的系统。计算机之间不仅可以彼此通信，还能进行信息的传输与交换，实现了计算机之间的资源共享。这种通过通信线路将若干自主的计算机连接起来的、以资源共享为主的计算机系统，就是第二代计算机网络。

1969年，美国国防部高级研究计划署（Advanced Research Project Agency，ARPA）将分散在不同地区的计算机组建成了ARPANET。ARPANET是第二代计算机网络的主要代表，也是Internet的最早发源地，为现代计算机网络的发展奠定了基础。

第二代计算机网络与第一代计算机网络相比，其网络结构体系由主机到终端变为了由主机到主机。其次，第二代计算机网络以共享资源为主要目的，而不是以数据通信为主。

3. **体系结构标准化的第三代计算机网络**

20世纪70年代后期，由于ARPANET的成功，各大公司纷纷开发自己的网络系统，并公布自己使用的网络体系结构标准。这一时期，计算机网络逐渐普及，不同体系结构网络互联变得非常复杂。因此，1977年国际标准化组织（International Standards Organization，ISO）的计算机与信息处理标准化技术委员会，成立专门研究和制定网络通信标准的机构，并于1984年颁布了开放系统互连参考模型(Open System Interconnection/Reference Model，OSI/RM)。遵循这一协议的计算机网络具有统一的网络体系结构，各公司按照国际标准开发自己的网络产品，即可保证不同公司的产品可以在同一个网络中进行通信，这就是“开放”的含义。从此，计算机网络走上了标准化的道路。体系结构标准化的计算机网络被称为第三代计算机网络。

4. 以 Internet 为核心的第四代计算机网络

1984 年，美国国家科学基金会决定将教育科研网 NSFNET 与 ARPANET、MILNET 合并，向世界范围扩展，并命名为 Internet。进入 20 世纪 90 年代，Internet 把分散在各地的网络连接起来，形成了一个跨越国界范围、覆盖全球的网络，实现了更大范围的资源共享。

Internet 自产生以来就呈现出爆炸式的发展，特别是 1993 年美国宣布建立国家信息基础设施（National Information Infrastructure，NII）后，全世界许多国家都纷纷制定和建立本国的 NII，从而极大地推动了计算机网络技术的发展。全球以 Internet 为核心的高速计算机互联网络已形成，Internet 已经成为人类最重要的、最大的知识宝库，使计算机网络的发展进入一个崭新的阶段，这就是第四代计算机网络。

现今的社会已进入一个以网络为中心的时代，网上传输的信息内容非常丰富，而且形式多样，包括文字、声音、图像、视频等，人们的生活越来越离不开计算机网络。同时，第四代计算机网络还在不断发展，发展方向是开放、集成、高速、移动、智能以及分布式多媒体应用。

3.1.2 计算机网络的组成及主要功能

计算机网络是利用通信线路和通信设备，把地理上分散的、能独立运行的多个计算机系统互相连接起来，在统一的网络协议和网络软件的管理与协调下，实现资源共享和数据通信的系统。

1. 计算机网络的组成

计算机网络从逻辑功能上可划分为资源子网和通信子网两大部分，这两部分是通过通信线路连接的，如图 3-1 所示。计算机网络以资源共享为主要目的，网络用户通过终端对网络的访问分为本地访问和网络访问两类。本地访问是对本地主机资源的访问，在资源子网内部进行，它不经过通信子网。终端用户访问远程主机资源称为网络访问，它必须通过通信子网。

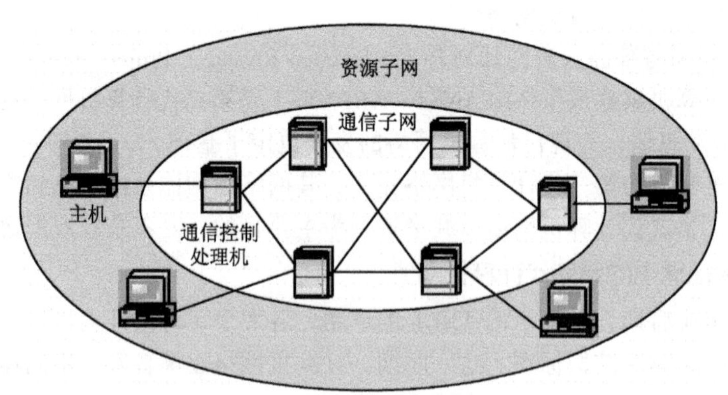

图 3-1 计算机网络组成

（1）资源子网

资源子网包括网络的数据处理资源和数据存储资源，负责全网的信息处理，为网络用户提供网络服务和资源共享等功能。资源子网由主计算机、智能终端、磁盘存储器、I/O 设备、各种软件资源和信息资源等组成。

① 主机（Host）：在网络中，主机可以是大型机、中型机、小型机、工作站或微型机，它们通过通信线路与通信子网的通信控制处理机相连接，普通用户终端通过主机入网。主机不仅为本地用户访问网络中的其他主机设备和共享资源提供服务，而且要为网络中其他用户（或主机）共享本地资源提供服务。

② 终端（Terminal）：终端是用户访问网络的界面，它可以是简单的输入/输出终端设备，也可以是带微处理器的智能终端，具有存储预处理信息的能力。

（2）通信子网

通信子网是由负责数据通信处理的通信控制处理机（Communication Control Processor，CCP）和传输链路组成的独立的数据通信系统。它主要负责全网的数据通信，为网络用户提供数据传输、转接、加工和转换等通信处理工作。

① 通信控制处理机（CCP）：通信控制处理机是一种在数据通信系统和计算机网络中具有处理通信访问控制功能的专用计算机。通信控制处理机在网络拓扑中被称为网络结点，它一方面作为与资源子网的主机、终端的接口结点，将主机和终端连入网内；另一方面又作为通信子网中的各种数据存储转发结点，将源主机数据准确地发送到目的主机。

② 传输链路：传输链路为主机与通信控制处理机、通信控制处理机与通信控制处理机之间提供通信信道。这些链路的容量可以从每秒几十比特到每秒数千兆比特，甚至更高。近十几年来，无线信道、微波与卫星信道等被广泛用于计算机通信的传输信道。

2. 计算机网络的主要功能

计算机网络的主要功能归纳起来，有以下四方面：

（1）数据通信

数据通信是计算机网络最基本的功能之一，用来在计算机之间传送各种类型的信息，包括文字信件、新闻消息、资讯信息、图片资料、声音、视频流等各种多媒体信息。利用该功能可以传递计算机与终端、计算机与计算机之间的各种信息，也可以通过计算机网络传送电子邮件、发布新闻、实时文字语音聊天、视频会议等，为人们的生活带来便利的同时，提高了工作效率。

（2）资源共享

资源共享是计算机网络实现的主要目的，这使得网络用户能够共享网络中的资源。如石家庄地区的社保数据库可供全网内其他地区的社保部门使用；一些大型的计算软件可供需要人通过共享有偿调用或办理一定手续后调用；一些外围设备（如彩色打印机、静电绘图仪等）可使一些没有这些设备的用户也能使用。资源共享包括：

① 软件资源共享，如应用程序、数据等，可以由多名用户来使用。这种共享可以避免软件开发的重复劳动与大型软件的重复购置，进而实现分布式计算，且高效地利用硬盘空间，多用户项目的协作也会变得更加轻松。

② 硬件资源共享。在网络中，经常会共享一些连接到计算机上的硬件设备，以此来避免贵重硬件设备的重复购置，提高硬件的使用率和减少硬件的投资，如处理机、网络打印机和大型磁盘阵列等。

资源共享提高了资源的利用率，解决了资源在地理位置上的约束，使得用户在使用千里以外的资源时就如同使用本地资源一样方便。

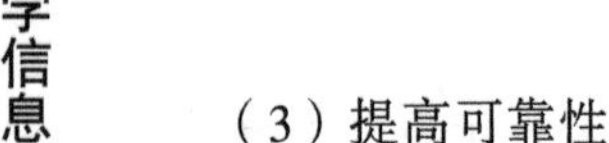

（3）提高可靠性

安全可靠是计算机网络得以正常运转的保障。在单个系统内，当计算机或者某些资源暂时失效时，将导致系统瘫痪。但在计算机网络中，每种资源，特别是一些重要的数据和资料，可以存放在多个地点，用户可以通过多种途径来访问这些资源。建立网络之后，可以方便地通过网络进行信息的转储和备份，从而避免了单点失效对用户产生的影响，大大提高了系统的可靠性。

（4）分布处理

单机的处理能力是有限的，且由于种种原因，计算机之间的忙闲程度是不均匀的。从理论上讲,在同一网内的多台计算机可以通过协同操作和并行处理来增强整个系统的处理能力，并使网内各计算机负载均衡。这样一方面可以通过计算机网络将不同地点的主机或外设采集到的数据信息送往一台指定的计算机，在此计算机上对数据进行集中和综合处理，通过网络在各计算机之间传送原始数据和计算结果；另一方面，当网络中某台计算机任务过重时，可将任务分派给其他空闲的计算机，使多台计算机相互协作、均衡负载、共同完成任务。

计算机网络能够把要处理的任务分散到各个计算机上运行，而不是集中在一台大型计算机上。这样，不仅可以降低软件设计的复杂性，而且还可以大大提高工作效率，降低成本。例如，在军事指挥系统中，计算机网络可以使大范围内的多台计算机协同工作，对收集到的可疑信息进行处理，及时发出警报，从而使最高决策机构迅速采取有效措施。

3.1.3 计算机网络的分类

按不同的分类标准，计算机网络有多种分类方法，如按地理范围分类、按网络拓扑结构分类、按信息交换方式分类和按传输介质分类等。其中，最常用的分类方法是按地理范围和网络拓扑结构进行划分。

1. 按地理范围分类

按地理范围划分是目前最为普遍的一种分类方法，因为地理范围的不同直接影响网络技术的实现与选择。根据这种分类标准，可以将计算机网络划分为局域网、城域网和广域网三种。

（1）局域网（Local Area Network，LAN）

局域网是将较小地理区域内的计算机或数据终端设备连接在一起的通信网络。局域网覆盖的地理范围比较小，一般在几十米到几千米之间，最大距离不超过 10 千米。它常用于组建一个办公室、一栋楼、一个楼群、一个校园或一个企业的计算机网络。局域网可以由一个建筑物内或相邻建筑物内的几百台甚至上千台计算机组成，也可以小到连接一个房间内的几台计算机、打印机和其他设备。局域网主要用于实现短距离的资源共享，数据传输速率快，一般为 10 Mbit/s ~ 10 Gbit/s，有传输延迟低及误码率低等优点，建立、维护与扩展都较为方便。

（2）城域网（Metropolitan Area Network，MAN）

城域网是一种大型的 LAN，它的覆盖范围介于局域网和广域网之间，一般为几千米至几十千米。城域网的覆盖范围在一个城市内，它将位于一个城市之内不同地点的多个计算机局域网连接起来。城域网所使用的通信设备和网络设备的功能要求比局域网高，以便有效地覆盖整个城市的地理范围。一般在一个大型城市中，城域网可以将多个学校、企事业单位和医院的局域网连接起来。

（3）广域网（Wide Area Network，WAN）

广域网是在一个广阔的地理区域内进行数据、语音、图像信息传输的计算机网络。其分布范围通常是几十千米到几千千米，可以跨越海洋，遍布一个国家甚至全球。由于远距离数据传输的带宽有限，因此广域网的数据传输速率比局域网低，且误码率也相对较高。一个国家或国际间建立的网络都是广域网，如 Internet 是全球最大的广域网。

2. 按拓扑结构分类

计算机网络拓扑结构是将构成网络的结点和连接结点的线路抽象成点和线，用几何关系来表示网络结构，从而反映网络中各实体的结构关系，并且对网络的性能、可靠性以及建设成本管理等都产生着重要影响。常见的计算机网络拓扑结构有五种：星状结构、总线结构、环状结构、树状结构和网状结构，如图 3-2 所示。

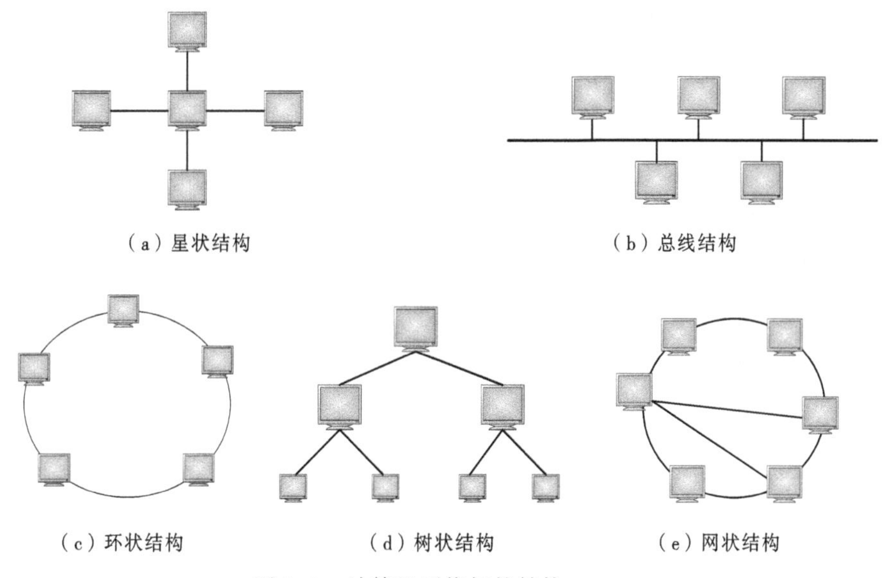

图 3-2　计算机网络拓扑结构

（1）星状拓扑结构

星状拓扑结构是最早的通用网络拓扑结构形式，它由一个中心结点和若干从结点组成，如图 3-2（a）所示。中心结点控制全网的通信，任何两个从结点之间的通信必须经过中心结点转发，因此，要求中心结点有较强的功能和较高的可靠性。

星状拓扑结构简单，组网方便，传输速率高。每个结点独占一条传输线路，消除了数据传送冲突现象。一台计算机及其接口故障不会影响到整个网络，扩展性好，配置灵活，网络易于管理和维护。但是它属于集中控制，中心结点一旦出现故障将导致全网瘫痪，可靠性较差。

（2）总线拓扑结构

如图 3-2（b）所示，总线拓扑结构采用单根传输线路作为公共传输媒介，所有结点都连到这个公共媒介上，这个公共媒介称为信道。任何一个结点发送的数据都通过总线进行传输，同时能被总线上所有的结点接收。总线拓扑结构形式简单，增删结点容易，易于扩充，曾经

是较为普遍的一种物理网络结构。

（3）环状拓扑结构

环状拓扑结构中所有结点被连接成闭合的环，信息是沿着环广播传送的，如图 3-2（c）所示。在环状拓扑结构中，每一个结点只能和相邻结点直接通信，与其他结点通信时，信息必须依次经过两者间的每一个结点。

环状拓扑结构中传输线路方向固定，无线路选择问题，故容易实现。但是环中任何结点的故障都会导致全网瘫痪，可靠性较差。

（4）树状拓扑结构

树状拓扑结构是一种分层结构，结点按层次进行连接，其形状像一棵倒置的树，如图 3-2（d）所示，顶端是树根，树根以下带分支，每个分支还可再带子分支，树根接收各站点发送的数据，然后再广播发送到全网。树状拓扑结构的优点是通信线路连接简单，网络管理不复杂，维护方便。其缺点是数据要经过多级传输，系统响应时间较长，资源共享能力差，可靠性低。

（5）网状拓扑结构

网状拓扑结构是指将各网络结点与通信线路互联成不规则的形状，结点之间是任意连接的，每个结点至少与其他两个结点相连，或者说每个结点至少有两条链路与其他结点相连，如图 3-2（e）所示。在网状拓扑结构中，结点间路径多，大大减少了碰撞和阻塞，如果网络中一个结点或一段链路发生故障，信息可通过其他结点和链路到达目的结点，故可靠性高。但是这种网络结构复杂，成本较高，网络协议也比较复杂。

3.1.4 计算机网络的主要性能指标

计算机网络性能指标从不同的方面来度量计算机网络的性能。下面介绍几个常用的性能指标。

（1）速率

速率指数据的传送速率，也称数据率或比特率。速率是计算机网络中最重要的一个性能指标。速率的单位是比特每秒（bit/s）。提到网络速率一般指的是额定速率或标称速率，而并非网络实际上运行的速率。

（2）带宽

带宽常用来表示网络中某通道传送数据的能力，因此网络带宽表示在单位时间内网络中的某信道所能通过的“最高数据率”。带宽的单位就是数据率的单位 bit/s。一条通信链路的带宽越宽，其所能传输的“最高数据率”也越高。

（3）吞吐量

吞吐量表示在单位时间内通过某个网络的实际的数据量。吞吐量受网络的带宽或网络的额定速率的限制。例如，由一段带宽为 1 Gbit/s 的链路连接的一对节点可能只达到 100 Mbit/s 的吞吐量。这样就意味着，一个主机上的应用能够以 100 Mbit/s 的速度向另外的一个主机发送数据。

（4）时延

时延指数据从网络的一端传送到另一端所需的时间，有时也称为延迟或迟延。网络中的时延主要由发送时延、传播时延、处理时延和排队时延组成。

（5）利用率

利用率有信道利用率和网络利用率。信道利用率指某信道有百分之几的时间是有数据通过的。完全空闲的信道利用率为零。网络利用率则是全网络的信道利用率的加权平均值。信道利用率并非越高越好。这是因为，当某信道的利用率增大时，该信道引起的时延也会增加。一般当网络的利用率达到其容量的 1/2 时，时延就要加倍。

3.2 计算机网络体系结构

随着网络规模的不断扩大，对设备的要求也更多，不同设备之间的互连成为头等大事。为了解决网络之间的兼容和通信问题，早在最初的 ARPANET 设计时即提出了分层的方法。“分层”可将复杂的问题转化为若干较小的局部问题，这些小问题比较易于研究和处理。

3.2.1 OSI 模型

1974 年，美国的 IBM 公司宣布了系统网络体系结构 SNA（Systems Network Architecture）。这个网络标准就是按照分层的方法制定的。它是在企业内部进行网络计算的一组产品。随着越来越多企业网络计算技术的到来，不同公司相继推出自己公司的网络体系结构。不同的网络体系结构出现后，使用同一个公司生产的各种设备都能够很容易地互连成网。但由于网络体系结构的不同，不同公司的设备很难互相连通。为了使不同体系结构的计算机网络都能互连，国际标准化组织 ISO 于 1977 年成立了专门机构研究该问题。他们提出了一个使各种计算机在世界范围内互连成网的标准框架，即著名的开放系统互连基本参考模型 OSI/RM（Open Systems Interconnection/Reference Model），简称为 OSI。因此，只要遵循 OSI 标准，一个系统就可以和世界上任何地方的也遵循这一标准的其他任何系统进行通信。1983 年，开放系统互连基本参考模型的文件正式发布，即著名的 IOS 7498 国际标准，也就是七层协议的体系结构。

OSI 将计算机网络体系结构划分为七层，即物理层、数据链路层、网络层、传输层、会话层、表示层、应用层，参考模型如图 3-3 所示。物理层是将数据转换为可通过物理介质传送的电子信号，相当于邮局中的搬运工人。数据链路层是决定访问网络介质的方式。在此层将数据分帧，并处理流控制。本层指定拓扑结构并提供硬件寻址，相当于邮局中的装拆箱工人。网络层为网络上的不同主机提供通信，它通过路由选择算法，以最佳路径透明地通过通信子网中的多个转接节点到达目的端，相当于邮局中的排序工人。传输层是提供终端到终端的可靠连接，相当于公司中跑邮局的送信职员。会话层是允许用户使用简单易记的名称建立连接，相当于公司中收寄信、写信封与拆信封的秘书。表示层协商和建立数据交换格式，相当于公司中替老板写信的助理。应用层是用户的应用程序和网络之间的接口。每一层均有自己的一套功能集，并与紧邻的上层和下层交互作用。物理层、数据链路层和网络层实现通信子网功能；会话层、表示层和应用层实现资源子网功能；传输层提供了信息交换服务。

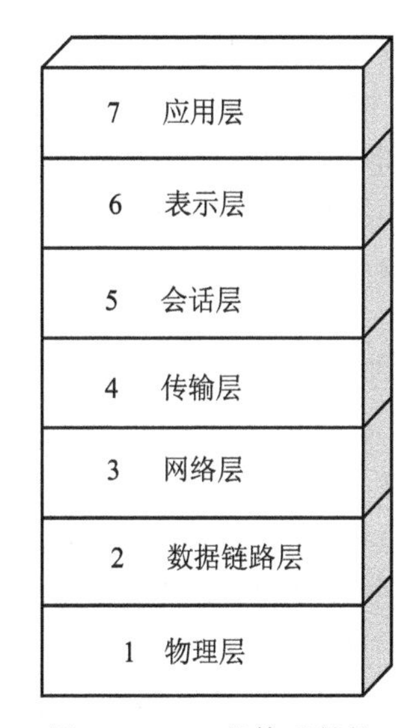

图 3-3 OSI 的体系结构

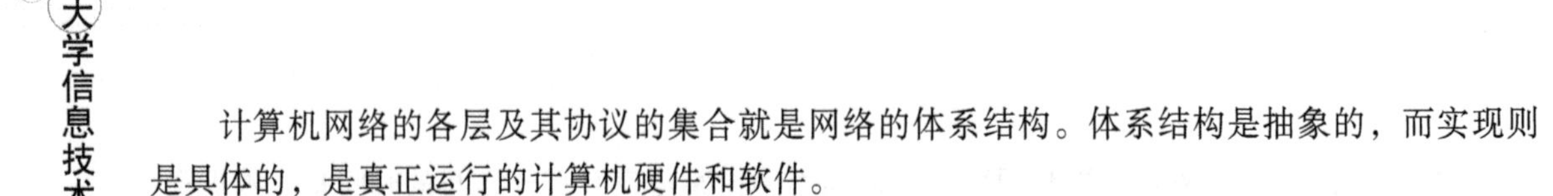

计算机网络的各层及其协议的集合就是网络的体系结构。体系结构是抽象的，而实现则是具体的，是真正运行的计算机硬件和软件。

3.2.2 TCP/IP 模型

尽管 OSI 模型被定义为全球计算机通信标准，但是它或许过于复杂，在实际应用中却并不广泛。实际上，TCP/IP 模型却成为事实上通信的标准，该模型将 OSI 模型简化为 4 层，分别为应用层、传输层、网络层、网络接口层。TCP/IP 模型与 OSI 模型的对应关系如图 3-4 所示。

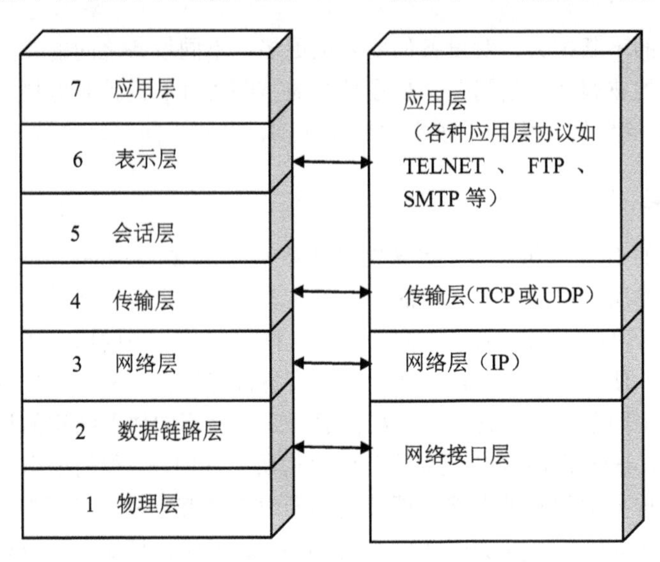

图 3-4 TCP/IP 模型与 OSI 模型的对应关系

应用层是通过应用进程间的交互来完成特定网络的应用。应用层协议定义的是应用进程间通信和交互的规则。对于不同的网络应用需要有不同的应用层协议。在互联网中，应用层协议很多，如域名系统 DNS，支持万维网应用的 HTTP 协议，支持电子邮件的 SMTP 协议等。

传输层是负责向两台主机进程之间的通信提供通用的数据传输服务，多个应用层可以使用同一个传输层服务。网络层是负责为分组交换网上的不同主机提供通信服务，能够通过网络中的路由器找到目的主机。网络接口层实现了网卡接口的网络驱动程序，以处理数据在物理媒介上的传输。

3.2.3 TCP/IP 协议

传输控制协议/网际协议（Transmission Control Protocol/Internet Protocol，TCP/IP）是指能够在多个不同网络间实现信息传输的协议簇。TCP/IP 协议不仅仅指的是 TCP 和 IP 两个协议，而是指一个由 FTP、SMTP、TCP、UDP、IP 等协议构成的协议簇，只是因为在 TCP/IP 协议中 TCP 协议和 IP 协议最具代表性，所以被称为 TCP/IP 协议。

TCP 即传输控制协议，是一种面向连接的、可靠的、基于字节流的通信协议。简单来说，TCP 就是有确认机制的 UDP 协议，每发出一个数据包都要求确认，如果有一个数据包丢失，就收不到确认，发送方就必须重发这个数据包。为了保证传输的可靠性，TCP 协议在 UDP 基础之上建立了三次对话的确认机制，即在正式收发数据前，必须和对方建立可靠的连接。TCP

数据包和 UDP 一样，都是由首部和数据两部分组成，唯一不同的是，TCP 数据包没有长度限制，理论上可以无限长，但是为了保证网络的效率，通常 TCP 数据包的长度不会超过 IP 数据包的长度，以确保单个 TCP 数据包不必再分割。

IP 即网际互连协议，定义了数据的传输格式和规则，负责将数据从一个节点传输到另一个节点。它有三个基本功能：第一是规定了数据的格式；第二是执行路由的功能，选择传输数据的路径；第三是确定主机和路由器如何处理分组的规则，以及产生差错报文后的处理方法。

3.2.4 IP 地址

在 Internet 上连接的所有计算机，从大型机到微机都是以独立的身份出现，称之为主机。为了实现各主机间的通信，每台主机都必须有唯一的网络地址，这个地址被称为 IP 地址（IP Address）。IP 地址使得我们能够区分两台主机是否同属一个网络，它与硬件地址（即 MAC 地址）不同，硬件地址是物理网络使用的与具体网络设备（如网卡）有关的数据链路层地址，是一个 48 位地址，设备出厂的时候就被固化在其中。

IP 协议将 32 位的 IP 地址分为两部分，前面部分代表网络地址，后面部分表示该主机在局域网中的地址，如图 3-5 所示。网络标识（Network ID）标识主机连接到网络的网络号。主机标识（Host ID）标识某网络内某主机的主机号。如果两个 IP 地址在同一个子网内，则网络地址一定相同。为了判断 IP 地址中的网络地址，IP 协议还引入了子网掩码，IP 地址和子网掩码通过按位与运算后就可以得到网络地址。

网络标识	主机标识

图 3-5　IP 地址的组成

在主机或路由器中存放的 IP 地址都是 32 位的二进制代码。为了便于记忆，这些二进制位被分为 4 组，每组 8 位即一个字节，并用圆点进行分隔，称为“点分十进制”表示法，如 IP 地址 11010011010100111000001110001110 可写为 211.83.131.142。

网络按规模大小主要可分为三类，在 IP 地址中，由网络 ID 的前几位进行标识，分别被称为 A 类、B 类、C 类，如表 3-1 所示。另外，还有两类：D 类地址为网络广播使用；E 类地址保留为实验使用。

表 3-1　IP 地址的分类

类型	网络 ID	第一字节	主机 ID	最大网络数	最大主机数
A 类	B1，且以 0 起始	1 ~ 127	B2 B3 B4	127	16 777 214
B 类	B1 B2，且以 10 起始	128 ~ 191	B3 B4	16 256	65 534
C 类	B1 B2 B3，且以 110 起始	192 ~ 223	B4	2 064 512	254

IP 地址规定，全为 0 或全为 1 的地址另有专门用途，不分配给用户。

A 类地址：网络 ID 为 1 个字节，其中第 1 位为 0，可提供 127 个网络号；主机 ID 为 3 个字节，每个该类型的网络最多可有主机 16 777 214 台，用于大型网络。

B 类地址：网络 ID 为 2 个字节，其中前 2 位为 10，可提供 16 256 个网络号；主机 ID 为 2 个字节，每个该类型的网络最多可有主机 65 534 台，用于中型网络。

C 类地址：网络 ID 为 3 个字节，其前 3 位为 110，可提供 2 064 512 个网络号；主机 ID

为 1 个字节，每个该类型的网络最多可有主机 254 台，用于较小型网络。

所有的 IP 地址都由 NIC 负责统一分配，目前全世界共有三个这样的网络信息中心：INTERNIC——负责美国及其他地区；ENIC——负责欧洲地区；APNIC——负责亚太地区。因此，我国申请 IP 地址要通过 APNIC。用户在申请时要考虑 IP 地址的类型，然后再通过国内的代理机构提出申请。

该 Internet 协议被称为 IPv4（IP version 4），即 IP 协议第 4 版。在因特网发展初期，IPv4 以其协议简单、易于实现、互操作性好的优势而得到快速发展。然而，随着因特网的迅猛发展，IPv4 设计的不足也日益明显。IPv4 最大的问题在于网络地址资源不足，严重制约了互联网的应用和发展。在其 32 位的地址空间中，约有 43 亿个地址可用，但这与现在入网的设备数及人口数相比，其比例还比较小，所以正面临着 IP 资源危机。

因此，互联网工程任务组（IETF）设计的用于替代 IPv4 的下一代 IP 协议称为第 6 版 IP 协议，即 IPv6。IPv6 具有 128 位的地址空间，其地址数量号称可以为全世界的每一粒沙子编上一个地址。与 IPv4 相比，IPv6 具有以下几个优势：

① IPv6 具有更大的地址空间。IPv4 中规定 IP 地址长度为 32，最大地址个数为 2^32；而 IPv6 中 IP 地址的长度为 128，即最大地址个数为 2^128。

② IPv6 使用更小的路由表。IPv6 的地址一开始分配就遵循聚类的原则，这使得路由器能在路由表中用一条记录表示一片子网，大大减小了路由器中路由表的长度，提高了路由器转发数据包的速度。

③ IPv6 增加了增强的组播（Multicast）支持以及对流的控制（Flow Control），这使得网络上的多媒体应用有了长足发展的机会，为服务质量（Quality of Service，QoS）控制提供了良好的网络平台。

④ IPv6 加入了对自动配置（Auto Configuration）的支持。这是对 DHCP 协议的改进和扩展，使得网络（尤其是局域网）的管理更加方便和快捷。

⑤ IPv6 具有更高的安全性。在使用 IPv6 网络时，用户可以对网络层的数据进行加密并对 IP 报文进行校验，为 IPv6 中的加密与鉴别选项提供了分组的保密性与完整性。极大地增强了网络的安全性。

IPv6 的地址有三种表示方法，分别是冒号十六进制表示法、零压缩表示法和内嵌 IPv4 的 IPv6 表示法。

IPv6 的地址长度为 128 位，128 位的地址每 16 位分成一段，每个 16 位的段用十六进制表示并用冒号分隔开，这种表示方法称为冒号十六进制表示法。例如，ABCD:EF01:2345:6789:ABCD:EF01:2345:6789。

在某些情况下，一个 IPv6 地址中间可能包含很长的一段 0，可以把连续的一段 0 压缩为“::”，这种表示方法称为 0 位压缩表示法。但为了保证地址解析的唯一性，地址中“::”只能出现一次，例如：FF01:0:0:0:0:0:0:1101 → FF01::1101。

前 96 b 地址采用冒分十六进制表示，而最后 32 b 地址则使用 IPv4 的点分十进制表示，这种表示方法称为内嵌 IPv4 地址表示法。例如，::192.168.0.1 与::FFFF:192.168.0.1。

IPv6 的使用，不仅能解决网络地址资源数量的问题，而且也解决了多种接入设备连入互联网的障碍。在今后的一段时间内，IPv4 将和 IPv6 共存，并最终过渡到 IPv6。

3.2.5　IP 地址的设置

以 Windows 10 为例，介绍一下 IP 地址的设置方法。

① 右击任务栏右下角的“网络连接”图标，在打开的面板中，单击“打开网络和共享中心”选项。

② 在“网络和共享中心”窗口中，单击左侧的“更改适配器配置”选项。

③ 在“网络连接”窗口中右击“以太网”图标，从弹出的快捷菜单中选择“属性”命令。

④ 在弹出的“以太网属性”对话框中，选中“此连接使用下列项目”选项区域中的“Internet 协议版本 4（TCP/IPv4）”选项，单击“属性”按钮，如图 3-6 所示。

⑤ 在弹出的“Internet 协议版本 4（TCP/IPv4）属性”对话框中，输入局域网内应采用的 IP 地址、子网掩码以及 DNS 服务器地址，如图 3-7 所示，单击“确定”按钮完成设置。

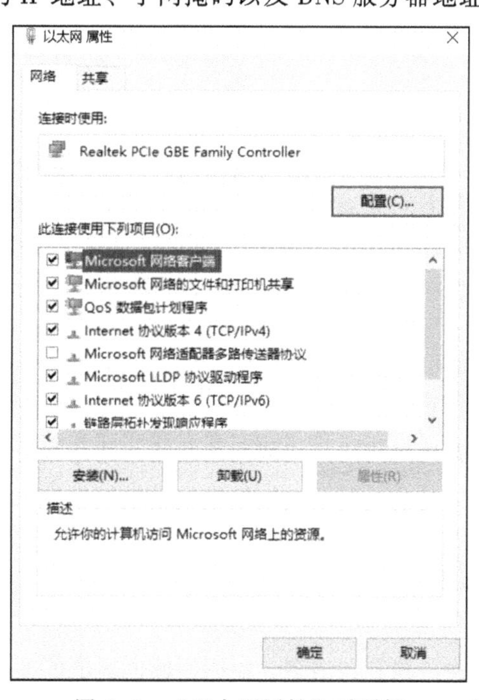

图 3-6　“以太网属性”对话框

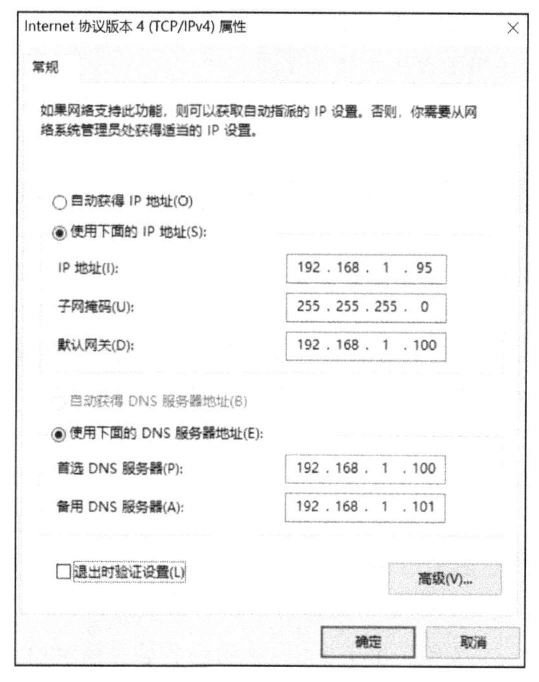

图 3-7　“Internet 协议版本 4（TCP/IPv4）属性”对话框

3.3　Internet 基础

Internet 音译为“因特网”，它是一个巨大的、全球范围的计算机网络。它本身不是一种具体的物理网络，而是把世界各地的计算机通过网络路由器和通信线路连接起来，进行数据和信息的交换，从而实现资源共享。当前，Internet 已逐渐渗透到政治军事、教育科研、娱乐商业、购物休闲等领域，它还在不断的变化、发展，正逐步虚拟现实的世界，形成一个崭新的信息社会。

3.3.1 Internet 的形成与发展

1. Internet 的诞生

Internet 起源于 20 世纪 60 年代末美苏的冷战时期。当时，美国国防部为了保证美国本土防卫力量和海外防御武装在受到苏联第一次核打击后仍然具有一定的生存和反击能力，认为有必要设计出一种分散的指挥系统：它必须能够经受住故障的考验而维持正常工作，一旦发生战争，当网络的某一部分因遭受攻击而失去工作能力时，网络的其他部分应当能够维持正常通信。为了对这一构思进行验证，1969 年，美国国防部高级研究计划署 DARPA（Defense Advanced Research Projects Agency）资助建立了名为 ARPANET 的网络，它把美国几所著名大学的计算机主机连接起来，采用分组交换技术，通过专门的通信交换机和通信线路相互连接。这就是最早出现的计算机网络，也是 Internet 的雏形。

ARPANET 建立初期只有四个网络结点，由于可靠性高，它的规模迅速扩张，不久就从夏威夷到瑞典，横跨西半球。1972 年，在美国华盛顿举行的第一届计算机通信国际会议上，ARPANET 首次与公众见面。

1983 年，ARPA 把 TCP/IP 协议簇作为 ARPANET 的标准协议，其核心就是 TCP（传输控制协议）和 IP（网际协议）。后来，该协议集经过不断地研究、试验和改进，成为了 Internet 的基础。现在判断一个网络是否属于 Internet，主要就看它在通信时是否采用 TCP/IP 协议簇。

1985 年，美国国家科学基金会（National Science Foundation，NSF）认识到计算机网络对科学研究的重要性，接管 ARPANET，斥巨资建立起六大超级计算机中心，用高速通信线路把它们连接起来。这就构成了当时全美的 NSFNET（国家科学基金网）主干网。NSFNET 是一个三级计算机网络，以校园网为基础，通过校园网形成区域性网络，再互联为全国性广域网，覆盖了全美主要的大学和研究所。之后，随着计算机越来越多，包括德国、日本等国外的计算机接入 NSFNET，一个基于美国、连接世界各地网络的广域网逐步发展，最终形成了 Internet。

1990 年 6 月，鉴于其实验任务已经完成，在历史上起过重要作用的 ARPANET 正式退役，而由它演变而来的 Internet 却逐步发展为全球最大的互联网络。

2. Internet 的发展

1992 年，由于 Internet 用户数量急剧增加，连通机构日益增多，应用领域也逐步扩大，Internet 协会 ISOC（Internet Society）应运而生。该组织是一个非政府、非营利的行业性国际组织，以制定 Internet 相关标准、开发与普及 Internet 及与之相关的技术为宗旨。

今天，作为规模最大的国际性计算机网络，Internet 已连接了几十万个网络、上亿台主机。同时，Internet 的应用也渗透到了各个领域，从学术研究到股票交易、从学校教育到娱乐游戏、从联机信息检索到在线居家购物。

当然，由于 Internet 存在着技术上和功能上的不足，加上用户数量猛增，1996 年起，美国的一些研究机构和大学提出研制新一代 Internet 的设想，即 NGI（Next Generation Internet），并于 2001 年正式启动了第二代 Internet 的研究。其目标是提高传输速率及使用更先进的网络服务技术和开发更多带有革命性的应用，如远程医疗、远程教育等。

3. Internet 在中国

从 20 世纪 90 年代初开始，Internet 进入了全盛发展时期，我国起步较晚，但发展迅猛。

Internet 在中国的发展大致可分为三个阶段。

（1）第一阶段（1977—1994 年）：电子邮件使用阶段

1977 年，北京计算机应用技术研究所建成一个电子邮件结点，并成功向德国发出一封电子邮件。1990 年，中国正式注册登记了顶级域名 CN，并且开通了使用顶级域名 CN 的国际电子邮件服务，从此中国的网络有了自己的身份标识。1992 年，中国第一个采用 TCP/IP 体系结构的校园网在清华大学建成并投入使用。1993 年，中国科学院高能物理研究所租用 AT&T 公司的国际卫星信道接入美国斯坦福线性加速器中心的 64K 专线正式开通。几百名科学家得以在国内使用电子邮件。1994 年 NCFC 工程通过美国 Sprint 公司连入 Internet 的 64K 国际专线开通，实现了与 Internet 的全功能连接。从此，中国被国际上正式承认为真正拥有全功能 Internet 的国家。

（2）第二阶段（1994—1997 年）：四大网络发展阶段

20 世纪 90 年代中期，中国互联网建设高速发展。至 1997 年底，我国直接加入 Internet 的网络主要有以下四大主干网络，可以为国内用户提供各种 Internet 服务。

中国公用计算机互联网：中国公用计算机互联网（China NET）于 1994 年开始建设，首先在北京和上海建立国际结点，完成与国际互联网和国内公用数据网的互连。它是目前国内覆盖面较广、向社会公众开放，并提供互联网接入和信息服务的网络。现在 China NET 业务由中国电信集团负责。

中国科学技术网：1994 年中国科学技术网 CSTNET 首次实现和 Internet 直接连接，同时建立了中国顶级域名“.CN”主域名服务器，标志着中国正式接入 Internet。目前，中国科学技术网已成为中国互联网服务行业快速发展的一支重要力量，向全国科技用户提供多元化的互联网基础服务，包括提供 IPv4/IPv6 互联网接入和运维服务，以及高质量、安全可靠的服务器托管、租用等服务。CSTNET 兼具全国公益性网络和中科院科研网络双重特征，负责运行管理国内最具权威的科研机构的网络，并具有与生俱来的国际互联和交流合作方面的优势，它拥有多条国际线路，如通往美国、俄罗斯、韩国、日本等国家，并与中国电信、中国联通、中国移动等国内主要互联网运营商实现高速互联。此举为国内与国际的科学研究建立了专业化的信息网络平台。

中国教育科研网：中国教育科研网（China Education And Research Network）简称 CERNET，是由国家投资建设，教育部负责管理，清华大学等高等学校承担建设和管理运行的全国性学术计算机互联网络。CERNET 分四级管理，分别是全国网络中心、地区网络中心和地区主结点、省教育科研网、校园网。全国网络中心设在清华大学，负责全国主干网运行管理。CERNET 旨在利用先进的计算机技术和网络通信技术实现校园间的计算机联网和信息资源共享，并与国际学术计算机网络互联，建立功能齐全的网络管理系统。

中国金桥信息网：中国金桥信息网（China Golden Bridge Network）简称 ChinaGBN，1994 年开始建设，1996 年正式开通。它是中国国民经济信息化的基础设施，是建立金桥工程的业务网，支持金关、金税、金卡等“金”字头工程的应用。金桥工程是为国家宏观经济调控和决策服务，同时也为经济和社会信息资源共享和建设电子信息市场创造条件。该网络已初步形成了全国主干网、省网、城域网三层网络结构，其中主干网和城域网已初具规模，覆盖城市超过 100 个。

（3）第三阶段（1997 年至今）：商业应用阶段

2004 年，我国第一个下一代互联网 CNGI 的主干网 CERNET2 试验网正式开通，并提供服务。试验网以 2.5 Gbit/s~10 Gbit/s 的速率连接北京、上海和广州三个 CERNET 核心结点，并与国际下一代互联网相连接。这标志着中国在互联网的发展过程中，已逐渐达到与国际先进水平同步。中国互联网络信息中心（CNNIC）第 47 次《中国互联网络发展状况统计报告》显示，截至 2020 年 12 月，我国网民规模达 9.89 亿，较 2020 年 3 月增长 8 540 万，互联网普及率达 70.4%。在线教育、在线医疗、网络零售、网络支付等推动我国各行业数字化转型。量子科技、区块链、人工智能等前沿技术领域不断取得突破，应用成果丰硕。我国电子政务排名从 2018 年的第 65 位提升至第 45 位，取得历史新高，其中，在线服务指数由全球第 34 位跃升至第 9 位，迈入全球领先行列。各类政府机构积极推进政务服务线上化，服务种类及人次均有显著提升；各地区各级政府“一网通办”“异地可办”“跨区通办”渐成趋势，“掌上办”“指尖办”逐步成为政务服务标配，营商环境不断优化。网络技术的不断更新与进步，电子商务与电子政务的不断发展，给政治、经济、文化等各个领域带来了翻天覆地的变化。

3.3.2 Internet 的特点

Internet 具有以下主要特点：

开放性。Internet 不属于任何一个国家、地区、部门、单位、个人。任何用户或计算机都可以自由的接入 Internet，没有时间和空间的限制，只要遵循网络协议即可。

可靠性。当网络中某台计算机的任务负荷太重时，通过计算机网络和应用程序的控制和管理，将作业分散到网络中的其他计算机中，由多台计算机共同完成，以提高系统的可靠性和可用性。

高效性。计算机网络系统中各相连的计算机能够相互传送数据信息，使相距很远的用户之间能够即时、快速、高效、直接地交换数据。

共享性。Internet 中有数以万计的计算机，形成了巨大的资源库。Internet 用户在网络上可以随时查阅共享的信息。

独立性。计算机网络中各相连的计算机是相对独立的，它们之间的关系是既互相联系，又相互独立。

易操作性。对计算机网络用户而言，掌握网络使用技术比掌握大型机使用技术简单，实用性也很强。

3.3.3 Internet 的主要服务

Internet 服务是指为用户提供互联网服务，用户通过 Internet 服务可以进行互联网访问，获取需要的信息。Internet 上提供的服务可以分为两大类，一类是通信服务，一类是信息浏览服务。

1. 万维网

万维网是欧洲粒子物理实验室的 Tim Berners-Lee 最初于 1989 年 3 月提出的。万维网（World Wide Web，WWW）称为全球信息网，简称 Web 或 3W，它是一个大规模的、联机式的信息储藏所。万维网用链接的方法能非常方便地从互联网上的一个站点访问另一个站点，从而主动地按需获取丰富的信息。它的出现是 Internet 发展过程中的一个里程碑。WWW 服务已经成为 Internet 最方便、最受欢迎的服务之一。人们常说的“上网”，就是指浏览“万维网”。

WWW 的应用模式属于客户机/服务器模式。信息资源以网页的形式存储在 WWW 服务器（又称“网站”）上，用户通过浏览器这一客户端向 WWW 服务器发送数据请求，WWW 服务器将数据请求对应的网页发送给浏览器程序，浏览器对收到的网页进行解释，从而将丰富多彩的网页显示在用户计算机上。

WWW 是一种基于超文本的信息网络，它将位于 Internet 上不同地点的相关数据信息有机地编织在一起，提供友好的信息查询接口，用户仅需要提出查询要求，而到什么地方查询及如何查询则由 WWW 自动完成。WWW 提供丰富的文本、图像、音频和视频等多媒体信息，并将这些信息集合在一起，且提供导航功能，用户可以方便地在各页面间进行浏览，因此，WWW 已成为 Internet 最重要的服务。简单来说，WWW 具有以下特点：

① 分布式的信息资源：客户机通过超链接点连接任何一台 Web 服务器，从而为用户提供快速便捷、直观的信息查询服务。

② 统一的用户界面：用户可以使用同一浏览器通过应用层网络协议（HTTP）进行不同的信息交换。

③ 支持多种媒体功能：万维网支持文本、图像、音频和视频等多种媒体的信息服务。

④ 用途广泛：万维网可以应用于信息发布、电子报刊、电子商务、信息交流、网上娱乐、远程教学等多个领域。

2. **电子邮件**

电子邮件（E-mail）是指发送者和指定的接收者使用计算机通信网络发送信息的一种非交互式通信方式。它是 Internet 应用最广泛的服务之一。电子邮件具有使用简单、投递迅速、收费低廉、容易保存、全球畅通无阻等特点，被人们广泛使用。

电子邮件服务器是 Internet 邮件服务系统的核心。用户将邮件提交给邮件服务器，该服务器根据邮件中的目的地址，将其传送到对方的邮件服务器；另一方面，它负责将其他邮件服务器发来的邮件，根据地址的不同转发到收件人各自的电子邮箱中。这一点和邮局的作用相似。

用户发送和接收电子邮件时，必须在一台邮件服务器中申请一个合法的账号，其中包括用户名和密码，以便在该邮件服务器中拥有自己的电子邮箱，即一块磁盘空间，用来保存自己的邮件。每个用户的邮箱都具有一个全球唯一的电子邮件地址。

电子邮件地址由用户名和电子邮件服务器域名两部分组成，中间由“@”分隔，其格式为：用户名@电子邮件服务器域名。例如，电子邮件地址 super01@126.com，其中 super01 表示用户名，126.com 表示电子邮件服务器域名。

3. **文件传输**

文件传输（File Transfer Protocol，FTP）是连入 Internet 的计算机之间通过 Internet 相互传输文件的一种方式。它提供交互式的访问，允许用户在计算机之间传送文件，并且文件的类型不限，如文本文件、二进制文件、声音文件、图像文件、数据压缩文件等。使用 FTP 服务，用户可以直接进行任何类型文件的双向传输，其中将文件传送给 FTP 服务器称为上传；而从 FTP 服务器传送文件给用户称为下载。一般在进行 FTP 文件传送时，用户要知道 FTP 服务器的地址，且还要有合法的用户名和密码。现在，为了方便用户传送信息，许多信息服务机构都提供匿名 FTP（Anonymous FTP）服务。用户只需以 Anonymous 作为用户名登录即可。

但匿名用户通常只允许下载文件，而不能上传文件。FTP 基本格式为：ftp://[用户名:密码@]ftp 服务器域名:[端口号]。

4. **域名系统**

域名系统 DNS（Domain Name System）是互联网使用的命名系统，用来把便于人们使用的主机名转换为 IP 地址。域名系统其实就是名字系统，许多软件经常直接使用域名系统。虽然计算机用户只是间接而不是直接使用域名系统，但 DNS 却为互联网的各种网络应用提供了核心服务。用户与互联网上的主机通信时，必须要知道对方的 IP 地址。但是，要记住长达 32 位的二进制 IP 地址几乎是不可能的，即使是点分十进制的 IP 地址也难以记忆，所以应用程序很少直接使用 IP 地址来访问主机，而是采用更容易记忆的主机名字。域名系统 DNS 能够把互联网上的主机名字转换为 IP 地址。

在 ARPANET 时代，整个网络上只有数百台计算机，那时使用一个叫作 hosts 的文件，列出所有主机名字和相应的 IP 地址。用户只需输入一台主机名字，计算机就可以很快地查到相应的 IP 地址。相当于，计算机很快地将主机名字转换成了二进制 IP 地址。随着网络的发展，这样的做法显然是不可取的。因为一旦域名服务器出现故障，整个互联网就会瘫痪。因此，早在 1983 年互联网就开始采用层次树状结构的命名方法，互联网上的主机都有一个唯一的层次结构名字，即域名（Domain Name）。这里，“域”是名字空间中一个可被管理的划分。域可以划分为子域，子域可以继续划分，这样就形成了顶级域、二级域、三级域等，因特网域名空间如图 3-8 所示。

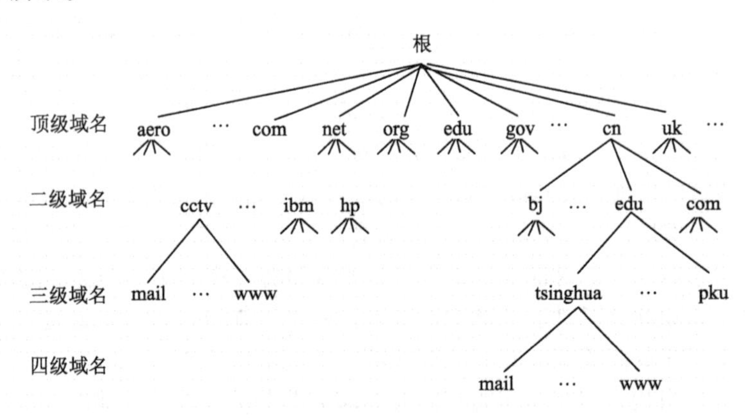

图 3-8　因特网的域名空间

域名是由标号（Label）序列组成，各标号之间用点隔开，其格式为：….三级域名.二级域名.顶级域名。国际域名相当于一个二级域名，如 http://www.yahoo.com；国内域名属于地区性域名，相当于一个三级域名，如 www.pconline.com.cn。国际域名在级别上要高于国内域名，国际域名只有一个，而地区性域名可以有多个。通过域名通常能了解该服务器的相关信息，例如 www.hebtu.edu.cn，最右边的 cn 表示中国，edu 表示教育网，hebtu 表示“河北师范大学”，www 表示主机名，因此，www.hebtu.edu.cn 就表示中国教育网上的河北师范大学的服务器。

DNS 规定，域名中的标号都由英文字母和数字组成，每一个标号不超过 63 个字符，不区分大小写。标号中除连字符“-”外不能使用其他的标点符号。级别最低的域名写在最左边，而级别最高的顶级域名写在最右边。由多个标号组成的完整域名总共不超过 255 个字符。

DNS 既不规定一个域名包含多少个子域名，也不规定每级域名所代表的含意。各级域名由其上一级的域名管理机构管理，而顶级域名则由 ICANN 进行管理。用这种方法可使每一个域名在互联网范围内是唯一的，也容易设计出查找域名的机制。

5. **远程登录 Telnet**

用户使用 Telnet 就可以在其所在地连接登录到另一台主机上。它为用户提供了在本地计算机上完成远程主机工作的能力。在终端使用者的计算机上使用 Telnet 程序，用它连接到服务器。终端使用者可以在 Telnet 程序中输入命令，这些命令会在服务器上运行，就像直接在服务器的控制台上输入一样，可以在本地控制服务器。也就是说，Telnet 可以让我们坐在自己的计算机前通过 Internet 网络登录到另一台远程计算机上，这台计算机可以是在隔壁的房间里，也可以是在地球的另一端。当登录远程计算机后，本地计算机就等同于远程计算机的一个终端，我们可以用自己的计算机直接操纵远程计算机，享受远程计算机本地终端同样的操作权限。

Telnet 的主要用途就是使用远程计算机上所拥有的本地计算机没有的信息资源，如果远程的主要目的是在本地计算机与远程计算机之间传递文件，那么相比而言使用 FTP 会更加快捷有效。当我们使用 Telnet 登录远程计算机系统时，事实上启动了两个程序：一个是 Telnet 客户程序，运行在本地主机上；另一个是 Telnet 服务器程序，它运行在要登录的远程计算机上。

Telnet 协议是 TCP/IP 协议族中的一员，是 Internet 远程登录服务的标准协议和主要方式，是一个通过创建虚拟终端提供连接到远程主机终端仿真的 TCP/IP 协议。这一协议需要通过用户名和口令进行认证，是 Internet 远程登录服务的标准协议。应用 Telnet 协议能够把本地用户所使用的计算机变成远程主机系统的一个终端。它提供了三种基本服务：

① Telnet 定义一个网络虚拟终端为远程系统提供一个标准接口。客户机程序不必详细了解远程系统，它们只需构造使用标准接口的程序。

② Telnet 包括一个允许客户机和服务器协商选项的机制，而且它还提供一组标准选项。

③ Telnet 对称处理连接的两端，即 Telnet 不强迫客户机从键盘输入，也不强迫客户机在屏幕上显示输出。

6. **远程桌面**

远程桌面是 Windows 操作系统提供的一种远程控制功能。通过它我们能够连接远程计算机，访问它的所有应用程序、文件和网络资源，实现实时操作，如在上面安装软件、运行程序、排查故障等。远程桌面连接使用 Microsoft 的远程桌面协议 RDP（Remote Desktop Protocol）进行工作。与“终端服务”相比，远程桌面在功能、配置、安全等方面有了很大的改善。它是从 Telnet 发展而来的，好比是 Telnet 的图形化，属于 C/S（客户机/服务器）模式，所以在建立连接前也需要配置好连接的服务器端和客户端。这里的服务器端是指接受远程桌面连接的计算机一方（被控端），而客户端是指发起远程桌面连接的计算机一方（主控端）。以 Windows 10 为例介绍远程桌面使用。

允许其他计算机连接到计算机的设置方法如下：

① 在桌面上右击“此电脑”，选择“属性”命令，打开“系统”窗口。

② 单击“远程设置”命令，打开“系统属性”对话框，选中“允许远程连接到此计算机”“仅允许运行使用网络级别身份验证的远程桌面的计算机连接（建议）”，如图 3-9 所示。

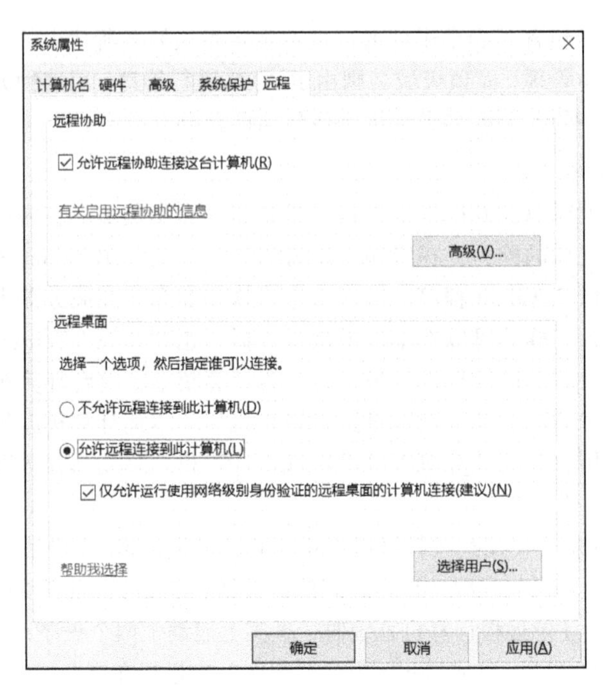

图 3-9 “系统属性”对话框

③ 单击“确定”按钮，即可设置完成。

计算机远程访问其他计算机的方法如下：

① 单击“开始”按钮，在“开始”菜单的“Windows 附件”命令中选择“远程桌面连接”命令，打开“远程桌面连接”对话框，如图 3-10 所示。

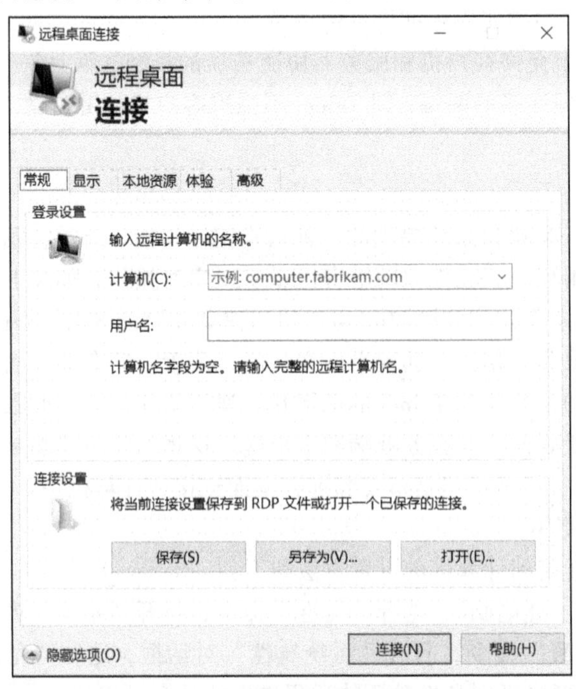

图 3-10 “远程桌面连接”对话框

② 在“远程桌面连接”对话框的“常规”选项卡中，输入所要连接计算机的完整计算机名、用户名。如需使用打印机或剪贴板功能，可单击“本地资源”选项卡，在“本地设备和资源”列表中，选中“打印机”“剪贴板”选项。

③ 单击“连接”按钮，即可连接到其他计算机。

当某台计算机开启了远程桌面连接功能后，我们就可以在网络的另一端控制这台计算机了。由于 Windows 操作系统应用较多，针对远程桌面服务攻击行为较多，开启此服务容易使计算机遭受攻击。在使用该服务时，务必保证系统安全性。

3.3.4 Internet 的相关概念

① World Wide Web 称为全球信息网，简称 3W 或 WWW，也称万维网。WWW 是一个基于超文本方式的信息检索服务工具，可以为网络用户提供信息的查询和浏览服务，它将位于 Internet 上不同地点的相关数据信息有机地编织在一起，提供友好的信息查询接口，用户仅需要提出查询要求，而到什么地方查询及如何查询则由 WWW 自动完成。WWW 提供丰富的文本、图像、音频和视频等多媒体信息，并将这些信息集合在一起，且提供导航功能，用户可以方便地在各页面间进行浏览，因此，WWW 已成为 Internet 最重要的服务。

② 网页：又称 Web 页，网页是一个包含 HTML 标签的纯文本文件，是 WWW 信息的基本单位，每个网页上都可以使用文字、表格、图像、声音、视频、动画等信息，网页之间的关联是通过超链接来实现的。主页通常是用户使用 Web 浏览器程序访问 Internet 上任何站点所看到的第一个页面。

③ 网站：网站是通过互联网连接起来的，为用户提供网页服务、数据传输服务、邮件服务等多种服务的载体。它是由很多网页组成的，网页之间通过超链接相关联，从而形成信息整体。网站一般拥有固定的域名，如 https://www.sina.com.cn/。

④ 超链接（Hyperlink）：指从一个网页指向一个目标连接关系，这个目标可以是另一个网页，也可以是相同网页上的不同位置，还可以是一个图片、一个电子邮件地址、一个文件，甚至是一个应用程序。而在一个网页中用来超链接的对象，可以是一段文本或一个图片等。当浏览者单击具有链接的文字或图片后，链接目标将显示在浏览器上，并且根据目标的类型来打开或运行。

⑤ 超文本（Hypertext）：用超链接的方法，将各种不同空间的文字信息组织在一起的网状文本。超文本是一种用户界面范式，用以显示文本及与文本之间相关的内容，普遍以电子文档方式存在，其中的文字包含可以链接到其他位置或者文档的连接，允许从当前阅读位置直接切换到超文本链接所指向的位置。

⑥ 超文本置标语言（Hyper Text Markup Language，HTML）：不能算是一种程序设计语言，而是一种标记格式，用于编写 Web 网页。HTML 文档是一个由标签组成的文本文件，扩展名为.htm 或.html，可由浏览器解释执行。它的一般书写格式如下：

<标签名> 内容 </标签名>

⑦ HTML5 是构建 Web 内容的一种语言描述方式。HTML5 是 Web 中核心语言 HTML 的规范，是互联网的下一代标准，是构建以及呈现互联网内容的一种语言方式，被认为是互联网的核心技术之一。新一代网络标准能够让程序通过 Web 浏览器，消费者从而能够从包括个

人计算机、笔记本电脑、智能手机或平板电脑在内的任意终端访问相同的程序和基于云端的信息。HTML5 允许程序通过 Web 浏览器运行，并且将视频等目前需要插件和在其他平台才能使用的多媒体内容也纳入其中，这将使浏览器成为一种通用的平台，用户通过浏览器就能完成任务。此外，消费者还可以访问以远程方式存储在“云”中的各种内容，不受位置和设备的限制。由于 HTML5 技术中存在较为先进的本地存储技术，所以其能做到降低应用程序的相应时间，为用户带来更便捷的体验。

⑧ 超文本传输协议（Hypertext Transfer Protocol，HTTP）：定义了浏览器怎样向 WWW 服务器请求文档，以及服务器怎样把文档传送给浏览器，是浏览器和服务器之间的应用层通信协议。采用请求/响应模型，由客户端向服务器发送一个请求，包含请求的方法、地址、协议版本、客户信息等；服务器以一个状态行作为响应，返回相应的内容包括消息协议的版本，成功或者错误编码，服务器信息及可能的实体内容等。

⑨ 浏览器：可以显示网页服务器或者文件系统的 HTML 文件内容，并让用户与这些文件交互的一种软件。常见的浏览器如 Microsoft 的 IE、谷歌的 Google Chrome 和 360 安全浏览器等。现在的浏览器作用已不再局限于网页浏览，还包括信息搜索、文件下载、音乐欣赏、视频点播等。

⑩ 统一资源定位符（Uniform Resource Locator，URL）：是 Internet 上可供访问的各类资源的地址，也就是通常所说的网址。URL 是 Internet 上用来指定一个位置或某一个网页的标准方式，它的语法结构如下：

协议名称://主机名称[:端口/存放目录/文件名称]

例如，http://www.microsoft.com:23/exploring/exploring.html，http 表示协议名称，www.microsoft.com 表示主机名称，23 表示主机端口，exploring 表示存放目录，exploring.html 表示文件名称。

3.3.5 Internet 的接入技术

随着互联网在国内的广泛普及，人们对网络已经不再陌生。目前的宽带接入方式主要有 ISDN、ADSL、Cable Modem、STB 机顶盒以及 DDN 专线、ATM（异步传输模式）网、宽带卫星接入等几种。

1. Modem 接入

Modem 接入是众多上网方式中比较简单的一种方案，但也是目前速度最慢的一种。优点主要有：只要有电话线的地方，就可以上网，不需要特别铺设线路，也不需向电信局申请；硬件设备单一，接入方式简单，应用支持广泛。缺点主要有：速度慢，最高只有 56 kbit/s，而且 Modem 利用的是电信局的普通用户双绞线，线路噪声大、误码率高；用户需分别支付上网费和电话费，上网时造成电话长期占线。目前，这种方式已很少使用。

2. ISDN 接入

综合数字业务网（Integrated Services Digital Network，ISDN）是以综合数字电话网（IDN）为基础发展而成的，能够提供端到端的数字连接。它是在现有的市话网基础上构造的纯数字方式的“综合业务数字网”，能为用户提供包括语音、数据、图像和传真等在内的各类综合业务。

3. ADSL 接入

近几年来，用户接入网的广阔市场越来越成为各 ISP 争夺的阵地，用户接入网（从本地电话局到用户之间的部分）是电信网的重要组成部分。目前，接入层技术方案以光纤接入为主，为用户提供高质量的综合业务。而过渡性宽带接入技术中，不对称数字用户环路（Asymmetrical Digital Subscriber Loop，ADSL）是最具有竞争力的一种。ADSL 的主要特点是速率高、上网收费低、安装快捷方便等。

4. Cable Modem 接入

Cable Modem 即电缆调制解调器，是利用有线电视闭路线来上网，一般的连接方式为：一端与计算机相连，一端与闭路电视插座相连。Cable Modem 的特点是接入速率高，容易接入 Internet，不需要拨号和等待登录，用户可以随意发送和接收数据，不占用任何网络和系统资源，没有距离限制，覆盖的地域很广。

5. DDN 专线接入

数字数据网络（Digital Data Network，DDN）是随着数据通信业务的发展而迅速发展起来的一种新型网络。DDN 的主干网传输媒介有光纤、数字微波、卫星信道等；DDN 传输的数据具有质量高、速度快、网络时延小等一系列优点，特别适合于计算机主机之间、局域网之间、计算机主机与远程终端之间的大容量、多媒体、中高速通信的传输。

6. 无线接入

无线接入技术是指在终端用户和交换机之间的接入网部分全部或部分采用无线传输方式，为用户提供固定或移动的接入服务的技术。作为有线接入网的有效补充，它有系统容量大、话音质量与有线一样、覆盖范围广、系统规划简单、扩容方便、可加密码或用 CDMA 增强保密性等技术特点，可解决边远地区、难于架线地区的信息传输问题，是当前发展最快的接入技术。目前，大多数场合都提供免费无线接入功能，使人们更自由地使用网络。但无线通信网络中存在着较多不安全因素，不能随意接入。

3.4 Internet 应用

Internet 是一个资源极其丰富的网络，人们可以通过它来浏览信息、进行文化交流、联络通信等。

3.4.1 网络浏览

Internet 拥有海量的信息资源，需要用 Web 浏览器或其他远程登录软件来获取。其中，常用的 Web 浏览器有 360 安全浏览器、Firefox 浏览器、Safari 浏览器等。360 安全浏览器是一款基于 IE 和 Chrome 双内核的浏览器，拥有全国最大的恶意网址库，采用恶意网址拦截技术，可自动拦截木马、欺诈、网银仿冒等恶意网址。下面以 360 安全浏览器为例，介绍浏览器的常用功能和操作方法。

（1）360 安全浏览器的工作界面

360 安全浏览器的工作界面由地址栏、选项卡、收藏夹、状态栏等组成。例如，在地址栏中输入 http://huihua.hebtu.edu.cn/，并按【Enter】键，浏览器窗口中会显示河北师范大学汇华学院的首页，如图 3-11 所示。

图 3-11　360 安全浏览器的工作界面

① 地址栏：用户在此处输入网址，按【Enter】键可打开相应的网页，单击地址栏右侧按钮，可分享页面到微信；单击按钮，可以查看最常访问的网页地址和历史记录；单击按钮可查看最近关闭的网页。

② 菜单：单击地址栏右侧的按钮，可打开 360 安全浏览器的菜单。单击“设置”命令按钮，可以根据个人使用习惯和喜好对浏览器进行设置，如启动时默认打开网页、界面设置、标签设置等。单击“保存网页”命令按钮，可以将正在浏览的网页保存下来。在菜单中，可以查看收藏夹、历史记录、设置网页缩放及阅读模式、清除上网痕迹等。

③ 标签页：在浏览器窗口中，可以建立多个标签页以同时浏览不同的网页，单击标签页可切换到对应的网页。在标签页中打开网页后，其标签会同时显示网页的标题。

④ 收藏夹：保存用户经常访问的网页地址列表。

（2）浏览网页

① 使用地址栏：在浏览器地址栏中输入要访问网页的 URL 地址，按【Enter】键即可打开相应网页。

将鼠标指针移至网页上具有超链接的文字或图片上，指针变为状，此时单击可以跳转到另一个页面。

② 使用命令按钮。地址栏左侧提供了“后退”按钮、“前进”按钮、“刷新”按钮和“主页”按钮，方便用户浏览网页。

③ 多标签页浏览。每当打开一个新页面时，浏览器会在新建的标签页中将网页内容显示出来。当打开多个页面时，通过单击不同标签页，即可切换显示不同网页。单击标签页右侧的按钮，可新建一个空白标签页，其页面显示用户经常访问的网站，如图 3-12 所示。单击“常用网址”按钮，可以设置新标签页的显示方式。

图 3-12　新建标签页页面

（3）保存网页上的信息

① 保存当前页。单击地址栏右侧的☰按钮即“保存网页”命令按钮，在弹出的“另存为”对话框中，设置网页的保存位置，输入保存网页的名称，在“保存类型”下拉列表中选择文件类型，单击“保存”按钮。

说明：360 安全浏览器提供了 3 种文件保存类型，分别具有各自的特点。

- “网页，仅 HTML”格式：只是单纯保存当前 HTML 网页，不包含网页中的图片、声音或其他内容。
- “网页，单个文件”格式：将网页文件所有信息保存在一个文档中，并不生成同名文件夹。
- “网页，全部”格式：按照网页文件原始格式保存所有元素（包括图片、动画等），保存后的网页将生成一个同名的文件夹，用于保存网页中的图片等资源。

② 保存网页中的文本。选中要保存的文本后将其复制到剪贴板中，启动文字处理程序，如记事本、Word 文档等，将复制的文本粘贴到其中并保存文件即可。如网页中的内容不可复制，可在网页的空白处右击，选择“查看网页源代码”命令，在打开的新标签页中，找到所需内容复制即可。

③ 保存网页中的图片。右击要保存的图片，在弹出的快捷菜单中选择“图片另存为”命令，在弹出的“另存为”对话框中，设置保存位置并输入文件名，单击“保存”按钮。

（4）收藏夹

① 收藏网页。在工具栏上单击“收藏夹”命令按钮，弹出“添加收藏”对话框，如图 3-13 所示，在“名称”栏中会自动显示该网页的标题，也可以为其设置一个新名称。在“文件夹”下拉列表中选择保存的文件夹，也可以单击“新建文件夹”按钮，创建新文件夹。单击“添加”按钮，即可添加到收藏夹中。

② 使用收藏夹。单击“收藏夹”右侧的⌵按钮，选择“整理收藏夹”命令，即可打开“整理收藏夹”标签页，如图 3-14 所示，所有收藏的网址将以列表形式显示出来，双击网页名称就可打开相应的网页。

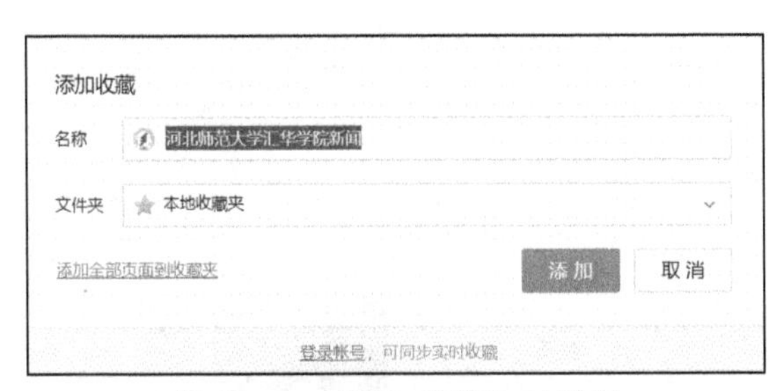

图 3-13　“添加收藏”对话框

图 3-14　“整理收藏夹”标签页

③ 整理收藏夹。收藏的网页多了，就需要对收藏夹中的网页进行分类整理，以便查阅。使用“整理收藏夹”标签页，可以分类保存网页地址、并或对其进行添加、删除、重命名等操作，在相应文件夹上右击，选择相应命令即可。如果要调整文件夹的隶属关系，按住鼠标左键拖动文件夹到所属文件即可。

④ 网络收藏夹。网络收藏夹可以同步、备份个人收藏夹。只要登录 360 个人账号就可以在不同机器上使用个人收藏夹。单击浏览器左上角的 按钮，在登录窗口单击“账号登录”按钮，在打开的窗口中选择合适的登录方式即可，如图 3-15 所示。除了注册账号，还可以使用微信或微博授权登录。

图 3-15　登录窗口

⑤ 手机收藏夹。360 安全浏览器还提供了手机收藏夹功能，登录后，可以将 360 安全浏览器的收藏夹发送到手机，方便用户在手机中继续浏览网页，还可以同步手机收藏夹。

3.4.2 电子邮箱

Internet 的另一个重要应用就是收发电子邮件，它没有距离之分，可以在短暂的时间内将邮件送达电子邮件信箱，这项应用给人们带来了极大的便利。

1. 电子邮箱的申请

免费邮箱是大型门户网站常见的互联网服务之一，新浪、搜狐、网易、腾讯网站均提供免费邮箱申请服务。申请免费邮箱首先要考虑的是登录速度，作为个人通信应用，需要一个速度较快、邮箱空间较大且稳定的邮箱，其他需要考虑的功能还有邮件检索、POP3 接收、垃圾邮件过滤等。另外，还有一些可以与其他互联网服务同时使用的免费邮箱，这样更便于个人多重信息的管理，同时也减少了种类繁多的注册过程。

申请电子邮箱的过程一般分为三步：登录邮箱提供商的网页，填写相关资料，确认申请。下面以申请 163 的免费电子邮箱为例，一起来申请一个属于自己的邮箱。

具体操作步骤为：

① 打开浏览器，在地址栏中输入 http://mail.163.com。

② 单击“注册网易邮箱”链接，打开注册页面。

③ 按照网页上的提示填写好各项信息，单击“立即注册”按钮。注册成功后，即可进入邮箱，如图 3-16 所示。

图 3-16 网易邮箱界面

2. 电子邮箱的使用

有了自己的电子邮箱后，就可以进行邮件的收发了。单击“收信”按钮，可以查看邮箱中的邮件。单击“写信”按钮，可以给他人发送邮件。单击“设置”按钮，可以对邮箱进行常规设置、密码修改、安全设置等。

常规设置：常规设置含基本设置、自动回复/转发、发送邮件后设置、邮件撤回、写信设置、读信设置和其他设置。

- 当收到邮件，想告知对方已收到时，可启用邮件“自动回复/转发”功能。选中“在以下时间段内启用”选项，在编辑框中编辑回复的内容，在收到邮件的时候，即可自动回复邮件，如图 3-17 所示。

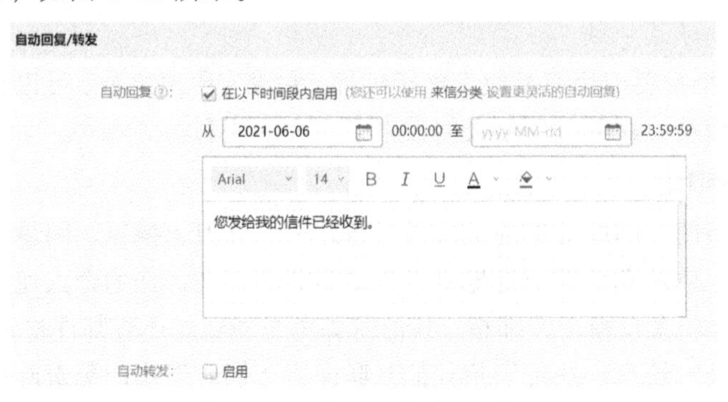

图 3-17　自动回复/转发设置

- 如果要转发收到的邮件，选中“启用”选项，在弹出的“自动转发设置”对话框中设置转发到邮箱并进行手机验证，如图所示 3-18 所示，单击“确定”按钮即可。

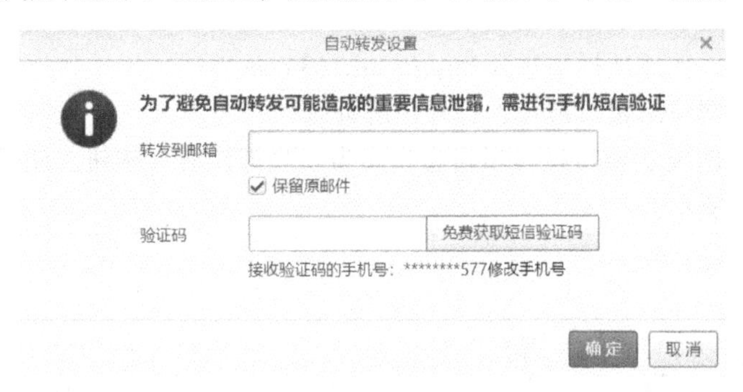

图 3-18　“自动转发设置”对话框

- 如果撤回已发送的邮件，选中“发送邮件可以撤回”选项，并满足一定条件时，方可撤回已发送的邮件，撤回结果将会邮件通知本人，对方只会看到简单提示，不会看到邮件里面的内容及附件。

密码修改：密码修改含重置密码、安全手机验证、实名防沉迷、锁定/注销功能。使用相应命令可以修改密码、绑定手机、解除游戏、注销锁定账号。

邮箱安全设置：邮箱安全设置含登录安全、隐私安全、安全提醒。设置邮箱登录二次验证，可以提高邮箱安全性。除了要输入用户名和密码，还需要短信动态验证码才能登录使用邮箱。开通安全锁，可以给重要的资料加安全锁，让邮件信息资料更加安全。

网易邮箱还可以实现邮件、通讯录和日程管理三大功能的同步，用户在计算机上收发邮件、管理联系人和日程安排会同步到手机和平板电脑上。

3.4.3　信息检索

1. 信息检索

信息检索（Information Retrieval）是指对知识有序化识别和查找的过程。广义的信息检索包括信息检索与存储，狭义的信息检索是根据用户查找信息的需要，借助于检索工具，从信息集合中找出所需信息的过程。

Internet 是一个巨大的信息库，通过信息检索，可以了解和掌握更多的知识，了解行业内外的技术状况。搜索引擎（Search Engine）是随着 Web 信息技术的应用迅速发展起来的信息检索技术，它是一种快速浏览和检索信息的工具。

“搜索引擎”是 Internet 上的某个站点，有自己的数据库，保存了 Internet 上很多网页的检索信息，并且不断地更新。当用户查找某个关键词时，所有在页面内容中包含了该关键词的网页都将作为搜索结果被搜索出来，再经过复杂的算法进行排序后，按照与搜索关键词的相关度高低，依次排列，呈现在结果网页中。这些网页可能包含要查找的内容，从而起到信息检索导航的目的。“搜索引擎”对于一般的用户来说只是一种工具，用来找到需要的信息；对于提供内容的网站来说，“搜索引擎”是一种媒介，帮助它们将自己的内容传递给有需要的用户。

人工智能技术的发展给信息检索领域带来了许多便捷之处。信息检索智能化发展将是以自然语言检索和可视化检索为基本形式，机器根据用户所提供的自然语言表述的检索要求进行分析，而后形成检索策略进行搜索，能够代替或辅助用户完成诸如选词、选库、构造检索式，甚至在数据库中进行自动推理查找等功能。

目前，常用搜索引擎有百度（http://www.baidu.com）、搜狗（http://www.sogou.com）、微软 Bing（https://cn.bing.com/）等。

百度搜索引擎是全球最大的中文搜索引擎，也是国内用户常用的搜索引擎之一，它具有百度快照、网页预览、相关搜索词、错别字纠正提示等特色功能，包括图片、音乐、文档、学术、视频等一系列产品。用户除了通过搜索框输入关键词搜索外，也可以使用百度主页右上角的“设置”选项，选择“搜索设置”和“高级搜索”命令来更加精确地检索信息。百度的主页如图 3-19 所示，高级搜索界面如图 3-20 所示。

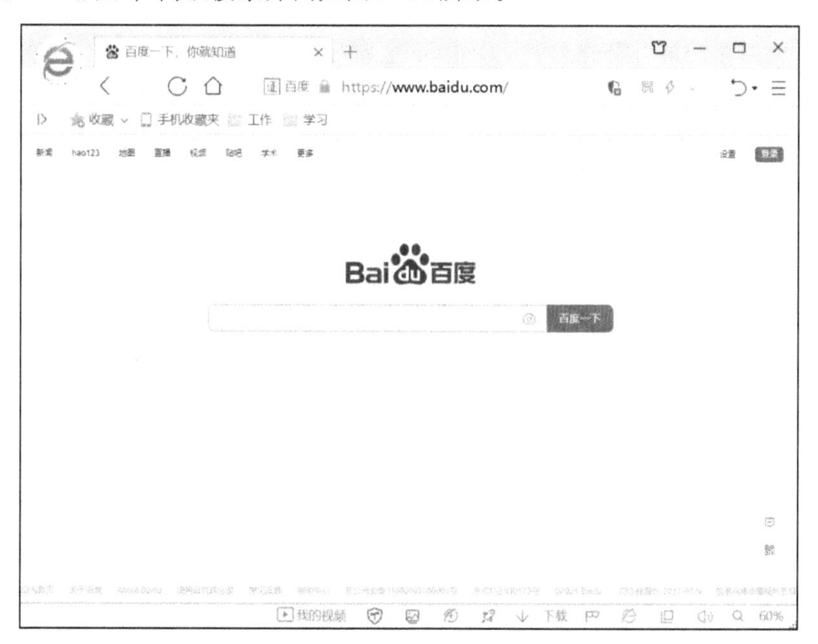

图 3-19　百度主页

图 3-20　百度高级搜索界面

使用搜索引擎检索信息，其实是一种很简单的操作，只要在搜索引擎的文本框中输入要搜索的文字即可，搜索引擎会根据列出的关键字找出一系列的搜索结果以供参考。搜索操作看似简单，但往往会搜索到大量无关的信息。如何提高搜索效率，快速获取确切信息呢？下面介绍一些搜索技巧以提高搜索的精度。

① 关键词搜索：选择能较确切描述所要查找的信息或概念的词，这些词称为关键词。关键词不要口语化，并且不要使用错别字，关键词的组合也要准确。关键词越多（用空格连接），搜索结果越精确。有时候不妨用不同词的组合进行搜索，如准备查广州动物园有关信息，用“广州动物园”比用“广州　动物园”搜索的结果要好。

② 排除搜索：使用“-”号可以排除部分的搜索结果，如要搜索除作者金庸外的武侠小说，可以输入“武侠小说 -金庸”，减号“-”前要留一个空格。

③ 精准搜索：使用双引号精确匹配，如果输入的关键词很长，搜索引擎经过分析后，给出的搜索结果中的查询词可能是拆分的，给关键词加上双引号（英文半角），则搜索引擎不拆分关键词。例如在搜索引擎的文字框中输入"金庸"，就会返回网页中有“金庸”这个关键词的网址。

④ 站内搜索：在指定网站上查找，可以使用“site:”，如在指定的网站上查电话，则输入“电话 site:www.baidu.com”（检索词和 site 之间有空格）。

⑤ 标题搜索：在标题中查找，可以使用“intitle:”，如查找故宫博物院的标题，则输入“intitle:故宫博物院”。

⑥ 网址搜索：限制查找，可以使用“inurl:”，如只搜索 URL 中的 BMP 的网页，则输入“inurl: BMP”。

⑦ 文件搜索：限制查找文件类型，可以使用“filetype:”，冒号后是文档格式，例如 PDF、DOC、XLS 等。如要查找有关霍金的黑洞 pdf 文档，则输入“霍金　黑洞　filetype:pdf”。

随着博客、微博、微信、今日头条这些平台的发展，涌现出了大量的自媒体，很多人也会通过这些平台去分享各类资源，且进行了相关专题的资料整理。但这些平台大多是相对独立的内容系统，用搜索引擎可能无法直接搜到，这时可以通过其他方式来查找内容。

如要在微信公众号中搜索内容。可以通过微信界面的搜索框输入关键词，也可以在计算机上使用搜狗微信（网址为 https://weixin.sogou.com/）进行搜索。如要在微博中查找共享资源，可以使用新浪微博（网址为 http://s.weibo.com/）进行搜索。博客中也有大量的资源，可以使用搜狗博客（网址为 http://www.sogou.com/blog）进行搜索。

搜索工具繁多，可以使用搜索集合“虫部落”。虫部落相当于一个搜索导航，将很多搜索引擎和素材资源网站按照类别整合起来，实现了一站全搜，非常方便快捷。

2. **数据检索**

随着互联网的扩展和升级，网络数据库迅猛发展。中国知网（http://www.cnki.net）是我国最大的全文期刊数据库，是目前世界上最大的连续动态更新的中国期刊全文数据库。深度整合海量的中外文文献，包括 90%以上的中国知识资源，如期刊、学位论文、会议论文、报纸、年鉴、专利、标准、成果、图书、古籍、法律法规、政府文件、企业标准、科技报告、政府采购等资源类型，以及来自 65 个国家和地区，600 多家出版社的 7 万余种期刊（覆盖 SCI 的 90%，SCOPUS 的 80%以上）、百万册图书等，累计中外文文献量逾 3 亿篇。内容涉及自然科学、工程技术、人文与社会科学等各个领域，用户遍及全球各个国家与地区，实现了我国知识信息资源在互联网条件下的社会化共享与国际化传播。

CNKI 全文数据库的文件一般以.caj 格式输出，因此需要特定的阅读软件 CAJViewer 进行浏览。CNKI 不是免费站点，用户必须先付费获取账号和密码，否则只能浏览一些免费信息，如文献摘要、专利信息等，而不能阅读全文或下载文件。

CNKI 检索范围非常广泛，总库提供的检索项有：主题、篇关摘、关键词、篇名、全文、作者、第一作者、通讯作者、作者单位、基金、摘要、小标题、参考文献、分类号、文献来源、DOI。平台提供检索时的智能推荐和引导功能，根据输入的检索词自动提示，可根据提示进行选择，更便捷地得到精准结果。

知网首页如图 3-21 所示。下面介绍中国知网检索平台的各项功能。

图 3-21　中国知网首页

检索平台提供了统一的检索界面，采取了一框式的检索方式，用户只需要在文本框中直接输入自然语言（或多个检索短语）即可检索，简单方便。一框式的检索默认为检索“文献”。

文献检索属于跨库检索，可以包含期刊、博硕士论文库、国内会议、国际会议、报纸和年鉴等。也可以在一框式检索方式中选择其他数据库，如期刊、博硕士、会议、报纸等。

基于学术文献的需求，该平台提供了高级检索、专业检索、作者发文检索、科研基金检索、句子检索及文献来源检索等面向不同需要的跨库检索方式，构成了功能先进、检索方式齐全的检索平台。

在图 3-22 所示的高级检索界面中，按照用户需求输入相关条件后即可检索出信息。若用户对结果仍不满意，可改变检索条件重新检索。

图 3-22　高级检索界面

单击“文献来源”按钮右侧的下三角按钮，在列表中可以选择不同的数据库，例如“期刊”等。

（1）检索范围控制条件

检索范围控制条件提供对检索范围的限定，准确控制检索的目标结果，便于用户检索，检索范围控制条件包括：

① 文献发表时间控制条件。

② 文献来源控制条件。

③ 文献支持基金控制条件。

④ 发文作者控制条件。

（2）文献内容特征

提供基于文献内容特征的检索项：全文、篇名、主题、关键词、中图分类号。填写文献内容特征并检索的步骤如下：

① 在下拉列表中选择一种文献内容特征，在其后的检索框中输入一个关键词。

② 若一个检索项需要由两个关键词控制，如全文中包含“计算机”和“发展”，可选择“并含”“或含”“不含”关系，在第二个检索框中输入另一个关键词。

③ 单击检索项前的“+”按钮，添加另一个文献内容特征检索项。

④ 添加完所有检索项后，单击“检索”按钮，即可进行检索。

注意：文献内容特征和检索控制条件之间是“与”的关系。通过单击“+”按钮，可以增加内容特征条目或者作者条目。

（3）扩展词推荐

在检索框中输入一个关键词后，系统会自动推荐中心词为该关键词的一组扩展词，例如输入“数学”后弹出图 3-23 所示的列表，在其中选择一个感兴趣的词，即可进行检索。

数学
数学建模 统计学
数学建模 论文
数学建模 教学质量数学建模
数学模型 >
数学核心素养
数学文化
数学教育
数学教学 >
数学建模论文
数学史
数学分析
数学阅读
小学数学
初中数学
高中数学
小学数学教学
中学数学 >
小学数学核心素养

图 3-23 扩展词列表

（4）精确/模糊检索

检索项后的“精确”下拉列表可控制该检索项关键词的匹配方式。“精确”匹配是在检索框中输入的子值和搜索源完全一致。“模糊”匹配包含检索词的子值，不考虑可显示中英文以外的符号。例如，输入检索词“电子学报”，则可能检索出“量子电子学报”这样的期刊上发表的文献。如果检索电子××学报，需要加通配符“*”或“?”。

（5）中英文扩展检索

对于内容检索项，输入检索词后，可启用“中英文扩展检索”功能，系统将自动使用该检索词对应的中文扩展词和英文扩展词进行检索，帮助用户查找更多、更全的中英文文献。

除了知网，常用的数据库还有维普中文科技期刊数据库、高校财经数据库、超星数字图书馆、EBSCO 数据库、JSTOR 电子期刊全文过刊库等。

3.5 网络安全基础

随着网络的快速普及，网络以其开放、共享的特性对社会的影响也越来越大。网络上各种新业务的兴起，比如电子商务、电子政务、电子货币、网络银行，以及各种专业用网的建设，使得各种机密信息的安全问题越来越重要。计算机犯罪事件逐年攀升，已成为普遍的国际性问题。

近年来，计算机病毒、木马、蠕虫和黑客攻击等日益流行，对国家政治、经济和社会造成危害，并对 Internet 及国家关键信息系统构成严重威胁。绝大多数的安全威胁是利用系统或软件中存在的安全漏洞来达到破坏系统、窃取机密信息等目的，由此引发的安全事件也层出不穷，如“熊猫烧香”“勒索病毒”“CIH 病毒”等。网络安全无小事，随着网络的进一步发展，无形的网络空间正在逐渐成为国家疆域之外的又一主要的战场，网络安全就是国家安全。网络安全也成为亟待解决的问题，这对于国家安全、经济发展、社会稳定和人们的日常生活有着极为重要的意义。

3.5.1 网络安全概念

网络安全（Cyber Security）是指网络系统的硬件、软件及其系统中的数据受到保护，不因偶然的或者恶意的原因而遭受到破坏、更改、泄露，系统可以连续可靠正常地运行，网络服务不中断。从其本质上来讲，网络安全就是网络上的信息安全。从广义上来说，凡是涉及到网络上信息的保密性、完整性、可用性、真实性和可控性的相关技术和理论都属于网络安全范畴。

系统安全指的是信息处理、传输系统的安全使用，比如 Windows、Linux 操作系统等，目前较为常见的是恶意程序、绑架浏览器主页等。

信息传播安全指的是信息传播过程的安全，包括信息传递、接收、过滤等，比如邮件、QQ、微信等交流、接收工具等。在这方面出现过某国内知名网站用户数据库泄露的事件，数量近 5 亿条，泄露信息包括用户名、密码、生日等；再比如 2017 年出现的勒索病毒，就是一种破坏力和传播性都极强的恶意病毒。

信息内容安全指的是需要保护信息的保密性、真实性和完整性，避免出现被窃取、诈骗等有损于信息安全的行为，实际就是保护用户的隐私安全，比如一些酒店的开房记录等，在这方面就曾出现过某酒店多条开房记录被非法窃取，导致个人开房记录、手机、身份等信息的泄露。

3.5.2 计算机病毒

1. 计算机病毒的定义

计算机病毒一词最早出现在南加利福尼亚大学 Fred Cohen 的博士论文中，他首次提出“计算机病毒”是“一种能把自己（或经演变）注入其他程序的计算机程序”，这是计算机病毒的最早的科学定义。在《中华人民共和国计算机信息系统安全保护条例》中对计算机病毒进行了明确定义：计算机病毒，是指编制或者在计算机程序中插入的破坏计算机功能或者毁坏数据，影响计算机使用，并能自我复制的一组计算机指令或者程序代码。

计算机感染病毒后，往往会出现屏幕显示异常、系统无法启动、系统自动重新启动或磁盘存取异常、机器速度变慢等不正常现象。

计算机病毒自出现之日起，就成为计算机的一大威胁。而自 20 世纪 90 年代 Internet 向公众开放以来，计算机病毒的危害程度越演越烈。

2. 计算机病毒的主要特点

计算机病毒主要具有以下几个特点：

（1）寄生性

计算机病毒寄生在其他程序之中，当执行这个程序时，病毒就起到破坏作用，而在未启动这个程序之前，它是不易被人发觉的。

（2）传染性

计算机病毒不但本身具有破坏性，更有害的是具有传染性，一旦病毒被复制或产生变种，其扩散速度之快令人难以预防。传染性是病毒的基本特征。计算机病毒会通过各种渠道从已被感染的计算机中扩散到未被感染的计算机上，在某些情况下造成被感染的计算机工作失常甚至瘫痪。只要一台计算机染毒，如不及时处理，那么病毒会在这台计算机上迅速扩散，其中的大量文件（一般是可执行文件）会被感染。而被感染的文件又成为新的传染源，再与其他机器进行数据交换或通过网络接触，病毒会继续传播。

（3）潜伏性

有些病毒像定时炸弹一样，发作时间是预先设计好的。如黑色星期五病毒，不到预定时间一点都觉察不出来，等到条件具备的时候瞬间发作，对系统进行破坏。

（4）隐蔽性

计算机病毒具有很强的隐蔽性，有的可以通过病毒软件检查出来，有的根本就查不出来，有的时隐时现、变化无常，这类病毒处理起来通常很困难。

（5）破坏性

计算机感染病毒后，可能会导致正常的程序无法运行，计算机内的文件被删除或受到不同程度的损坏，通常表现为增、删、改、移。也有病毒会损害计算机的硬件系统达到更大的破坏作用。

（6）计算机病毒的可触发性

病毒因某个事件或数值的出现，诱使病毒实施感染或进行攻击的特性称为可触发性。为了隐蔽自己，病毒必须潜伏，少做动作。如果完全不动，一直潜伏，病毒既不能感染也不能进行破坏，便失去了杀伤力。病毒既要隐蔽又要维持杀伤力，必须具有可触发性。病毒具有预定的触发条件，这些条件可能是时间、日期、文件类型或某些特定数据等。病毒运行时，触发机制检查预定条件是否满足，如果满足，启动感染或破坏动作，使病毒进行感染或攻击；如果不满足，则继续潜伏。

（7）不可预见性

不同种类计算机病毒的代码是千差万别的，且随着计算机病毒的制作技术的不断提高，使人防不胜防。计算机病毒对于反病毒软件来说永远是超前的。

3. 计算机病毒的分类

计算机病毒的分类方法很多，一般可分类如下：

（1）按照计算机病毒存在的媒体进行分类

根据病毒存在的媒体，病毒可以划分为网络病毒、文件病毒、引导型病毒。网络病毒通过计算机网络传播感染网络中的可执行文件，文件病毒感染计算机中的文件（如 com、exe、doc 等），引导型病毒感染启动扇区（Boot）和硬盘的系统引导扇区（mbr），还有这三种情况的混合型，如多型病毒（文件和引导型）感染文件和引导扇区两种目标。

（2）按照计算机病毒传染的方法进行分类

根据病毒传染的方法可分为驻留型病毒和非驻留型病毒。驻留型病毒感染计算机后，把自身的内存驻留部分放在内存（RAM）中，这一部分程序挂接系统调用并合并到操作系统中去，它处于激活状态，一直到关机或重新启动。非驻留型病毒在得到机会激活时并不感染计算机内存。一些病毒在内存中留有小部分，但是并不通过这一部分进行传染，这类病毒也被划分为非驻留型病毒。

（3）根据病毒破坏的能力进行分类

① 无害型：除了传染时减少磁盘的可用空间外，对系统没有其他影响。

② 无危险型：这类病毒仅仅是减少内存、显示图像、发出声音及同类音响。

③ 危险型：这类病毒在计算机系统操作中造成严重的错误。

④ 非常危险型：这类病毒删除程序、破坏数据、清除系统内存区和操作系统中重要信息。

4. 计算机病毒的预防

计算机病毒随时都有可能入侵计算机系统，因此，用户应提高对计算机病毒的防范意识，

不给病毒以可乘之机。在计算机的具体使用中应做到以下几点：

① 经常对操作系统下载补丁，以保证系统运行安全。有很多病毒利用系统漏洞或者系统和应用软件的弱点来进行传播，尽管杀毒软件能保护用户不被病毒侵害，但是，及时安装操作系统中最新发现的漏洞补丁，仍然是一个极好的安全措施。

② 不使用盗版或来历不明的软件，特别是不能使用盗版的杀毒软件。安装真正有效的防毒软件，并经常升级。

③ 新购买的计算机要在使用之前首先进行病毒检查，以免机器带毒。

④ 准备一张干净的系统引导盘，并将常用的工具软件复制到该盘上，加以保存。此后一旦系统受病毒侵犯，就可以使用该盘引导系统，然后进行检查、杀毒等操作。

⑤ 对外来程序要使用杀毒软件进行检查（包括从硬盘、U 盘、局域网、因特网、E-mail 中获得的程序），未经检查的可执行文件不能复制进硬盘，更不能使用。

⑥ 一定要将硬盘引导区和主引导扇区备份下来，并经常对重要数据进行备份。这个措施不能防止计算机被病毒感染，但是假如计算机被病毒感染，并且病毒已经完全破坏了用户数据，备份措施可以使用户的重要数据得以保存下来。

⑦ 随时注意计算机的各种异常现象（如速度变慢，弹出奇怪的文件，文件尺寸发生变化，内存减少等），一旦发现，应立即用杀毒软件仔细检查。

5. 计算机病毒的解决办法

① 在杀毒之前，要先备份重要的数据文件。

② 启动杀毒软件，并对整个硬盘进行扫描。

③ 发现病毒后，一般应用杀毒软件清除文件中的病毒，如果可执行文件中的病毒不能被清除，一般应将其删除，然后重新安装相应的应用程序。同时，还应将病毒样本送交杀毒软件厂商的研究中心，以供详细分析。碰到实在杀不了的病毒，只有格式化硬盘并重装操作系统。

④ 某些病毒在 Windows 状态下无法完全清除（如 CIH 病毒就是如此），此时应采用事先准备的干净的系统引导盘引导系统，然后在 DOS 下运行相关杀毒软件进行清除。

3.5.3 黑客

"黑客"（Hacker）是取其英文名的发音翻译而来的，原意是"开辟、开创"。早期的"黑客"在美国计算机界具有褒义色彩，通常指那些热衷于计算机技术、计算机技艺高超的专家及程序员。他们有着撰写程序的专才，并具备热衷研究、追根问底探究问题的特质。"黑客"基本上可以认为是一种业余爱好，通常是出于个人兴趣，而非为了谋利或工作需要。

怀着狂热的兴趣和对计算机执着的追求，这些"黑客"不断地学习和研究，发现计算机和网络中存在的漏洞，并提出解决和修补漏洞的方法。事实上，早期的"黑客"推动了计算机技术和网络技术的发展，使互联网日益安全完善。到了今天，"黑客"一词已成为那些计算机破坏者的代名词。黑客主要有以下行为：

（1）学习技术

互联网上的新技术一旦出现，黑客就必须立刻学习，并用最短的时间掌握这项技术，这里所说的掌握并不是一般的了解，而是阅读有关的"协议"、深入了解此技术的机理，否则一旦停止学习，那么依靠他以前掌握的内容，并不能维持他的“黑客身份”超过一年。

（2）伪装自己

黑客的一举一动都会被服务器记录下来，所以黑客必须伪装自己使得对方无法辨别其真实身份，这需要有熟练的技巧，用来伪装自己的 IP 地址、使用跳板逃避跟踪、清理记录扰乱对方线索、巧妙躲开防火墙等。

（3）发现漏洞

漏洞对黑客来说是最重要的信息，黑客要经常学习别人发现的漏洞，并努力寻找未知漏洞，并从海量的漏洞中寻找有价值的、可被利用的漏洞进行试验，当然他们最终的目的是通过漏洞进行破坏或者修补这个漏洞。

（4）利用漏洞

黑客利用漏洞可以做下面的事情：

① 获得系统信息：有些漏洞可以泄露系统信息，暴露敏感资料，从而可以进一步入侵系统。

② 入侵系统：通过漏洞进入系统内部或取得服务器上的内部资料，或完全掌管服务器。

③ 寻找下一个目标：利用自己已经掌管的服务器作为工具，寻找并入侵下一个系统。

④ 做一些好事：修复漏洞或者通知系统管理员，做出一些维护网络安全的事情。

⑤ 做一些坏事：黑客在完成上面的工作后，会判断服务器是否还有利用价值。如果有利用价值，他们会在服务器上植入木马或者后门，便于下一次来访；而对没有利用价值的服务器他们决不留情，系统崩溃会让他们感到无限的快感。

3.5.4 防火墙技术

恶意用户或软件通过网络对计算机系统的入侵或攻击已成为当今计算机安全最严重的威胁之一。如何防范、避免这类问题的发生，是人们迫切需要解决的问题。防火墙是一个由计算机硬件和软件组成的系统，部署于网络边界，是内部网络和外部网络之间的连接桥梁，同时对进出网络边界的数据进行保护，防止恶意入侵、恶意代码的传播等，保障内部网络数据的安全。防火墙技术是建立在网络技术和信息安全技术基础上的应用性安全技术，几乎所有的企业内部网络与外部网络（如因特网）相连接的边界都会放置防火墙，防火墙能够起到安全过滤和安全隔离外网攻击、入侵等有害的网络安全信息和行为。总之，防火墙能过滤进出网络的数据，管理进出网络的访问行为，记录通过防火墙的信息内容和活动，对网络攻击进行检测和告警。

防火墙作为一种访问控制技术，通过严格控制进出网络边界的分组，禁止任何不必要的通信，从而减少潜在的入侵的发生，尽可能降低这类安全威胁所带来的风险。防火墙是一种特殊编程的路由器，安装在一个网点和网络的其余部分之间，目的是实施访问控制策略。这种访问控制策略是使用单位自行制定的。一般把防火墙里面的网络称为可信的网络，而把防火墙外的网络称为不可信的网络。简而言之，防火墙的基本准则是一切未被允许的就是禁止的，一切未被禁止的就是允许的。

防火墙技术一般分为包过滤技术和应用网关（又称代理服务器）技术两类。

包过滤技术一般只应用于 OSI7 层的模型网络层的数据中，其能够完成对防火墙的状态检测，从而可以把逻辑策略预先进行确定。逻辑策略主要针对地址、端口与源地址，通过防火

墙所有的数据都需要进行分析，如果数据包内具有的信息和策略要求是不相符的，则其数据包就能够顺利通过，如果是完全相符的，则其数据包就被迅速拦截。计算机数据包传输的过程中，一般都会分解成为很多由目的地址等组成的一种小型数据包，当它们通过防火墙的时候，尽管其能够通过很多传输路径进行传输，但最终都会汇合于同一地方，在这个目的点位置，所有的数据包都需要进行防火墙的检测，在检测合格后才会允许通过。如果传输的过程中出现数据包丢失以及地址变化等情况，则就会被抛弃。它的优点是简单高效，且对于用户是透明的，但不能对高层数据进行过滤，这些功能需要使用应用网关技术来实现。

应用网关是将一个网络与另一个网络进行相互连通，提供特定应用的网络间设备，应用网关必须能实现相应的应用协议。应用网关是防火墙技术应用比较广泛的功能，根据计算机网络运行方法可以通过防火墙技术设置相应的应用网关，从而借助应用网关来进行信息的交互。当信息数据从内网向外网发送时，其信息数据就会携带着正确的 IP，非法攻击者利用信息数据 IP 作为追踪的对象，来让病毒进入到内网中。如果使用应用网关，则能够实现信息数据 IP 的虚拟化，非法攻击者在进行虚拟 IP 的跟踪中，就不能够获取真实的解析信息，从而实现应用网关对计算机网络的安全防护。另外，应用网关还能够进行信息数据的中转，对计算机内网以及外网信息的交互进行控制，对计算机的网络安全起到保护作用。应用网关可以看作是运行于要求特定业务的客户机与提供所需业务的服务器之间的中间过程。应用网关在极大地提高了网络的安全性的同时，也存在一些缺点，即每种应用都需要一个不同的应用网关，对应用程序不透明等。

截至 2018 年，应用较为广泛的防火墙技术当属复合型防火墙技术，综合了包过滤防火墙技术以及应用代理防火墙技术的优点，譬如发过来的安全策略是包过滤策略，那么可以针对报文的报头部分进行访问控制；如果安全策略是代理策略，就可以针对报文的内容数据进行访问控制，因此复合型防火墙技术综合了其组成部分的优点，同时摒弃了两种防火墙的原有缺点，大大提高了防火墙技术在应用实践中的灵活性和安全性。

3.5.5 入侵检测技术

入侵检测是指“通过对行为、安全日志、审计数据或其他网络上可以获得的信息进行操作，检测到对系统的闯入或闯入的企图”。入侵检测是检测和响应计算机误用的学科，其作用包括威慑、检测、响应、损失情况评估、攻击预测和起诉支持。

相比之下，防火墙就像一道门，它可以阻止一类人的进入，但无法阻止同一类人中的破坏分子，也不能阻止内部的破坏分子；访问控制系统可以不让低级权限的人越权操作，但无法保证高级权限的人做破坏性工作，也无法保证低级权限的人通过非法行为获得高级权限；漏洞扫描系统可以发现系统存在的漏洞，但无法对系统进行实时扫描。

入侵检测系统（IDS）可以被定义为对计算机和网络资源的恶意使用行为进行识别和相应处理的系统，包括系统外部的入侵和内部用户的非授权行为，是为保证计算机系统的安全而设计与配置的一种能够及时发现并报告系统中未授权或异常现象的技术，是一种用于检测计算机网络中违反安全策略行为的技术。

入侵检测方法有很多，如基于专家系统入侵检测方法、基于神经网络的入侵检测方法等。目前一些入侵检测系统在应用层入侵检测中已有实现。入侵检测系统的典型代表是 ISS 公司（国际互联网安全系统公司）的 RealSecure，它是计算机网络上自动实时的入侵检测和响应系统。它无妨碍地监控网络传输并自动检测和响应可疑的行为，在系统受到危害之前截取和响应安全漏洞和内部误用，从而最大程度地为企业网络提供安全。

目前，入侵检测技术是网络安全的核心技术之一。国内对其研究还不够透彻，入侵检测的产品还有一些问题，其误报率较高，大量的告警中有效的很少，有些解决这个问题的产品虽然减轻了安全人员的负担，但是会出现漏报现象。入侵检测系统目前多是用被动监听的方式来发现，所以无法主动发现问题。因此，目前的入侵检测需要降低误报率，提高对未知攻击的检测能力和对变异攻击的检测及自适应能力。

3.5.6 信息加密与认证技术

加密技术是保证信息安全的基础性技术，是实现数据秘密性、数据完整性、鉴别交换、口令存储与校验等的基础。

数据加密的基本过程是对原来为明文的文件或数据按某种算法进行处理，使其成为不可读的代码，通常称为“密文”，使其只能在输入相应的密钥之后才能显示出原来的内容，通过这样的途径来达到保护数据不被非法窃取和阅读的目的。该过程的逆过程称为解密，即将该编码信息转化为可见的明文数据的过程。

一般的数据加密模型如图 3-24 所示。目前常用的加密技术有对称密钥密码体制、公钥密码体制。

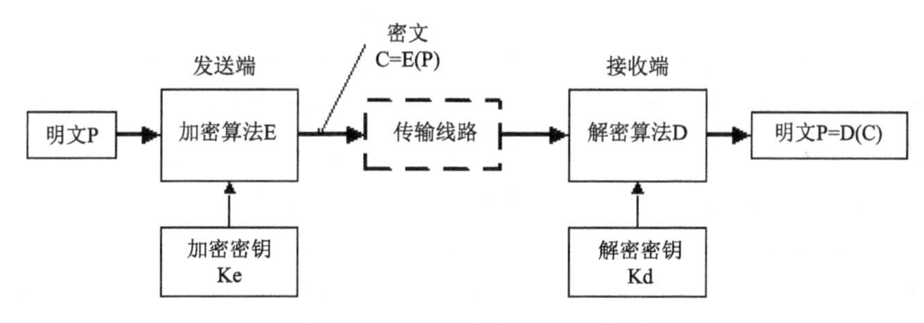

图 3-24　一般的数据加密模型

1. 对称密钥密码体制

对称密钥加密又称私钥加密，即信息的发送方和接收方用一个密钥去加密和解密数据。它的最大优势是加/解密速度快，适合于对大量数据进行加密，但密钥管理困难。

数据加密标准 DES 属于对称密钥密码体制。在加密前，先对整个明文进行分组。每一个组为 64 位长的二进制数据。然后对每一个 64 位二进制数据进行加密处理，产生一组 64 位密文数据。最后将各组密文串接起来，即得出整个的密文。使用的密钥占有 64 位（实际密钥长度为 56 位，外加 8 位用于奇偶校验）。

DES 的保密性仅取决于对密钥的保密，而算法是公开的。DES 的问题是它的密钥长度。56 位长的密钥意味着共有 256 种可能的密钥，也就是说，共有约 7.6×10^{16} 种密钥。假设一台计算机 1 秒可执行一次 DES 加密，同时假定平均只需搜索密钥空间的一半即可找到密钥，那么破译 DES 要超过 1 000 年。

但现在已经设计出来搜索 DES 密钥的专用芯片。例如在 1999 年有人借助于一台不到 25 万美元的专用计算机，用 22 小时破译了 56 位密钥的 DES。若用价格为 100 万美元或 1 000

万美元的机器，则预期的搜索时间分别为 3.5 小时或 21 分钟。现在 56 位 DES 已不再被认为是安全的。

对于 DES 56 位密钥的问题，学者们提出了三重 DES（TripleDES 或记为 3DES）的方案，三重 DES 广泛用于网络、金融、信用卡等系统。3DES 把一个 64 位明文用一个密钥加密，再用另一个密钥解密，然后再使用第一个密钥加密。

在 DES 之后，美国标准与技术协会（NIST）在 1997 年开始公开征集高级加密标准 AES（Advanced Encryption Standard），以取代 DES。在 2001 年，NIST 发布了最终 AES 标准。

2. **公钥密码体制**

公钥密钥加密又称非对称密钥加密。它需要使用一对密钥来分别完成加密和解密操作，一个公开发布，即公开密钥，另一个由用户自己秘密保存，即私用密钥。信息发送者用公开密钥去加密，而信息接收者则用私用密钥去解密。公钥机制灵活，但加密和解密速度却比对称密钥加密慢得多。

公钥密码体制的加密和解密过程有如下特点：

① 密钥对产生器产生出接收者 B 的一对密钥：加密密钥 PKB 和解密密钥 SKB。发送者 A 所用的加密密钥 PKB 就是接收者 B 的公钥，它向公众公开。而接收者 B 所用的解密密钥 SKB 就是接收者 B 的私钥，对其他人都保密。

② 发送者 A 用接收者 B 的公钥 PKB 通过 E 运算对明文 X 加密，得出密文 Y，发送给接收者 B。接收者 B 用自己的私钥 SKB 通过 D 运算进行解密，恢复出明文。

公开密钥与对称密钥在使用通信信道方面有很大的不同。在使用对称密钥时，由于双方使用同样的密钥，因此在通信信道上可以进行一对一的双向保密通信，每一方既可用此密钥加密明文，并发送给对方，也可接收密文，用同一密钥对密文解密。这种保密通信仅限于持有此密钥的双方（如再有第三方就不保密了）。但在使用公开密钥时，在通信信道上可以是多对一的单向保密通信。已有很多人同时持有接收者 B 的公钥，并各自用此公钥对自己的报文加密后发送给接收者 B。只有接收者 B 才能够用其私钥对收到的多个密文一一进行解密。但使用这对密钥进行反方向的保密通信则是不行的。在现实生活中，这种多对一的单向保密通信是很常用的。例如，在网购时，很多顾客都向同一个网站发送各自的信用卡信息，就属于这种情况。

3. **身份认证**

身份认证技术是在计算机网络中确认操作者身份的过程中而产生的有效解决方法。计算机网络世界中一切信息包括用户的身份信息都是用一组特定的数据来表示的，计算机只能识别用户的数字身份，所有对用户的授权也是针对用户数字身份的授权。如何保证以数字身份进行操作的操作者就是这个数字身份合法拥有者，也就是说保证操作者的物理身份与数字身份相对应，身份认证技术就是为了解决这个问题。作为防护网络资产的第一道关口，身份认证有着举足轻重的作用。

通常，对用户的身份认证基本方法可以分为这三种：基于信息秘密的身份认证、基于信任物体的身份认证、基于生物特征的身份认证。基于信息秘密的身份认证是根据你所知道的信息来证明你的身份，如个人设置的密码等；基于信任物体的身份认证是根据你所拥有的东西来证明你的身份，如身份证、护照等；基于生物特征的身份认证是直接根据独一无二的身体特征来证明你的身份，如容貌、指纹等。为了达到更高的身份认证安全性，可以选择适当的组合，来设计一个自动的身份认证系统。

4. **数字签名**

数字签名又称公钥数字签名，是只有信息的发送者才能产生的别人无法伪造的一段数字串，这段数字串同时也是对信息的发送者发送信息真实性的一个有效证明。它是一种类似写在纸上的普通的物理签名，但是使用了公钥加密领域的技术来实现的，用于鉴别数字信息的方法。简单地说，数字签名就是附加在数据单元上的一些数据，或是对数据单元所作的密码变换。这种数据或变换能使数据单元的接收者确认数据单元来源和数据单元的完整性并保护数据，防止被人进行伪造。它是对电子形式的消息进行签名的一种方法，一个签名消息能在一个通信网络中传输。一套数字签名通常定义两种互补的运算：一个用于签名，另一个用于验证。数字签名是个加密的过程，数字签名验证是个解密的过程。数字签名是非对称密钥加密技术与数字摘要技术的应用。

数字签名机制作为保障网络信息安全的手段之一，可以解决伪造、抵赖、冒充和篡改问题。数字签名的目的之一就是在网络环境中代替传统的手工签字与印章，有着重要作用。

3.5.7 个人信息安全防范

随着互联网的普及与广泛应用，个人信息的获取渠道被无限扩展，个人信息安全问题影响着人们的生活，甚至影响社会稳定和国家安全与利益。如何做好个人信息安全防范尤为重要。

1. **加强学习，提高安全意识**

重视个人隐私，从自身做起。工作生活中提升防范意识与防范水平。加强相关法律知识学习，多关注媒体对相关案例报道，引以为戒。如当他人因各种理由提出获取个人相关信息时，要提高警惕，不轻易给第三方提供涉及隐私信息的资料；对所使用的设备采取加强对个人信息的保密措施或方法，以防止泄露或他人通过网络技术盗取个人信息。当需要给他人提交身份证复印件时，要在复印件上写上签注，标明提供给谁、用来干什么、他用无效。身份证复印件要妥善保管，不用的或作废的不能随意丢弃。

2. **互联网使用中，注重个人信息保护**

在网络平台发布消息时要谨慎，必要时设置权限。在网络上进行用户注册登记时，个人信息填写力求少而隐，能不填的尽量不填，尤其涉及个人敏感数据填写时要谨慎处理。使用便携智能设备时，要加强安全管理，如流量的及时关闭、传感功能的关闭、谨慎安装各种 App、安装程序时注意各种权限的设置要求等。具体防范措施如下：

- 公共场所尽量不使用无密码的免费 Wi-Fi。使用 Wi-Fi 登录网银或者支付宝时，可以通过专门的 App 客户端访问。最好把 Wi-Fi 连接设为手动，而不是自动登录。
- 要定期对家里的 Wi-Fi 密码进行修改，而且密码设置要用高等级的，不能随便设置一个简单的数字，以防黑客的破解侵入。
- 网银、网上支付、常用邮箱、聊天账号单独设置密码，尽量使用“字母（大小写）+数字+特殊符号”形式的高强度密码，切忌“一套密码到处用”。
- 在微博、QQ 空间等社交网络要尽可能避免透露或标注真实身份信息。朋友圈发布照

片，一定要谨慎。

- 上网时经常会碰到各种填写调查问卷、玩测试小游戏、购物抽奖，或申请免费邮寄资料、申请会员卡等活动，参与此类活动前，要选择信誉可靠的网站认真核验对方的真实情况，不要贸然填写导致个人信息泄露。
- 手机短信中的链接，尽量不要点，不扫描来历不明的二维码。

3. **及时有效销毁个人隐私数据**

日常生活中，个人敏感信息可能附着在不同的介质上，如果不及时处理，则极有可能造成个人信息泄露。平时应养成良好习惯，做到及时、有效销毁无用的个人数据信息，这也是防止个人隐私泄露的一项重要措施。快递单、车票、登机牌、购物小票等各种单据，都可能导致个人信息泄露。无用的单据可以直接碎掉，有用的单据妥善保存，切勿乱丢乱放。存储有个人账户资料的手机，尽量避免转卖。如果确有出售必要，在转卖之前，务必做好彻底清理工作。

3.5.8 网络道德与法规

现在，越来越多的人加入计算机网络中。人们可以轻松地从网上获取信息或在网络中发布信息。网络社会如何健康、安全、和谐、有秩序地存在，是人们需要关注的问题。在利用好网络的同时，人们应努力维护网络资源，保护网络信息的安全，树立和培养健康的网络道德，遵守国家有关网络的法律法规。

网络道德是指人们在网络活动中公认的行为准则和规范。网络的行为准则和规范引导人们在网络活动中应如何行为，是一种关于如何行为的价值观和信念。网络道德不能像法律一样划定明确的界限，但要做到不从事有害于他人、社会和国家利益的活动。

网络道德倡导网络活动的参与者之间平等、友好相处、互利互惠，合理、有效地利用网络资源，讲究诚信、公正、真实、平等的理念，引导人们尊重知识产权、保护隐私、保护通信自由、保护国家利益。网络道德是抽象的，不易对其进行详细分类、概括、提炼之后提出具有一般意义的价值标准与具有普遍约束力的道德规范。在网络中应严格杜绝以下行为：

① 从事危害政治稳定、损坏安定团结、破坏公共秩序的活动，复制、传播有关这些内容的消息和文章。

② 任意发布帖子对他人进行人身攻击，不负责任地散布流言蜚语或偏激的语言，对个人、单位甚至政府造成损害。

③ 窃取或泄露他人秘密，侵害他人正当权益。

④ 利用网络赌博或从事有伤风化的活动。

⑤ 制造病毒，故意在网上发布、传播具有计算机病毒的信息，向网络故意传播计算机病毒，造成他人计算机甚至网络系统发生堵塞、溢出、处理机忙、死锁、瘫痪等。

⑥ 冒用他人 IP 从事网上活动，通过扫描、侦听 破解口令、安置木马、远程接管、利用系统缺陷等手段侵入他人计算机。

⑦ 明知自己的计算机感染了损害网络性能的病毒仍然不采取措施，妨碍网络、网络服务系统和其他用户正常使用网络。

⑧ 缺乏网络文明礼貌，在网络中用粗鲁语言发言。

随着互联网的发展，为了维护信息安全，国家和相关管理部门制定了一系列政策、法规。在网络应用中应自觉遵守国家的有关法律和法规，自觉遵守各级网络管理部门制定的有关管理办法和规章制度，自觉遵守网络道德规范。

习题

一、选择题

1. Internet 的前身是（　　）。

A. ARPANET　　B. ENIVAC　　C. TCP/IP　　D. MILNET

2. 下列选项中，正确的 IP 地址格式是（　　）。

A. 202.202.1　　B. 202.2.2.2.2　　C. 202.118.118.1　　D. 202.258.14.13

3. 下列（　　）不是按网络拓扑结构的分类。

A. 星状网　　B. 环状网　　C. 校园网　　D. 总线网

4. 关于计算机网络协议，下面说法错误的是（　　）。

A. 网络协议就是网络通信的内容

B. 制定网络协议是为了保证数据通信的正确、可靠

C. 计算机网络的各层及其协议的集合，称为网络的体系结构

D. 网络协议通常由语义、语法、变换规则三部分组成

5. IP 地址为 192.168.120.32 的地址是（　　）类地址。

A. A　　B. B　　C. C　　D. D

6. Internet 用户的电子邮件地址格式必须是（　　）。

A. 用户名@单位网络名　　B. 单位网络名@用户名

C. 邮件服务器域名@用户名　　D. 用户名@邮件服务器域名

7. 下面不可能有效预防计算机病毒的方法是（　　）。

A. 不要将 U 盘和有病毒的 U 盘放在同一个盒子里

B. 当要复制别人 U 盘的文件时，将他的 U 盘先杀毒，再复制

C. 将染有病毒的文件删除

D. 将有病毒的 U 盘格式化

8. 下列关于防火墙的说法，不正确的是（　　）。

A. 防止外界计算机攻击侵害的技术

B. 是一个或一组在两个不同安全等级的网络之间执行访问控制策略的系统

C. 隔离有硬件故障的设备

D. 属于计算机安全的一项技术

9. 计算机安全中的信息安全主要是指（　　）。

A. 软件安全和数据安全　　B. 系统管理员个人的信息安全

C. 操作员个人的信息安全　　D. Word 文档的信息安全

10. 下列有关信息安全的观点，其中错误的是（　　）。

A. 安装最新版 QQ 软件有助于防护密码被盗

B. 在官方网站上下载相关软件

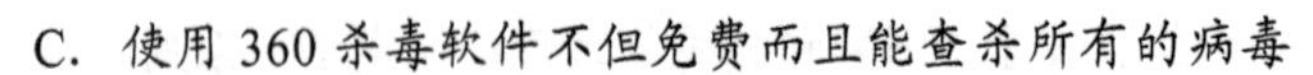

C. 使用 360 杀毒软件不但免费而且能查杀所有的病毒

D. 在淘宝网上购物使用支付宝比直接汇款安全

二、填空题

1. 计算机网络从逻辑功能上可划分为____________和____________两大部分，这两部分是通过通信线路连接的。

2. 按地理范围划分，可以将计算机网络划分为_________、_________和_________三种类型。

3. 带宽常用来表示网络中某通道____________的能力，带宽的单位是____________。

4. IPv6 的地址有三种表示方法，分别是__________、__________和__________。

5. 电子邮件地址由__________和__________两部分组成，中间由__________分隔，其格式为．__________。

6. 防火墙技术是一种__________技术，一般分为__________和__________两类。

7. 入侵检测系统（IDS）可以被定义为对__________和__________的恶意使用行为进行识别和相应处理的系统。

8. 目前常用的加密技术有__________和__________两种。

9. 数字签名又称_____________，是只有信息的发送者才能产生的别人无法伪造的__________。

10. 网络道德是指人们在网络活动中公认的__________和___________。

三、简答题

1. 简述 OSI 的体系结构。
2. 简述 TCP/IP 协议，并说明 IP 地址分为几类，以及各类如何表示。
3. 解释以下名词：WWW、HTTP、URL、超文本、HTML5、DNS。
4. 计算机病毒的主要特点是什么？如何预防？
5. 简述如何做好个人信息安全防范。

第4章 数据库概述

数据库是数据管理的有效技术，是计算机科学的重要分支，是按照数据结构来组织、存储和管理数据的仓库。它能帮助一个企业或组织有效科学地管理各类信息和资源，尤其是海量数据存储的数据库系统在很多领域都得到了广泛的应用。随着互联网的发展，广大用户都在直接访问并使用数据库，例如网络购物、网上银行转账、实时查询公交、网上处理车辆违章等，数据库已成为人们生活不可缺少的部分。

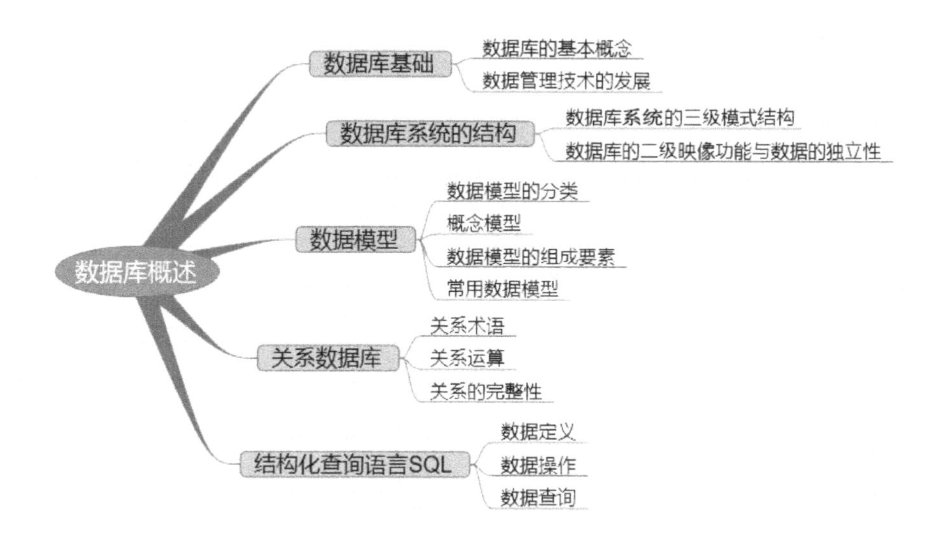

4.1 数据库基础

自从计算机被发明之后，人类社会就进入了高速发展阶段，大量信息逐渐堆积在人们面前。如何组织存放这些信息，如何在需要时快速检索出信息，以及如何让所有用户共享这些信息就成为一个必须解决的重大问题。数据库技术就是在这种背景下诞生的，这也是使用数据库的原因。当今，世界上每一个人的生活几乎都离不开数据库。例如，人们在超市购物时可以通过扫码轻松完成结账；学生在图书馆可以方便地查询图书信息及借书还书；旅客输入个人信息后可以查询火车或航班信息，并在线购票和选座；还有人们网上购物时常去的淘宝、京东和苏宁网站，以及派送物品的顺丰、申通和韵达等快递，这些都离不开数据库的支持。由此可见，数据库应用已经遍布人们生活的各个领域。

4.1.1　数据库的基本概念

1. 数据

数据（Data）是数据库中存储的基本对象。人们对数据的第一反应是数字，例如 12 厘米，¥49.5，-116.32 等。其实数字只是数据的一种，数据种类还有很多，例如文字、图片、声音、学生档案、商品物流信息等都是数据。

我们通常把描述事物的符号记录称为数据。这些符号可以是数字、文字、图形、图像、音频、视频等，它们都可以经过数字化后存入计算机中。

数据需要经过解释才能完全表达其内容，例如，数据 88，它代表什么含义呢？可以是某个人的年龄、某张桌子的高度、某个人的体重、某个班的人数……所以，数据与数据的含义是相关联的，通常数据的含义也称为数据的语义，数据与其语义是密不可分的。

2. 数据库

数据库（Database，简称 DB）是长期储存在计算机内有组织的、可共享的大量数据的集合，其数据按一定的数据模型组织、描述和储存，具有较小的冗余度、较高的数据独立性和易扩展性，可以被各种用户共享。利用数据库可以更合适地组织数据、更方便地维护数据、更严密地控制数据和更有效地利用数据。

3. 数据库管理系统

数据库管理系统（Database Management System，简称 DBMS）是建立在操作系统基础上，用于建立、使用、维护数据库的大型系统软件。它对数据库进行统一的管理和控制，以保证数据库的安全性和完整性。它的主要功能如下：

（1）数据定义

数据库管理系统提供数据定义语言（Data Definition Language，DDL），供用户定义数据库的三级模式结构、两级映像以及完整性约束和保密限制等约束。DDL 主要用于建立、修改数据库的库结构。

（2）数据操作

数据库管理系统提供数据操作语言（Data Manipulation Language，DML），供用户实现对数据库的基本操作，如查询、插入、删除、更新和修改等操作。

（3）数据库的运行管理

数据库在建立、运用和维护时由数据库管理系统统一管理和控制，以保证事务的正确运行，保证数据的安全性、完整性、多用户对数据的并发使用及发生故障后的系统恢复。

（4）数据组织、存储与管理

数据库管理系统要分类组织、存储和管理各种数据，包括数据字典、用户数据、存取路径等，需确定以何种文件结构和存取方式在存储级上组织这些数据，如何实现数据之间的联系。数据组织和存储的基本目标是提高存储空间利用率，选择合适的存取方法提高存取效率。

（5）数据库的建立和维护功能

数据库的建立和维护功能包括数据库初始数据的输入、转换功能，数据库的转储、恢复功能、数据库的重组织功能和数据监视、分析等功能。这些功能通常是由一些实用程序或管理工具完成的。

（6）其他功能

其他功能包括数据库管理系统与网络中其他软件系统的通信功能以及数据库之间的互操作功能、一个数据库管理系统与另一个数据库管理系统或文件系统的数据转换功能、异构数据库之间的互访和互操作功能等。

4. **数据库系统**

数据库系统（Database System，简称 DBS）是指在计算机系统中引入数据库后构成的系统，一般由数据库、数据库管理系统（及其开发工具）、应用系统、数据库管理员和用户构成。

数据库系统可以用图 4-1 表示，是一个由硬件、软件（操作系统、数据库管理系统和编译系统等）、数据库和用户构成的完整计算机应用系统。数据库是数据库系统的核心和管理对象。因此，数据库系统的含义已经不仅仅是一个对数据进行管理的软件，也不仅仅是一个数据库，数据库系统是一个实际运行的，按照数据库方式存储、维护和向应用系统提供数据支持的系统。

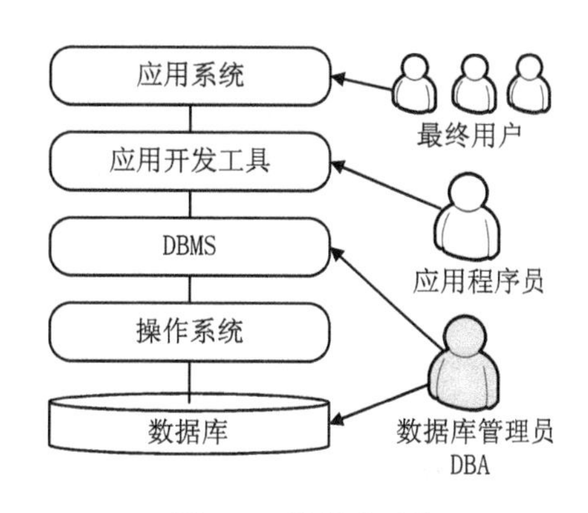

图 4-1　数据库系统

4.1.2　数据管理技术的发展

数据管理技术是指对数据进行分类、编码、存储、检索和维护，它是数据处理的中心问题。随着计算机技术的不断发展，在应用需求的推动下，在计算机硬件、软件发展的基础上，数据管理技术经历了人工管理、文件系统、数据库系统三个阶段。每一个阶段的发展都是以减小数据冗余、增强数据独立性和方便操作数据为目的进行的。

1. **人工管理阶段**

在计算机出现之前，人们主要利用纸张和计算工具（如算盘和计算尺）对数据进行记录和计算，依靠大脑来管理和利用数据。

到了 20 世纪 50 年代中期，计算机刚处于萌芽阶段，当时没有磁盘等直接存取设备，只有纸带、卡片、磁带等外存，也没有操作系统和管理数据的专门软件，数据处理的方式是批处理。所以计算机只能局限于科学技术方面，主要用于科学计算。人工管理阶段应用程序与数据之间对应关系如图 4-2 所示。

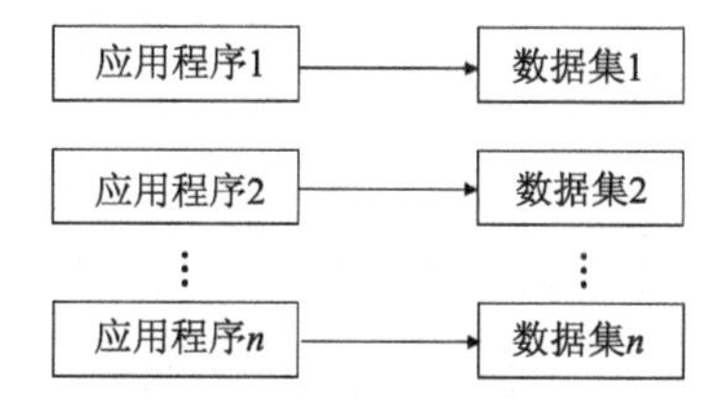

图 4-2　人工管理阶段应用程序与数据之间对应关系

人工管理阶段的特点如下：

① 数据不能长期保存。

② 应用程序管理数据。

③ 数据不能共享，冗余度大。

④ 数据不具有独立性。

2. 文件管理阶段

20 世纪 50 年代后期到 60 年代中期，随着计算机硬件和软件的发展，磁盘、磁鼓等直接存取设备开始普及，操作系统中的文件管理系统提供了管理外存数据的能力。所以，数据以文件的形式存储在计算机的磁盘上，计算机通过文件系统来管理这些文件。数据处理方式上不仅有批处理，还能够联机实时处理。文件管理阶段应用程序与数据之间对应关系如图 4-3 所示。

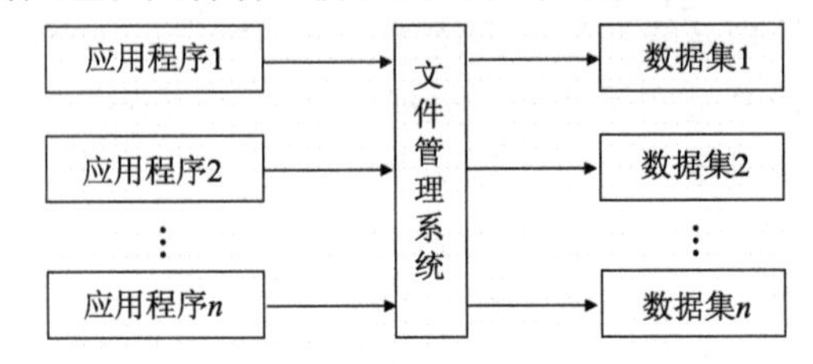

图 4-3　文件管理阶段应用程序与数据之间对应关系

文件管理阶段的特点如下：

① 数据可以长期保存。

② 数据由文件系统来管理。

③ 数据冗余大，共享性差。

④ 数据独立性差。

3. 数据库系统阶段

随着计算机软硬件技术的进步，数据处理规模的扩大，应用范围越来越广，处理方式上大多为联机实时处理，并开始提出和考虑分布处理，基于文件系统作为数据管理手段很难满足应用领域的需求。20 世纪 60 年代后期出现了数据库技术，这就是数据库系统阶段。

数据库系统阶段使用专门的数据库来管理数据，用户可以在数据库系统中建立数据库，然后在数据库中建立表，最后将数据存储在这些表中。用户可以直接通过数据库管理系统来查询表中的数据。数据库管理阶段应用程序与数据之间对应关系如图 4-4 所示。

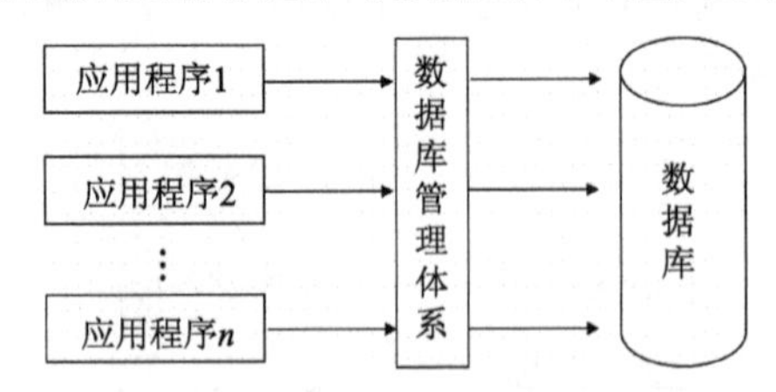

图 4-4　数据库管理阶段应用程序与数据之间对应关系

数据库管理阶段的特点如下：

① 数据结构化。

② 数据共享性高，冗余度低且易扩充。

③ 数据独立性强。

④ 数据由数据库管理系统统一管理和控制。

4.2 数据库系统的结构

考查数据库系统的结构可以有多种不同的层次或不同的视角。从数据库应用开发角度看，数据库系统通常采用三级模式结构，这是数据库系统内部的系统结构；从数据库最终用户角度看，数据库系统的结构分为：单用户结构、主从式结构、分布式结构、客户—服务器、浏览器—应用服务器/数据库服务器多层结构等，这是数据库系统外部的体系结构。

4.2.1 数据库系统的三级模式结构

数据库系统的三级模式结构是指数据库系统由外模式，模式和内模式三级构成，如图 4-5 所示。

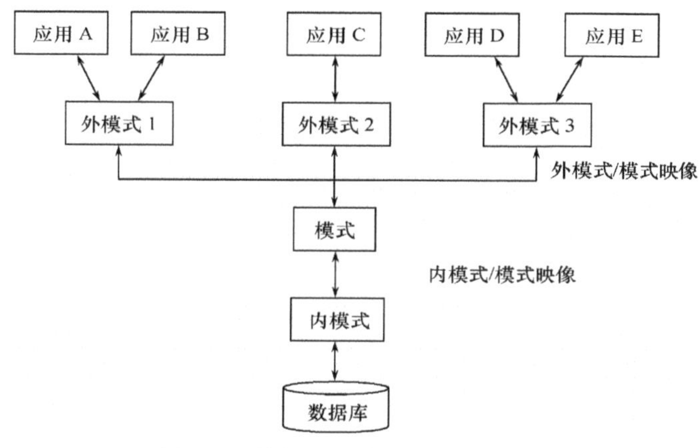

图 4-5 数据库系统的三级模式结构

1. **模式**

模式也称逻辑模式，是数据库中全体数据的逻辑结构和特征的描述，是所有用户的公共数据视图。它是数据库系统三级模式结构的中间层，既不涉及数据库存储细节和硬件环境，也不涉及具体的应用程序、所使用的应用开发工具和高级程序设计语言。

一个数据库只有一种模式。数据库模式以某种数据模型为基础，统一综合地考虑了所有用户的需求，并将这些需求有机地结合成一个逻辑整体。定义时不仅要定义数据的逻辑结构，如数据记录由哪些项构成，数据项名字、类型、取值范围等，而且要定义数据之间的联系，定义与数据有关的安全性、完整性要求。

DBMS 提供模式描述语言（模式 DDL）来严格定义模式。

2. **外模式**

外模式也称子模式或用户模式，它是数据库用户（包括应用程序员和最终用户）能够看到和使用的局部数据的逻辑结构和特征的描述，是数据库用户的数据视图，是与某一应用有关的数据的逻辑表示。

外模式通常是模式的子集。一个数据库可以有多个外模式。由于它是各个用户的数据视

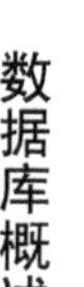

图，所以，如果不同的用户在应用需求、看待数据的方式、对数据保密的要求等各方面存在差异，则对外模式的描述就是不同的。即使是模式中的同一数据，其在外模式中的结构、类型、长度、保密级别等也可以不同。另外，同一外模式也可以为某一用户的多个应用系统所用，但是一个应用程序只能使用一种外模式。

外模式是保证数据库安全的一种有力措施，用户只能看见和访问所对应的外模式中的数据，数据库中的其他数据是不可见的。

DBMS 提供外模式描述语言（外模式 DDL 或存储模式 DDL）来严格定义外模式。

3. 内模式

内模式也称存储模式，是数据物理结构和存储方式的描述，是数据在数据库内部的表示方式。一个数据库只有一个内模式。

例如：记录的存储方式是顺序存储、堆存储，还是按 Hash 方法存储等；索引的组织方式是 B+树索引或是 Hash 索引；数据是否压缩存储，是否加密；数据存储记录结构有何规定，是定长结构还是变长结构，记录是否可以跨页存放等。

DBMS 提供内模式描述语言（内模式 DDL），来严格定义内模式。

4.2.2 数据库的二级映像功能与数据的独立性

数据库系统的三级模式是数据的三个抽象级别，它把数据的具体组织留给数据库管理系统管理，使用户能逻辑地、抽象地处理数据，而不必关心数据在计算机中的具体表示方式与存储方式。为了能够在系统内部实现这三个抽象层次的联系和转换，数据库管理系统在这三级模式之间提供了两层映像：外模式/模式映像和模式/内模式映像。

正是这两层映像保证了数据库系统中的数据能够具有较高的逻辑独立性和物理独立性。

1. 外模式/模式映像

模式描述的是数据的全局逻辑结构，外模式描述的是数据的局部逻辑结构。对应于同一个模式可以有任意多个外模式。对于每一个外模式，数据库系统都有一个外模式/模式映像，它定义了该外模式与模式之间的对应关系。

当模式改变时，例如增加新的关系、新的属性、改变属性的数据类型等，由数据库管理员对各个外模式/模式的映像作相应改变，可以使外模式保持不变。应用程序是依据数据的外模式编写的，因而应用程序不必修改，保证了数据与程序的逻辑独立性。

2. 模式/内模式映像

数据库中只有一个模式，也只有一个内模式，所以模式/内模式映像是唯一的，它定义了数据全局逻辑结构与存储结构之间的对应关系。

当数据库的存储结构改变时，例如选用了另一种存储结构，由数据库管理员对模式/内模式映像作相应改变，可以使模式保持不变，因而应用程序也不必改变。保证了数据与程序的物理独立性。

在数据库的三级模式结构中，数据库模式即全局逻辑结构是数据库的中心与关键，它独立于数据库的其他层次。因此，设计数据库模式时，应首先确定数据库的逻辑模式。

数据库的内模式依赖于它的全局逻辑结构，但独立于数据库的外模式和具体的存储设备。它是将全局逻辑结构中所定义的数据结构及其联系按照一定的物理存储策略进行组织，以达到较好的时间与空间效率。

数据库的外模式面向具体的应用程序，它定义在逻辑模式之上，但独立于内模式和存储设备。当应用需求发生较大变化，相应外模式不能满足其视图要求时，外模式就需要进行相应地修改，所以设计外模式时应充分考虑到应用的扩充性。不同的应用程序有时可以共用同一个外模式。

数据库的二级映像保证了数据库外模式的稳定性，从底层保证了应用程序的稳定性，除非应用需求本身发生变化，否则应用程序一般不需要修改。

数据库的三级模式与二级映像实现了数据与程序之间的独立性，使数据的定义和描述可以从应用程序中分离出来。另外，由于数据的存取由 DBMS 管理，用户不必考虑存取路径等细节，从而简化了应用程序的编制，大大降低了应用程序的维护和修改成本。

4.3 数据模型

数据模型是对现实世界数据特征的抽象，用于描述一组数据的概念和定义，描述的是数据的共性。由于计算机不能直接处理现实世界中的客观事物，所以需要将客观事物转换成计算机能够处理的数据。在数据库中，数据模型就是对现实世界进行抽象的工具，用于表示和处理现实世界中的数据和信息。数据模型是数据库系统的核心和基础。现实世界中客观对象的抽象过程如图 4-6 所示。

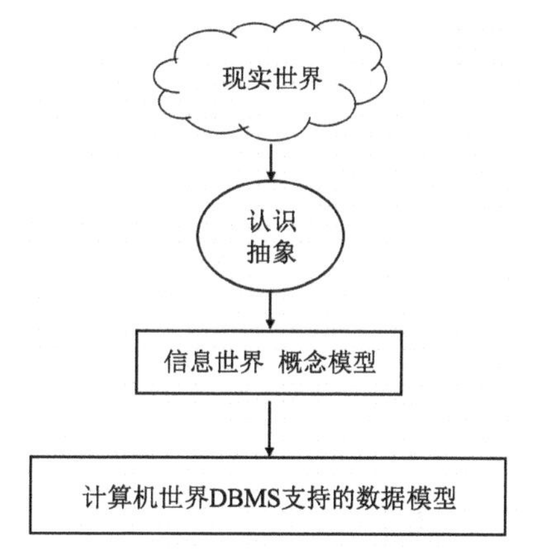

图 4-6 现实世界中客观对象的抽象过程

数据模型应满足三方面要求：一是能比较真实地模拟现实世界；二是容易为人所理解；三是便于在计算机上实现。一种模型很难全面地、很好地满足这三方面的要求，因此在数据库系统中针对不同的使用对象和应用目的，在不同的层次采用不同的数据模型。

4.3.1 数据模型的分类

数据模型按不同的应用层次分成三种类型，分别是概念数据模型、逻辑数据模型、物理数据模型。

1. 概念数据模型

概念数据模型简称概念模型，也称信息模型，它是按用户的观点来对数据和信息建模，用于数据库设计。它与具体的计算机系统无关，且独立于任何 DBMS，容易向 DBMS 所支持的逻辑数据模型转换。常见的概念模型有实体-联系模型（简称 E-R 模型）。

2. 逻辑数据模型

逻辑数据模型简称逻辑模型，是数据抽象的中间层，既要面向用户，又要面向系统，描述数据整体的逻辑结构，主要用于数据库管理系统的实现。常见的逻辑数据模型有网状模型、层次模型、关系模型、面向对象数据模型、对象关系数据模型、半结构化数据模型等。

3. 物理数据模型

物理数据模型简称物理模型，是对数据最底层的抽象，用来描述数据在系统内部的表示方式和存取方法，或在磁盘或磁带上的存储方式和存取方法。它不但与具体的 DBMS 有关，而且还与操作系统和硬件有关。每一种逻辑数据模型在实现时都有其对应的物理数据模型。

4.3.2 概念模型

概念模型用于信息世界的建模，是现实世界到信息世界的第一层抽象，是数据库设计人员进行数据库设计的有力工具，也是数据库设计人员和用户之间进行交流的语言。因此概念模型一方面应该具有较强的语义表达能力，能够方便、直接地表达应用中的各种语义知识，另一方面它还应该简单、清晰、易于用户理解。

1. 信息世界中的基本概念

（1）实体（Entity）

客观存在并可相互区别的事物称为实体。实体可以是具体的人、事、物或抽象的概念或联系。例如，一个学生、一名教师、一间教室、一栋建筑物、教材的一次订购等都是实体。

（2）属性（Attribute）

实体所具有的某一特性称为属性。一个实体可以由若干个属性来描述。例如，教师实体可以由工号、姓名、性别、入职时间、职称、院系等属性组成，那么（910235，解冰，男，20020815，副教授，计算机系）属性组合可以表示一名教师。

（3）码（Key）

唯一标识实体的属性集称为码。例如工号就是教师实体的码。

（4）实体型（Entity Type）

具有相同属性的实体必然具有共同的特征和性质。用实体名及其属性名集合来抽象和刻画同类实体称为实体型。例如教师（工号、姓名、性别、入职时间、职称、院系）就是一个实体型。

（5）实体集（Entity Set）

同一类型实体的集合称为实体集。例如，学校的全体教师就是一个实体集。

（6）联系（Relationship）

现实世界中事物内部以及事物之间的联系在信息世界中反映为实体（型）内部的联系和实体（型）之间的联系。实体内部的联系通常是指组成实体的各属性之间的联系。实体之间的联系通常是指不同实体集之间的联系。

实体之间的联系常见的有一对一、一对多和多对多三种类型，分别表示为 1:1、1:n、m:n。例如，一个学院只能有一个院长，一个院长只能管理一个学院，学院和院长之间的联系为 1:1；一个学院可以有多名教师，学院和教师之间的联系为 1:n；一名教师可以教多名学生，一个学生也可以由多名教师教授，教师与学生之间的联系为 m:n。

2. 概念模型的表示方法

概念模型的表示方法有很多，其中最常用的是 P. P. S. Shen 于 1976 年提出的实体—联系方法，该方法用 E-R 图来描述现实世界的概念模型，所以 E-R 方法也称 E-R 模型。

构成 E-R 图的三个基本要素是实体型、属性和联系，其表示方法为：

- 实体用矩形表示，在矩形框内填写上实体的名称。
- 属性用椭圆表示，在框内填写属性名，并用无向边将属性与实体连接。

- 联系用菱形表示，在菱形框内填写联系名，并用无向边分别与相关实体连接，同时在无向边旁边标注联系的类型（1:1、1:n 或 m:n）。

图 4–7 所示为一个 E–R 图示例。

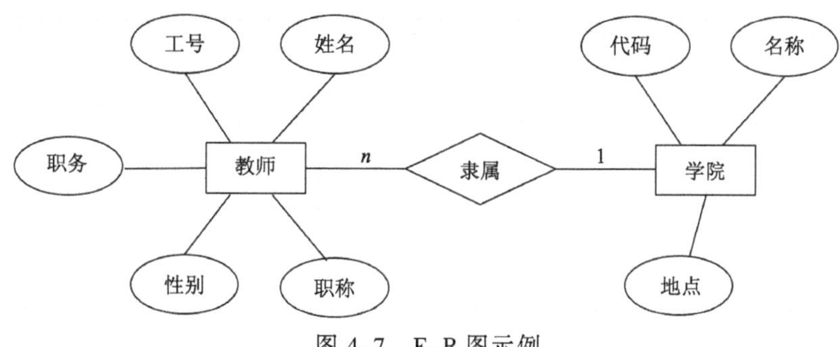

图 4–7　E–R 图示例

4.3.3　数据模型的组成要素

数据模型是严格定义的一组概念的集合。这些概念精确描述了系统的静态特性，动态特性和完整性约束条件。因此数据模型通常由数据结构、数据操作和完整性约束三部分组成。

1. **数据结构**

数据结构用于描述系统的静态特征，包括数据的类型、内容、性质以及数据间的联系等。它是数据模型的基础，也是刻画一个数据模型性质最重要的方面，数据操作和约束都建立在数据结构上。在数据库系统中，人们通常按照其数据结构的类型来命名数据模型。例如，层次模型和网状模型的数据结构分别命名为层次结构和网状结构。

2. **数据操作**

数据操作用于描述系统的动态特征，是指对数据库中各种对象（型）的实例（值）允许执行的操作的集合，主要有数据的查询和更新（包括插入、修改、删除）两大类操作。数据模型必须定义这些操作的确切含义、操作符号、操作规则及实现操作的语言。

3. **完整性约束**

数据的约束条件实际上是一组完整性规则的集合。完整性规则是指给定数据模型中的数据及其联系所具有的制约和存储规则，用以限定符合数据模型的数据库及其状态的变化，以保证数据的正确性、有效性和相容性。例如，教师管理系统中，限制一个教师的工号必须唯一，性别只能是“男”或“女”，年龄的值不能为负等，这些都属于完整性规则。

4.3.4　常用数据模型

1. **层次模型**

层次模型是数据库系统最早使用的一种模型，用树状结构来表示各类实体以及实体间的联系。它的数据结构是一棵“有向树”。根结点在最上端，层次最高，子结点在下，逐层排列，如图 4–8 所示。层次模型的特点是：

① 有且只有一个结点无父结点，这个结点称为根结点。

② 根以外的其他结点有且只有一个父结点。

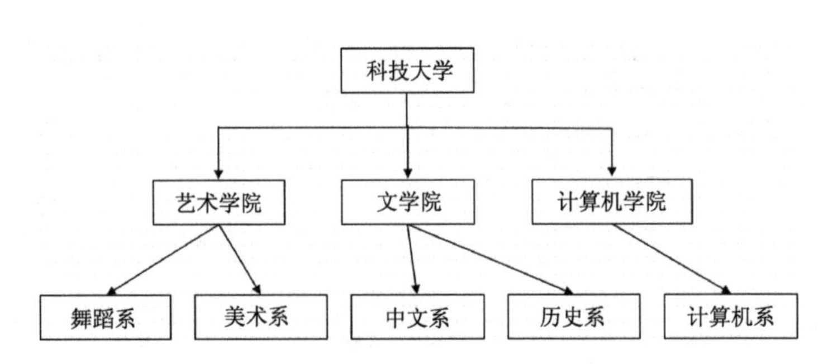

图 4-8　层次模型示例

2. **网状模型**

网状模型以网状结构表示实体与实体之间的联系，网中的每一个结点代表一个记录类型，联系用链接指针来实现。网状模型可以表示多个从属关系的联系，也可以表示数据间的交叉关系，即数据间的横向关系与纵向关系，它是层次模型的扩展，如图 4-9 所示。网状模型可以方便地表示各种类型的联系，但结构复杂，实现的算法难以规范化。网状模型的特点是：

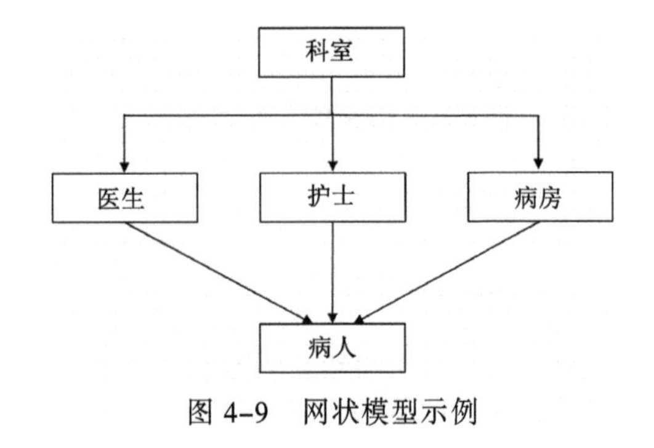

图 4-9　网状模型示例

① 允许结点有多于一个父结点。

② 有一个以上的结点没有父结点。

3. **关系模型**

关系模型是目前最流行的数据库模型，以二维表结构来表示实体与实体之间的联系，操作的对象和结果都是二维表，由行和列组成，如图 4-10 所示。在关系模型中，数据的逻辑结构就是一张二维表，每个二维表又可称为关系。支持关系模型的数据库管理系统称为关系数据库管理系统，如 Access。关系模型的特点是：

① 每一列中的值具有相同的数据类型。

② 行或列的顺序可以是任意的。

③ 表中的值是不可分割的最小数据项。

④ 表中的任意两行不能完全相同。

工号	姓名	性别	入职时间	职称	院系
910732	张肖岚	女	2007年6月	副教授	俄语系
911320	武梦	女	2013年2月	讲师	工商管理系
911814	蔡星麟	男	2018年2月	讲师	计算机系
…	…	…	…	…	…

图 4-10　关系模型示例

4.4 关系数据库

关系数据库，是建立在关系数据库模型基础上的数据库，借助于集合代数等概念和方法来处理数据库中的数据。主流的关系数据库有 Oracle、DB2、SQL Server、Sybase、MySQL 等。

4.4.1 关系术语

1. **关系**

一个关系对应一张二维表，每个关系有一个关系名，称为表名。它存储实体之间的关系，具有行和列，其中行表示记录，列表示特定属性的值集。

2. **元组**

表中的一行即为一个元组，或称为一条记录。一个关系中可以包含若干个元组，但不可以有完全相同的元组。图 4-10 所示的教师关系中包含了 3 条记录。

3. **属性**

表中的一列即为一个属性，也称为字段，给每一个属性起一个名称即属性名或字段名。同一关系中不可以有重复的属性名。

4. **主码**

主码也称主键或主关键字，可以是一个或多个属性，是表中用于唯一确定一个元组的数据。图 4-10 教师关系中的工号可以唯一确定一名教师，是当前关系的主码。在关系数据库中，主码的值不能为空。

5. **外码**

如果关系中的一个或一组属性不是当前关系中的主码，而是另一个关系中的主码，则将其称为当前关系的外码。

6. **域**

域即属性的取值范围。例如图 4-10 教师关系中，性别只能是“男”或“女”。

7. **分量**

分量即元组中的一个属性值，例如图 4-10 教师关系中“俄语系”就是院系的分量。

8. **关系模式**

对关系的描述，一般表示为：关系名（属性 1，属性 2，…，属性 n）。例如，图 4-10 教师关系可描述为：教师（工号、姓名、性别、入职时间、职称、院系）。

关系模型这种简单的数据结构能够表达丰富的语义，描述出现实世界的实体以及实体间的各种关系。

4.4.2 关系运算

在关系数据库中查询数据时，需要进行关系运算。关系的基本运算有两类：一类是传统的集合运算（并、差、交等），另一类是专门的关系运算（选择、投影、连接等）。关系运算的操作对象是关系，运算结果亦是关系。

1. **传统的集合运算**

传统的集合运算要求两个关系的结构相同，执行集合运算后，会得到一个结构相同的新运算。

设有两个关系 R 和 S，它们具有相同的结构，如图 4-11 所示，且相应的属性取自同一个域。

A	B	C
a	b	c
a	d	g
b	c	d

A	B	C
a	b	c
c	d	e
d	h	k

图 4-11　关系 R 和 S

（1）并

R 和 S 的并是由属于 R 或属于 S 的元组组成的集合，运算符为∪，记为 $T=R\cup S$，运算结果如图 4-12（a）所示。

（2）差

R 和 S 的差是由属于 R 但不属于 S 的元组组成的集合，运算符为-，记为 $T= R-S$，运算结果如图 4-12（b）所示。

（3）交

R 和 S 的交是由既属于 R 又属于 S 的元组组成的集合，运算符为∩，记为 $T=R\cap S$，$R\cap S= R-(R-S)$，运算结果如图 4-12（c）所示。

A	B	C
a	b	c
a	d	g
b	c	d
c	d	e
d	h	k

（a）$R\cup S$

A	B	C
a	d	g
b	c	d

（b）$R-S$

A	B	C
a	b	c

（c）$R\cap S$

图 4-12　传统集合运算举例

2. **专门的关系运算**

（1）选择

从关系中找出满足给定条件的那些元组称为选择。选择是从行的角度进行的运算，其条件以逻辑表达式给出，值为真的元组将被选取。例如，从关系 R 中，找出 A=a 的记录并生成新的关系 T，应该进行选择运算，如图 4-13 所示。

R

A	B	C
a	b	c
a	d	g
b	c	d

选择 ⇒

T

A	B	C
a	b	c
a	d	g

图 4-13　选择运算

（2）投影

从关系中挑选若干属性组成新的关系称为投影。投影是从列的角度进行的运算，相当于对关系进行垂直分解。例如，关系 *R* 中，查看 A 列和 B 列的值并生成新的关系 *T*，应该进行投影运算，如图 4-14 所示。

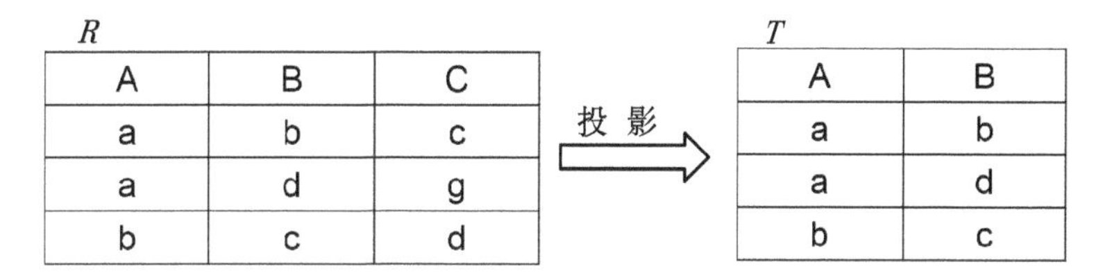

R

A	B	C
a	b	c
a	d	g
b	c	d

投 影 ⇒

T

A	B
a	b
a	d
b	c

图 4-14　投影运算

（3）连接

从多个关系中选取若干个属性间满足一定条件的元组，组成一个新的关系称为连接。连接是关系的横向结合，生成的新关系中包含满足连接条件的元组。

常见的连接运算有两种：等值连接和自然连接。等值连接是选取关系中公共属性值都相等的元组进行的连接。自然连接是一种特殊的等值连接，它要求两个关系中进行比较的分量必须是相同的属性组，并且在结果中把重复的属性列去掉，如图 4-15 所示。

R

A	B	C
a	b	c
a	d	g
b	c	d

S

C	D	E
c	d	e
d	q	x
k	h	g

自然连接 ⇒

T

A	B	C	D	E
a	b	c	d	e
b	c	d	q	x

图 4-15 自然连接运算

4.4.3　关系的完整性

关系的完整性是对关系模型提出的某种约束条件或规则，从而保证数据库中数据的正确性和相容性。关系完整性包括实体完整性、参照完整性和用户定义完整性。

1. **实体完整性**

实体完整性要求关系中的主码不能重复，也不能取空值。空值是指不知道、不存在或无意义的值。关系模型中每一个表就是一个实体，在现实世界中，实体是可区分的，即它们具有唯一标识。实体映射到关系模型后，每个表也应该具有唯一的标识，这个标识称为主码，用于标识表中唯一的元组。例如，教师关系中将“工号”作为主码，可以保证实体完整性。

2. 参照完整性

参照完整性规则是定义建立关系之间的主码和外码的参照约束，是对关系间引用数据的一种限制。若属性（属性组）*F*是关系 *R* 的外码，它与关系 *S* 的主码 *Y* 相对应，则 *R* 中每个元组在 F 上的值要么取 NULL，要么等于 *S* 中对应元组的主码值。*R* 和 *S* 可以是不同的关系，也可以是同一关系。例如，有两个关系：教师（工号，姓名，性别，学院代码）、学院（学院代码，学院名，办公地点），学院代码既是学院关系的主码，又是教师关系的外码，那么教师关系中学院代码属性的取值，需要参照学院关系中学院代码的值，或者为 NULL。

3. 用户定义完整性

用户定义完整性是针对某个具体关系数据库的约束条件，反映某一具体应用所涉及的数据必须满足的语义要求。这一约束机制一般不应由应用程序提供，而由关系模型提供定义并检验，用户定义完整性主要包括字段有效性和记录有效性约束。例如，教师关系中，姓名不能为空，性别只能是“男”或“女”。

4.5 结构化查询语言 SQL

结构化查询语言（Structured Query Language，SQL），是一种高度非过程化编程语言，是对关系型数据库中的数据进行定义和操作的语言方法，被大多数关系型数据库管理系统支持。

4.5.1 数据定义

SQL 的数据定义用于建立和修改数据库及数据库中的各种对象，如表、视图、索引、触发器和存储对象等，包含 CREATE、ALTER、DROP 等语句。

1. CREATE 语句

CREATE 语句用于创建数据库或数据库对象。

创建数据库的语法格式为：

```
CREATE DATABASE<数据库名称>;
```

例如，创建一个名为 mydb1 的数据库，对应的 SQL 语句为：

```
CREATE DATABASE mydb1;
```

创建表的语法格式为：

```
CREATE TABLE <表名>(<字段名 1><类型 1>, …,<字段名 n><类型 n>);
```

例如，创建一个名为 student 的表，包含学号、姓名、性别、年龄和院系属性，学号为主键，对应的 SQL 语句为：

```
CREATE TABLE student (id int (10) primary key,name char(20),sex text(2),age
int (4),dept varchar(16));
```

在 SQL 中，外模式一级数据结构的基本单位是视图（View）。视图是从若干基本表或其他视图构造出来的表，是一个虚拟表，其内容由查询定义。同真实的表一样，视图包含一系列带有名称的列和行数据。但是在数据库中，并不存储视图对应的数据，行和列数据来自由定义视图的查询所引用的表，并且在引用视图时动态生成。创建视图的语法格式为：

```
CREATE VIEW<视图名> [(列名组)] AS <子查询>;
```

2. ALTER 语句

ALTER 语句用于修改数据库或数据库对象。

修改数据库的语法格式为：

```
ALTER DATABASE <数据库名称>;
```

例如，修改数据库 mydb1 的编码为 UTF-8，对应的 SQL 语句为：

```
ALTER DATABASE mydb1 CHARACTER SET UTF8;
```

注意，在 SQL 中 UTF-8 编码不能使用“-”，即 UTF-8 要书写为 UTF8。

修改表的结构包括添加、删除和修改字段属性等。

（1）添加字段

添加字段的语法格式为：

```
ALTER TABLE <表名> ADD <新字段名> <类型>;
```

例如，为 student 表添加班级列（可变长度字符串类型，字段长度 100），对应的 SQL 语句为：

```
ALTER TABLE student ADD (classname varchar(100));
```

（2）删除字段

删除字段的语法格式为：

```
ALTER TABLE <表名> DROP <字段名>;
```

例如，删除 student 表班级列的 SQL 语句为：

```
ALTER TABLE student DROP classname;
```

（3）修改字段

修改字段的语法格式为：

```
ALTER TABLE <表名> ALTER COLUMN <字段名> <类型>;
```

例如，修改 student 表的学号长度为 15，对应的 SQL 语句为：

```
ALTER TABLE student ALTER COLUMN id int (15);
```

3. DROP 语句

DROP 语句用于删除数据库或数据库对象。

删除数据库的语法格式为：

```
DROP DATABASE <数据库名称>;
```

例如，删除名为 mydb1 的数据库，对应的 SQL 语句为：

```
DROP DATABASE mydb1;
```

删除表的语法格式为：

```
DROP TABLE <表名>;
```

例如，删除之前创建的 student 表，对应的 SQL 语句为：

```
DROP TABLE student;
```

删除视图的语法格式为：

```
DROP VIEW <视图名>;
```

4.5.2 数据操作

数据操作用于插入、修改和删除数据库中的数据，其操作对象是表中的记录，包含 INSERT、UPDATE 和 DELETE 语句。

1. INSERT 语句

INSERT 语句用来向表中插入记录，语法格式为：

```
INSERT INTO <表名> [(<字段名 1>,…,<字段名 n>)] VALUES [(值 1),…,(值 n)];
```


例如，向 student 表插入"2019510228，李健清，男性，20 岁，计算机学院"的一条记录，对应的 SQL 语句为：

```
INSERT INTO student (id,name,sex, age, dept) VALUES ('2019510228','李健清',
'男','20','计算机学院');
```

也可以简写为：

```
INSERT INTO student VALUES ('2019510228','李健清','男','20','计算机学院');
```

注意，只有插入全部字段，并且值的顺序与表中的字段顺序一致时，才能省略字段名。

2. UPDATE 语句

UPDATE 语句用来修改表中的记录，语法格式为：

```
UPDATE <表名> SET 字段名 1=值 1[,…,字段名 n=值 n ] [WHERE <条件表达式>];
```

例如，在 student 表中，将李健清的年龄修改为 22，对应的 SQL 语句为：

```
UPDATE student SET age = '22' WHERE name= '李健清';
```

注意，UPDATE 后面只能跟一个表，因为 UPDATE 执行一次只能更新一个表中的记录。

3. DELETE 语句

DELETE 语句用来删除表中的记录，语法格式为：

```
DELETE FROM <表名> [WHERE <条件表达式>];
```

例如，删除 student 表学号为 2019511376 的记录，对应的 SQL 语句为：

```
DELETE FROM student WHERE id='2019511376';
```

4.5.3 数据查询

在数据库中，数据查询是通过 SELECT 语句来完成的。SELECT 语句可以从数据库中按用户要求检索数据，并将查询结果以表格的形式返回。它可以进行简单的数据查询，还支持条件过滤、分组、排序、合并、嵌套查询等。SELECT 完整的语法格式如下：

```
SELECT [ALL | DISTINCT] <目标表达式> [,<目标表达式>,...]
[INTO <新表名>]
FROM <表名或视图名> [,<表名或视图名>,...]
[WHERE<条件表达式>]
[GROUP BY <字段名 1>[HAVING<条件表达式>]]
[ORDER BY <字段名 2>[ASC| DESC]]
```

各语句的具体含义如下：

SELECT 子句：指定查询并返回的字段。

INTO 子句：创建新表并将查询结果存储到新表中。

FROM 子句：是 SELECT 语句中必不可少的子句，用于指定引用的字段所在的表或视图。如果对象不止一个，那么它们之间用逗号隔开。

WHERE 子句：用于设置查询的条件。如果 SELECT 语句没有 WHERE 子句，DBMS 默认目标表中的所有行都满足搜索条件。

GROUP BY 子句：对查询结果按指定字段的值分组，该字段值相等的元组为一个组。

HAVING 子句：通常与 GROUP BY 子句一起使用，对分组查询设置限制条件。

ORDER BY 子句：对查询结果表按指定字段值的升序（Asc）或降序（Desc）排序。

SELECT 语句功能非常强大，使用方法十分灵活，可以实现复杂的数据查询，下面举例介绍使用方法。

1. **单表查询**

（1）查询全部记录

例如查询 student 表中的全部记录，SQL 语句为：

```
SELECT * FROM student;
```

（2）查询指定字段记录

例如查询 student 表中学生的学号、姓名和性别，SQL 语句为：

```
SELECT id,name,sex FROM student;
```

（3）条件查询

条件查询是通过 WHERE 子句设置查询条件，WHERE 后面的条件可以用>、<、>=、<=、!=等多种比较运算符，多个条件之间可以用 or、and、not 等逻辑运算符连接，还可以进行模糊查询、范围查询和空值查询。

例如查询 student 表中女生且 20 岁以上的学生信息，SQL 语句为：

```
SELECT * FROM student WHERE sex='女' and age>=20;
```

查询所有姓赵的同学信息，SQL 语句为：

```
SELECT * FROM student WHERE name LIKE '赵';
```

查询年龄在 20 到 22 岁之间学生的学号、姓名及院系，SQL 语句为：

```
SELECT id,name, dept FROM student WHERE age BETWEEN 20 AND 22;
```

查询院系为空值的学生信息，SQL 语句为：

```
SELECT * FROM student WHERE dept IS NULL;
```

（4）排序查询

例如查询 student 表中的学生信息并按年龄升序排列，SQL 语句为：

```
SELECT * FROM student ORDER BY age ASC;
```

（5）聚合函数

在 SELECT 语句中可以使用聚合函数，实现数据的统计或计算功能。常用的聚合函数有以下几种：

COUNT()：统计所选数据的记录数。

MAX()：对数值型字段求最大值。

MIN()：对数值型字段求最小值。

SUM()：计算数值型字段的总和。

AVG()：计算数值型字段的平均值。

例如查询 student 表中女生的总人数，SQL 语句为：

```
SELECT COUNT(*) FROM student WHERE sex='女';
```

查询男生的最大年龄，SQL 语句为：

```
SELECT MAX(age) FROM student WHERE sex='男';
```

（6）分组查询

例如查询 student 表中男生和女生的人数，SQL 语句为：

```
SELECT age, COUNT (*) FROM student GROUP BY sex;
```

查询平均年龄超过 22 岁的性别，SQL 语句为：

```
SELECT age FROM student GROUP BY sex HAVING AVG (age) > 22;
```

（7）分页查询

当查询的数据较多时，可以使用 LIMIT 将数据进行分页显示。

例如查询 student 表中的学生信息，分页显示，每页显示 10 条数据，SQL 语句为：

```
SELECT * FROM student LIMIT 0,10;
```

2. 多表查询

利用 SELECT 语句可以实现多个数据表的连接查询。连接查询实际上是通过各个表之间共同字段的关联性来查询数据的，它是关系数据库查询最主要的特征。连接查询语法格式如下：

```
SELECT <表1.字段名1>,<表2.字段名2>,...
FROM <表1>,<表2>,...
WHERE <连接条件>;
```

SQL-92 标准所定义的 FROM 子句的连接语法格式为：

```
FROM 表名 join_type 表名 [ON(连接条件)]
```

连接操作中的 ON（连接条件）子句指出连接条件，它由被连接表中的字段和比较运算符、逻辑运算符等构成。

定义教师—课程数据库，包含以下三个表：

- 教师信息表 Teacher(Tno,Tname,Tsex,Tpro,Tdept)
- 课程信息表 Course(Cno,Cname,Ccredit,Cprd)
- 开课信息表 TC(Tno, Cno,Class,Add)

关系的主码加下画线表示，各个表中的数据示例如图 4-16 所示。

Teacher

工号 Tno	姓名 Tname	性别 Tsex	职称 Tpro	院系 Tdept
910732	张肖岚	男	副教授	英语系
911320	武梦	女	讲师	工商管理系
911814	蔡星麟	女	讲师	计算机系
912046	孙立	男	副教授	数学系

（a）教师信息表

Course

课程号 Cno	课程名 Cname	学分 Ccredit	先修课 Cpno
1	数据结构	3	
2	高等数学	4	
3	C++程序设计	2	1
4	大学英语	4	
5	线性代数	2	2

（b）课程信息表

TC

工号 Tno	课程号 Cno	授课班级 Class	上课地点 Add
911814	1	19级计算机	第3机房
911814	3	18级软件工程	第5机房
912046	2	19级物联网	公教楼201
912046	5	18级计算机	公教楼620
910732	4	19级应用数学	公教楼315

(c) 开课信息表

图 4-16 教师—课程数据库的数据示例

（1）等值连接

等值连接是指多个数据表之间通过“等于”关系连接起来，产生一个临时表，然后对该临时表进行处理后生成最终结果。

例如查询高等数学授课教师的职称，SQL 语句为：

```
SELECT Tpro FORM Teacher,Course,TC WHERE Teacher.Tno= TC.Tno and
Course.Cno= TC.Cno and Course.Cname='高等数学';
```

（2）非等值连接

非等值连接是指多个数据表之间的连接关系不是“等于”，而是其他关系，如使用>、>=、<=、<、!>、!<和<>等运算符。

例如查询开设两门以上课程的教师姓名，SQL 语句为：

```
    SELECT  Teacher.Tname  FROM  Teacher,TC  WHERE  Teacher.Tno=  TC.Tno  and
COUNT(TC.Tno)>=2;
```

（3）自身连接

一个表自己与自己建立连接称为自身连接。进行自身连接就如同两个分开的表一样，可以把一个表的某一行与同一表中的另一行连接起来。

例如查询每一门课程的先修课课程号。由于是自身查询，连接的两个表的所有属性名都相同，因此使用别名进行区分，分别命名为 FIRST 和 SECOND，SQL 语句为：

```
    SELECT FIRST.Cname, SECOND.Cpno FROM Course FIRST, Course SECOND WHERE
FIRST.Cpno = SECOND.Cno;
```

（4）外连接

前面三种连接只返回满足连接条件的元组，外连接操作以指定表为连接主体，将主体表中不满足连接条件的元组一并输出。外连接分为左外连接、右外连接、全外连接三种。

左外连接包含 LEFT OUT JOIN 左表所有行，如果左表中某行在右表没有匹配，则结果中对应右表的部分全部为空(NULL)。

右外连接包含 RIGHT OUT JOIN 右表所有行，如果右表中某行在左表没有匹配，则结果中对应左表的部分全部为空(NULL)。

完全外连接包含 FULL OUT JOIN 左右两表中所有的行，如果右表中某行在左表中没有匹配，则结果中对应右表的部分全部为空（NULL），如果左表中某行在右表中没有匹配，则结果中对应左表的部分全部为空（NULL）。

例如查询每位教师的开课情况，Teacher 表和 TC 表进行左外连接，SQL 语句为：

```
    SELECT Teacher.Tno,Tname,Tsex,Tpro,Tdept,Cno,Class,Add FROM Teacher LEFT
OUT JOIN TC ON (Teacher.Sno=TC.Sno);
```

3. **嵌套查询**

在 SQL 语言中，一个 SELECT...FROM...WHERE 语句叫作查询块，把一个查询块嵌套在另外一个查询块的 WHERE 子句或 HAVING 子句中，称为嵌套查询。其中外层查询也称为父查询，内层查询也称子查询。

例如查询图 4-16 所示的数据库中比教师武梦工号大的教师姓名、职称和院系，SQL 语句为：

```
    SELECT Tname,Tpro,Tdept FROM Teacher WHERE Tno > (SELECT Tno FROM Teacher
WHERE Tname='武梦');
```

SQL 语言允许多层嵌套查询，即在一个子查询中还可以嵌套其他子查询。子查询的 SELECT 语句不能使用 ORDER BY 子句，ORDER BY 子句只能对最终查询结果排序。

（1）带有 IN 谓词的子查询

嵌套查询中，子查询的结果往往是一个集合，所以 IN 是嵌套查询中最常用的谓词。

例如查询课程号为 3 的开课教师的姓名、职称，SQL 语句为：

```
    SELECT Tname,Tdept FROM Teacher WHERE Tno IN (SELECT Tno FROM TC WHERE
Cno='3');
```

本例中，子查询的查询条件不依赖父查询，称为不相关子查询。若子查询条件依赖于父查询，则称为相关子查询。

（2）带有比较运算符的子查询

带比较运算符的子查询是指父查询与子查询之间通过比较运算符进行连接。当确切知道子查询返回的是单值时，可以用 = 、<、 >、 != 、>=、 <=等比较运算符连接。

例如上面的例子，我们知道子查询的结果返回一个值，就可以用=代替 IN，SQL 语句为：

```
    SELECT Tname,Tdept FROM teacher WHERE Tno = (SELECT Tno FROM TC WHERE
Cno='3');
```

（3）带有 ANY（SOME）或 ALL 谓词的子查询

子查询返回单值时可以用比较运算符，当返回多值时，就要使用 ANY(SOME)或者 ALL 谓语修饰词。使用 ANY 或 ALL 谓词时必须同时使用比较运算，语义为：

>ANY：大于子查询结果中的某个值。

>ALL：大于子查询结果中的所有值。

<ANY：小于子查询结果中的某个值。

<ALL：小于子查询结果中的所有值。

>=ANY：大于等于子查询结果中的某个值。

>=ALL：大于等于子查询结果中的所有值。

<=ANY：小于等于子查询结果中的某个值。

<=ALL：小于等于子查询结果中的所有值。

=ANY：等于子查询结果中的某个值。

=ALL：等于子查询结果中的所有值（通常没有实际意义）。

!=（或<>）ANY：不等于子查询结果中的某个值。

!=（或<>）ALL：不等于子查询结果中的任何一个值。

例如，查询 Course 表中，学分低于最高学分的所有课程的名称和学分，SQL 语句为：

```
    SELECT Cname,Ccredit FROM Course WHERE Ccredit <ANY (SELECT Ccredit FROM
Course);
```

这个子查询依赖于父查询，是相关子查询。

上述 SQL 语句也可以用聚集函数来实现，SQL 语句为：

```
    SELECT Cname,Ccredit FROM Course WHERE Ccredit < (SELECT MAX(Ccredit) FROM
Course);
```

（4）带有 EXISTS 谓词的子查询

EXISTS 代表存在量词，带有 EXISTS 的子查询不返回任何数据，只产生逻辑真值 TRUE

或者逻辑假值 FALSE。使用 EXISTS 的嵌套查询语句，若内层查询结果非空，则外层的 WHERE 子句返回真值，否则返回假值。

例如查询课程号为 3 的开课教师的姓名、职称，SQL 语句为：

```
    SELECT Tname,Tdept FROM Teacher WHERE EXISTS (SELECT * FROM TC WHERE
Teacher.Tno= TC.Tno and Cno='3');
```

由 EXISTS 引出的子查询，其目标列表达式通常都用 * ，因为带 EXISTS 的子查询只返回真值或假值，给出列名无实际意义。

EXISTS 与 IN 子查询的区别：IN 子查询会遍历 TC 表中所有记录进行筛选，EXISTS 子查询找到一条记录就返回，不会遍历整个表，所以带 EXISTS 的子查询是一个优质查询。

与 EXISTS 谓词对应的是 NOT EXISTS 谓词，使用 NOT EXISTS 谓词后，若内层查询结果非空，则外层的 WHERE 子句返回假值，否则返回真值。

一些带 EXISTS 或 NOT EXISTS 谓词的子查询不能被其他形式的子查询等价替换，但所有带 IN 谓词、比较运算符、ANY 和 ALL 谓词的子查询都能用带 EXISTS 谓词的子查询等价替换。

习题

一、选择题

1. 下列四项中说法不正确的是（　　）。
   A. 数据库避免了一切数据的重复　　B. 数据库中的数据可以共享
   C. 数据库系统实现整体数据的结构化　　D. 数据库具有较高的数据独立性
2. 数据库管理系统（DBMS）是（　　）。
   A. 一个完整的数据库应用系统　　B. 一组硬件
   C. 一组系统软件　　D. 既有硬件，也有软件
3. 具有数据冗余度小，数据共享以及较高数据独立性等特征的系统是（　　）。
   A. 文件系统　　B. 数据库系统　　C. 管理系统　　D. 高级程序
4. 数据库三级模式体系结构的划分，有利于保持数据库的（　　）。
   A. 数据独立性　　B. 数据安全性　　C. 结构规范化　　D. 操作可行性
5. 不属于实体之间联系的常见类型是（　　）。
   A. 一对一联系　　B. 一对多联系　　C. 多对多联系　　D. 多对一联系
6. 下列叙述正确的为（　　）。
   A. 主码是一个属性，它能唯一标识一列
   B. 主码是一个属性，它能唯一标识一行
   C. 主码是一个属性或属性集，它能唯一标识一列
   D. 主码是一个属性或属性集，它能唯一标识一行
7. 在关系 R（R_1,RN,S_1）和 S（S_1,SN,SD）中，R 的主码是 R_1,S 的主码是 S_1,则 S_1 在 R 中称为（　　）。
   A. 外码　　B. 候选码　　C. 主码　　D. 超码
8. 关系数据库中的码是指（　　）。

A. 能唯一关系的字段　　B. 不能改动的专用保留字

C. 关键的很重要的字段　　D. 能唯一表示元组的属性或属性集合

9. 自然连接是构成新关系的有效方法。一般情况下，当对关系 R 和 S 使用自然连接时，要求 R 和 S 含有一个或多个共有的（　　）。

A. 元组　　B. 行　　C. 记录　　D. 属性

10. SQL 语言通常称为（　　）。

A. 结构化定义语言　　B. 结构化控制语言

C. 结构化查询语言　　D. 结构化操纵语言

二、填空题

1. DBMS 的中文全称是__________。

2. 数据库系统的三级模式分别是__________、__________和__________。

3. E-R 图的三要素是：实体、__________和联系。

4. 数据库中传统的三种数据模型为：__________、网状模型和关系模型。

5. __________模型是面向信息世界的，它是按用户的观点对数据和信息建模；__________模型是面向计算机世界的，它是按计算机系统的观点对数据建模。

6. 实体联系模型中三种联系是__________、__________、__________。

7. 在传统集合运算中，假定有关系 R 和 S，运算结果为 RS。如果 RS 中的元组既属于 R 也属于 S，则 RS 是__________运算的结果。

8. 数据库完整性约束包括实体完整性约束、__________和用户自定义完整性约束。

9. 在 SELECT 命令中进行查询，若希望查询的结果不出现重复元组，应在 SELECT 语句中使用__________保留字。

10. 数据库管理系统能实现对数据的查询、插入、删除等操作，这是数据库的__________功能。

三、简答题

1. 什么是 E-R 图？E-R 图的基本要素是什么？

2. 简述数据模型的概念、作用和组成要素。

3. 简述关系模型的完整性规则。在参照完整性中，为什么外码属性值也可以为空？

四、操作题

1. 设某大学教务管理系统中数据库有三个实体集：“课程”实体集（属性有课程号、课程名称）、“教师”实体集（属性有教师工号、姓名、职称）、“学生”实体集（属性有学号、姓名、性别、年龄）。

设定教师与课程之间是“主讲”关系，每位教师可主讲若干门课程，但每门课程只有一位主讲教师，教师主讲课程将选用某本教材；教师与学生之间是指导关系，每位教师可指导若干学生，但每个学生只有一位指导教师；学生与课程之间是“选课”关系，每个学生可选修若干课程，每门课程可由若干个学生选修，学生选修课程有最终成绩。

（1）试画出 E-R 图，并在图上注明属性、关系类型、实体标识符。

（2）将 E-R 图转换成关系模型，并说明主码。

2. 现有关系数据库中有三个关系，其关系模式为：学生（学号，姓名，性别，年龄，所在系），课程（课程号，课程名，先修课号，学分），选修（学号，课程号，成绩），加下划线的属性为主码。用 SQL 语言实现下列各小题：

（1）查询考试成绩不低于 90 分的学生的学号。

（2）查询选修了“信息技术基础”课程且成绩不及格（成绩<60）的所有学生的学号、成绩。

（3）查询每个选课学生成绩的平均分（显示：学号，平均分）。

（4）查询与段壮柳同学在同一系学习的同学的选课情况（显示：学号，课程号，成绩）。

（5）创建一个学生成绩情况视图 S_SC_C(包括学号，姓名，课程名，成绩)。

第5章 算法与程序设计基础

计算机能做的事情主要分为两种：存储和计算。

当前的计算机把这两种事情做到了极致，当然随着计算机技术的发展，还会做得更好。人们把对自然界和社会生活中的事物的描述转化为符号存储起来，把解决问题的方法和过程转化为算法由计算机来处理。计算机几乎是无所不能的，大到导弹、航天，小到网购、租车甚至是刑侦破案、安全保障等,我们社会生活的方方面面都有着计算机技术的支撑，如果在工作或生活过程中发现了计算机不能处理的事情，那么你可能发现了一个计算机技术发展的新方向。

掌握一门程序设计语言，了解一定的算法知识，可以更好地理解计算机是如何工作的，同时也可以借鉴计算机解决问题的方法去处理日常生活中的问题。

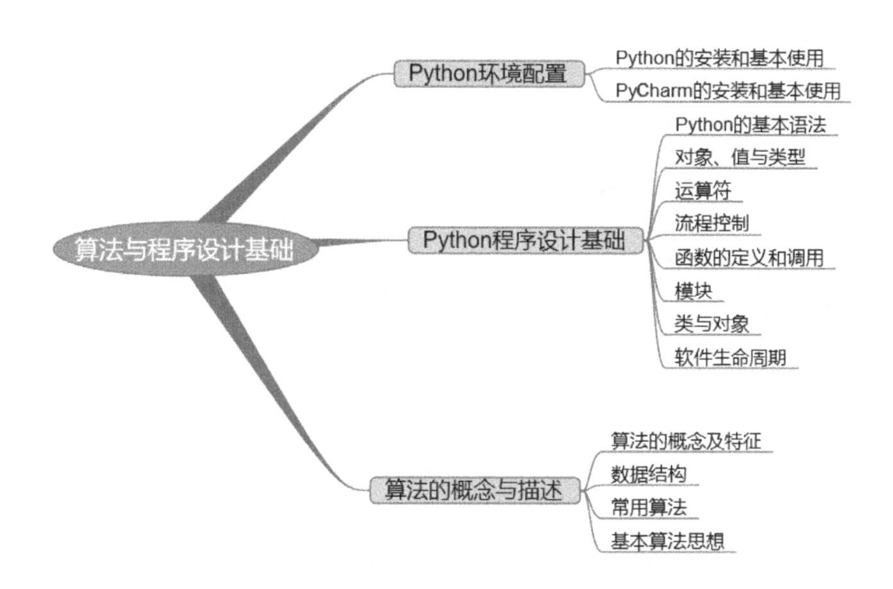

5.1 Python 环境配置

Python 是一种易于学习且功能强大的解释型程序设计语言，可在大多数平台上快速编写程序和开发应用。它提供了高效的高级数据结构，具有简单有效的面向对象编程功能以及其他多种提高编程效率的特性。

5.1.1 Python 的安装和基本使用

Python 几乎可以在任何平台下运行，如 Windows/UNIX/Linux/Macintosh。本书以 Windows10

（64–bit）为系统环境，使用 Python 3.9.5 为例介绍 Python 的基本语法和应用。Python 的下载地址为：https://www.Python.org/downloads/Windows/。安装设置如图 5–1 和图 5–2 所示。

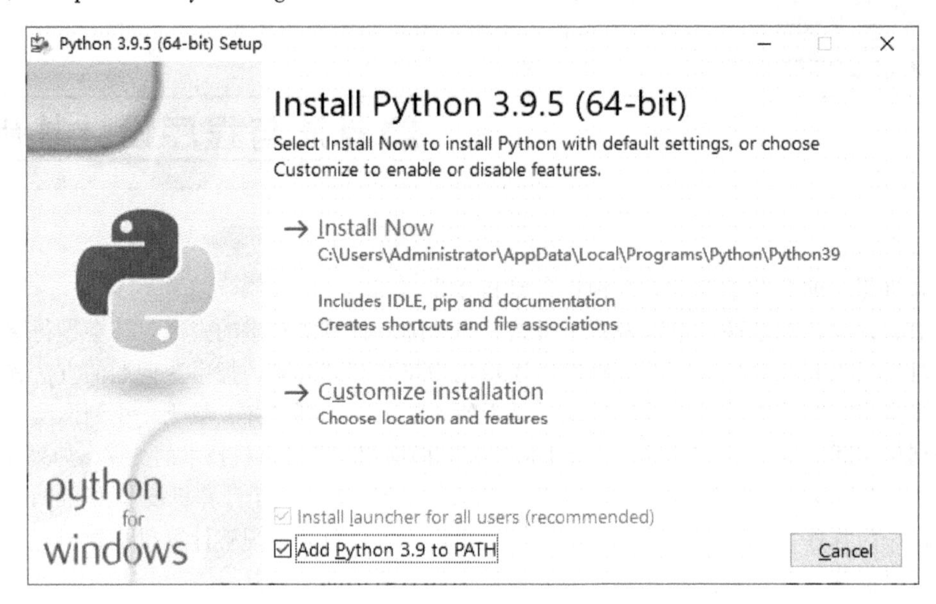

图 5–1　Python 安装时选项

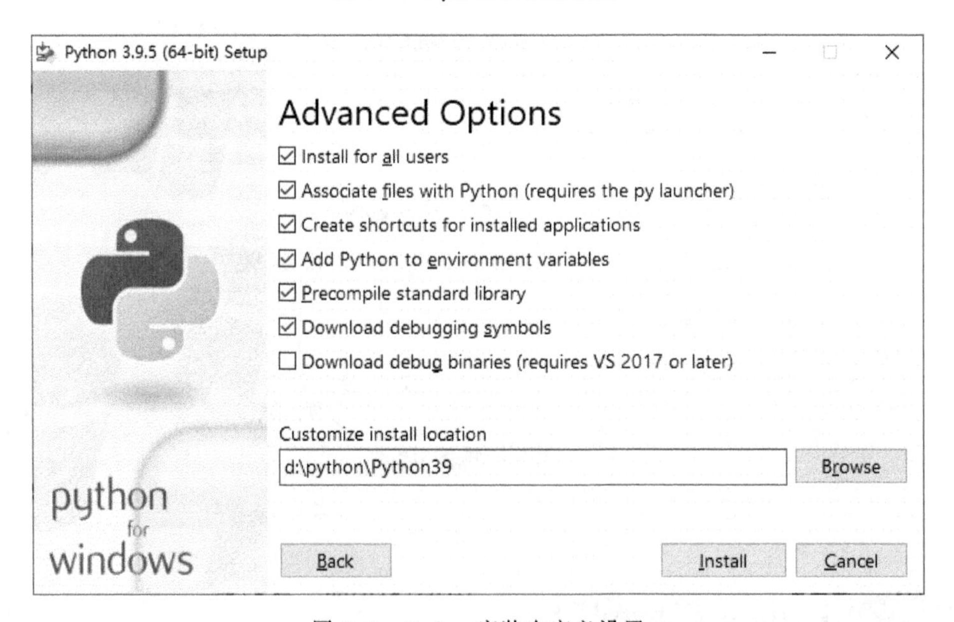

图 5–2　Python 安装自定义设置

安装完成后，在 Windows 10 的 PowerShell 窗口中输入 python 或 py 按回车键即可进入 Python 的命令行窗口，在这里可以用交互方式输入程序代码或运行 Python 程序，按【Ctrl+Z】可退出 Python 命令行窗口，如图 5–3 所示。

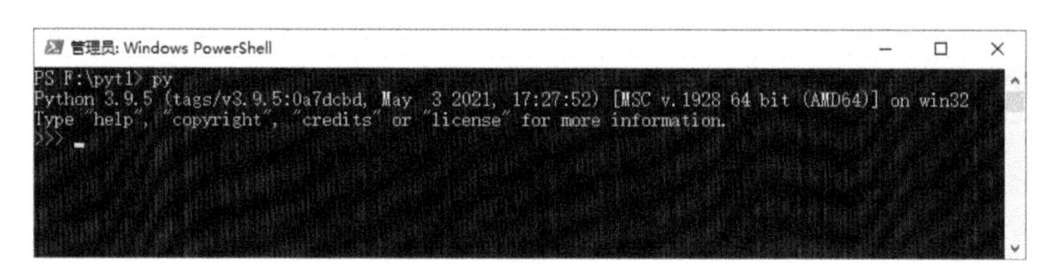

图 5-3　Python 命令行窗口

【例 5-1】 第一个 Python 程序，打印输出 Hello World!。

在 Python 命令行窗口中输入 print('Hello World!')，按回车键执行，可以看到打印出来的 Hello World!字符串。

```
>>>print('Hello World!')
Hello World!
```

【例 5-2】 在 Python 命令行窗口中执行 Windows 系统命令 dir。

```
>>>import os
>>>os.system("dir")
```

说明：import os 语句导入 Python 的 os 包以便执行操作系统命令，os.system("dir")执行 Windows 系统的 dir 命令，其中 dir 命令执行后，可显示当前目录下的文件及文件夹。

【例 5-3】 在 Powershell 窗口运行 Python 程序。

使用 Windows 系统附件中的记事本程序在 D 盘根目录中建立 a.py 文件，文件内容为 print('Hello World!')。在 Windows 10 的 Powershell 窗口执行 Python d:\a.py 命令，可运行 D 盘根目录下的 a.py 程序。

```
D:\>Python d:\a.py
Hello World!
```

说明：在 Windows 10 资源管理器中，按下【Shift】键的同时在文件夹上右击，在弹出的快捷菜单中选择“在此处打开 PowerShell 窗口”命令，打开的 Windows Powershell 窗口的当前目录即为选中的文件夹。

5.1.2　PyCharm 的安装和基本使用

PyCharm 是一种集成开发环境（Integrated Development Environment，Python IDE），它可以运行在 Windows、MacOS 和 Linux 等不同的操作系统平台上。PyCharm 提供高效 Python 开发所需的几乎所有工具，具有智能代码补全、代码检查、实时错误高亮显示、快速修复、自动化代码重构和丰富的导航功能。此外，PyCharm 还提供了 Web 开发、数据库工具、调试测试分析工具、科学计算等多种工具和工具包支持。PyCharm 下载网址：http://www.jetbrains.com/PyCharm/。

1. 安装汉化插件

在 PyCharm 的欢迎界面中选择“Plugins”选项，在右侧“Marketplace”中查找“chinese”，然后选择下方列表中的 Chinese(Simplified)Language Pack 安装，如图 5-4 所示。或在 PyCharm 主界面的菜单栏中选择“File”菜单中的“Setings”命令，在弹出的对话框中选中“Plugins”，然后在对话框右侧选择“Marketplace”查找相应的插件安装即可。安装完成后按提示重新启动 PyCharm，汉化插件生效。

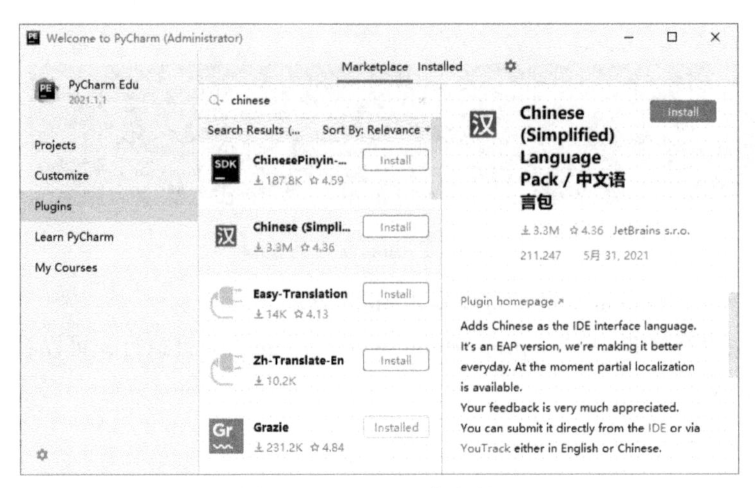

图 5-4　PyCharm 欢迎界面

2. 新建项目

在 PyCharm 的欢迎界面可以很方便地创建项目，项目创建成功后即在磁盘上创建一个文件夹，其中包含了 PyCharm 管理项目所需的一些文件，更重要的是，在项目中新建的程序和资源文件一般都会放在这个文件夹里。

如果安装了多个版本的 Python 解释器，在“新建项目”对话框中单击“Python 解释器”，选择“先前配置的解释器”单选按钮，然后查找先前安装 Python 的位置，可为项目配置不同的 Python 解释器。如图 5-5 所示，在 D 盘 PyCharmProjects 文件夹中创建 PythonProject 项目。

项目创建成功后，PyCharm 自动打开新建的项目，并进入项目管理界面，如图 5-6 所示。在项目管理界面中可以进行一系列的项目管理操作，项目管理界面窗口主要包含菜单栏、项目窗口、编辑窗口及下方用于打开运行、Python 控制台等窗口的命令按钮行。在菜单栏“文件”菜单中可进行项目的新建、打开、重命名、关闭操作，还可进行项目中 Python 程序文件和项目所用到的各种资源的创建操作。在“运行”菜单可进行程序文件的运行、调试等操作。

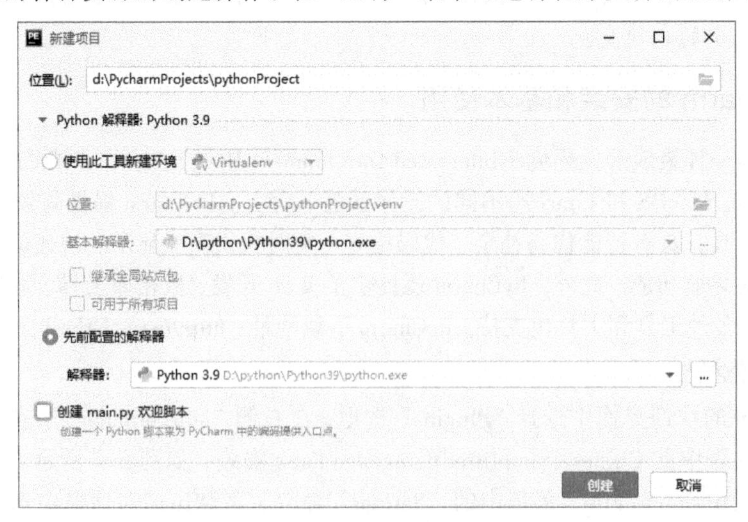

图 5-5　“新建项目”对话框

3. 新建文件

在项目中新建 Python 程序，可以右击项目窗口中的 PythonProject 文件夹，在弹出的菜单中选择“新建”→“Python 文件”命令，如图 5-6 所示。在后继弹出的对话框中输入文件名，例如 hello.py，按回车键即可建立 Python 文件，此时 PyCharm 右侧自动打开新建的文件并进入编辑状态。

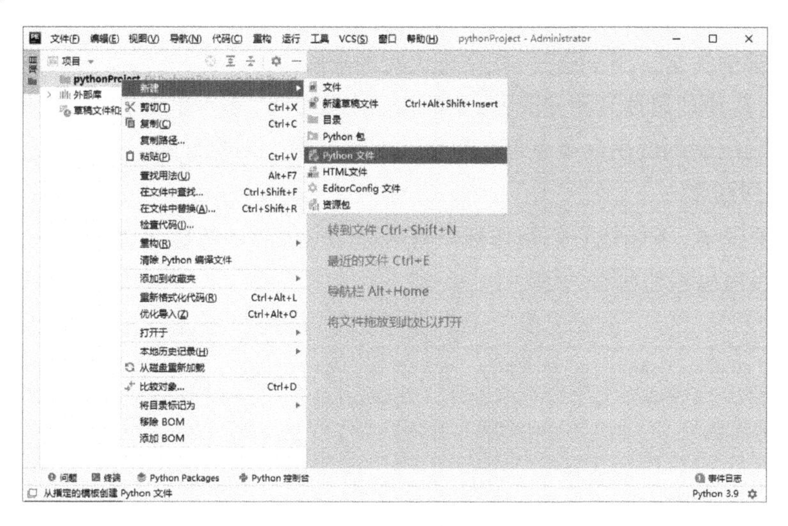

图 5-6 在项目中新建 Python 文件

在 hello.py 的编辑窗口中输入 print("hello world!")并保存，然后选择“运行”菜单，执行“运行”命令，在弹出的运行对话框中选择 hello，PyCharm 会自动打开运行窗口并输出 hello.py 的执行结果。也可以在编辑窗口右击，在弹出的对话框中单击“运行'_hello'(U)”，运行当前编辑的程序。

5.2 Python 程序设计基础

语言的基本组成是一组记号和一组规则。根据规则由记号构成的记号串的总体就是语言。程序设计语言是形式语言，是为了特定应用而人为设计的用精确的数学或机器可处理的公式定义的语言。至今，人们设计了上千种程序设计语言，每种程序设计语言都有各自擅长的领域，但大多数程序设计语言的设计思想都是相通的。和自然语言一样，程序设计语言也包括 3 个方面的因素，即语法、语义和语用。相较于自然语言，程序设计语言有更严格的语法规则。在学习使用 Python 编写程序时我们只讨论它的词法规则即标识符、字符串、数值和运算符的相关规定及语法规则即语句结构的规则，在这里我们混称为语法。

5.2.1 Python 的基本语法

1. 标识符

标识符又称为名称，标识符主要用于定义和使用变量、函数、类、对象、模块等场合。标识符由字母、数字和下画线组成，并且它的第一个字符不能是数字。在 Python 中以下画线开头的标识符有特殊含义，除非特定场景需要，应避免使用以下画线开头的标识符。另外，标识符对大小写敏感。

为了提高程序的可读性和可维护性，在不同的应用场景给标识符命名时有一些约定和习惯，例如：

- 标识符用作模块名时，全部使用小写字母，可以使用下画线分隔多个单词。
- 标识符用作包的名称时，全部使用小写字母，不推荐使用下画线。
- 标识符用作类名时，用单词首字母大写的形式。
- 模块内部的类名，用下画线+首字母大写的形式。
- 函数名、类中的属性名和方法名，全部使用小写字母，多个单词之间可以用下画线分隔。
- 常量命名应全部使用大写字母，单词之间可以用下划线分隔。

2. Python 保留字

保留字即关键字，不能把它们用作标识符名称。Python 的标准库提供了一个 keyword 模块，可以输出当前版本的所有关键字：

```
['False', 'None', 'True', 'and', 'as', 'assert', 'break', 'class',
'continue', 'def', 'del', 'elif', 'else', 'except', 'finally', 'for', 'from',
'global', 'if', 'import', 'in', 'is', 'lambda', 'nonlocal', 'not', 'or', 'pass',
'raise', 'return', 'try', 'while', 'with', 'yield']
```


3. 注释

Python 中单行注释以“#”开头，多行注释可以用成对的 3 个单引号 ''' 或双引号 """ 包裹。以成对的 3 个单引号或双引号包含的内容可通过调用对象的“__doc__”属性使用。

4. 程序书写格式

Python 源程序书写时一般遵循以下规则与习惯。

（1）Python 使用缩进来表示代码块。缩进的空格数是可变的，但是同一个代码块的语句必须包含相同的缩进空格数。

（2）Python 中有首行以关键字开始，以冒号结束，之后跟随一行或多行相对首行缩进的代码构成的复合语句。其中首行之外的语句称为代码组。将首行及后面的代码组称为一个子句（clause）。

（3）Python 通常一行写完一条语句，但如果语句很长，可以使用反斜杠“\”来实现多行语句，在 []、{}或 () 中的多行语句，不需要使用反斜杠“\”。Python 可以在同一行中使用多条语句，语句之间使用分号分隔。

（4）Python 中空行不是语句，但通常用空行分隔函数、子句和代码组，使程序更易读。

5. 输入与输出

Python 中使用 input()函数实现数据的输入，用 print()函数实现输出。print()函数用于格式化输出的开头参数很丰富，这里只做简单的介绍。

【例 5-4】使用 input、print 函数完成输入和输出。

```
#下面的代码在会等待用户输入，然后赋值给变量 x
x=input("请输入一个数字: ")
#下面的代码输出变量 x
print('输入的数学为: ',x)
#其它输出示例
```

```
print("one" , end="")
print("two", end=", ")
print("three",'four', end=" Hi! ")
print()
print("{0:*>25}".format('Python程序设计','第2个字符串'))
```

输出结果为：

```
请输入一个数字：2
输入的数学为： 2
onetwo，three four Hi!
***************Python程序设计
```

说明：

Python3 中 input()函数接受一个标准输入数据，默认返回 string 类型数据。对待纯数字输入时，它返回所输入的数字的相应类型数据。

print()函数默认输出换行，关键字参数 end 可以用来取消输出后面的默认换行，或使用另外一个字符串来取代换行，print()函数能处理多个参数，包括浮点数和字符串。

print("{0:*>25}".format('Python 程序设计','第 2 个字符串'))语句中，print()参数中的花括号{}是占位符，花括号中的第 1 个数字“0”代表后面 format 函数的第一个参数即'Python 程序设计'字符串，“:”后的整数 25，表示输出 25 个字符宽度（一个汉字占一个字符宽度），参数中的“>”表示输出的字符串"Python 程序设计"右对齐，“>”前面的的“*”是填充未占满的空白位置用的字符。

6. Python **文件操作**

Python 使用 open()函数打开、创建文件，并返回文件对象。

open()有两个参数，open(filename, mode)，其中第一个参数 filename 为文件名，第二个参数 mode 为描述文件使用方式的字符串。mode 的值包括'r'，表示文件只能读取；'w'表示只能写入（现有同名文件会被覆盖）；'a'表示打开文件并追加内容，任何写入的数据会自动添加到文件末尾。'r+'表示打开文件进行读写。mode 参数是可选的，省略时的默认值为'r'，其他参数如表 5-1 所示。

表 5-1 Python 中 open()函数使用文件的方式

字　符	意　义
'r'	读取（默认）
'w'	写入，并先截断文件
'x'	排它性创建，如果文件已存在则失败
'a'	写入，如果文件存在则在末尾追加
'b'	二进制模式，处理位图文件可用此方式
't'	文本模式（默认）
'+'	打开用于更新（读取与写入）

open()函数使用方式如下所示：

```
f=open("d:\\a.txt",'r+')          # 打开D盘根目录下a.txt文件，f为文件对象
f.write("Python\n")               # 向文件写入一行字符串，\n为行结束符
```

```
f.close()                              # 关闭文件
```

文件对象支持的方法除了 write()、close()还有 read()、readline()等，常用方法如表 5-2 所示。

表 5-2　文件对象的方法，表中 f 为文件对象

方　法	意　义
f.read()	读取并返回整个文件的内容
f.readline()	从文件中读取单行数据
list(f)或 f.readlines()	以列表形式读取文件中的所有行
f.write(string)	把 string 的内容写入文件，并返回写入的字符数
f.close()	关闭文件
f.closed	判断文件是否关闭

文件对象使用示例如表 5-3 所示。

表 5-3　文件对象使用示例

方　法	意　义
with open('d:\\a.txt') as f: 　　read_data = f.read()	在处理文件对象时使用 with 关键字，会在子句结束后正确关闭文件
for line in f: 　　print(line, end='')	从文件中读取多行时，可以用循环遍历整个文件对象。这种操作能高效、快速利用内存且代码简单
value = ('the answer', 42) s = str(value)　#将元组转换为字符串 f.write(s)	向文件写入对象前，有时需要先把要写入的对象转化为字符串（文本模式）或字节对象（二进制模式）

7. 程序代码示例

【例 5-5】打印 10 个数字。

```
a=0                          # 变量 a 得到了新值 0
while a<10:                  # while 循环：只要它的条件表达式保持为真就会一直执行
    print(a, end=',')
    a=a+1                    # 先计算右边的 a+1，再将计算机结果赋值给 a
```

【例 5-6】输入 3 个数，并将其按大小顺序输出。

```
m=[]                                  # 定义一个以 m 为名称的列表
for i in range(3):                    # for 循环向列表 m 中增加 3 个整数
    x=input('请输入一个数:')
    m.append(x)
m.sort()                              # Python 可以用 sort 函数对列表进行排序
print(m)                              # 打印输出列表 m
```

输出结果为：

```
请输入一个数:2
请输入一个数:6
请输入一个数:3
['2', '3', '6']
```

【例 5-7】打印乘法口诀表。

```
#本例中第一个print()函数中有三个花括号占位符，对应format()函数中的三个参数j、i、i*j
for i in range(1, 10):
    for j in range(1, i+1):
        print('{}x{}={}\t'.format(j, i, i*j), end='')
    print()
```

输出结果为：

```
1x1=1
1x2=2 2x2=4
1x3=3 2x3=6 3x3=9
1x4=4 2x4=8 3x4=12   4x4=16
1x5=5 2x5=10  3x5=15  4x5=20  5x5=25
1x6=6 2x6=12  3x6=18  4x6=24  5x6=30   6x6=36
1x7=7 2x7=14  3x7=21  4x7=28  5x7=35   6x7=42   7x7=49
1x8=8 2x8=16  3x8=24  4x8=32  5x8=40   6x8=48   7x8=56   8x8=64
1x9=9 2x9=18  3x9=27  4x9=36  5x9=45   6x9=54   7x9=63   8x9=72   9x9=81
```

【例 5-8】输出国际象棋的棋盘（黑白格）。

```
import turtle  #导入turtle包以实现绘图功能
step = 40
for i in range(8):
    for j in range(8):
        turtle.penup()
        turtle.goto(i*step,j*step)
        turtle.pendown()
        turtle.begin_fill()
        if(i+j)%2==0:
            turtle.color("white")
        else:
            turtle.color("black")
        for k in range(4):
            turtle.forward(step)
            turtle.right(90)
        turtle.end_fill()
turtle.done()
```

输出结果为：

5.2.2 对象、值与类型

1. Python 中的对象

对象是 Python 程序处理的基本元素，每个对象都有各自的编号、类型和值。一个对象被创建后，它的编号就不会改变，可以将其理解为该对象在内存中的地址。Python 中的对象类型很丰富，对象的类型决定该对象可能的取值及其支持的操作，即对象的属性及其方法。

对象的可变性：值可以改变的被称为可变对象；值不可以改变的就被称为不可变对象。一个对象的可变性是由其类型决定的，例如数字、字符串和元组是不可变的，而字典和列表是可变的。

不同数据类型对象在内存中的存储结构不同，程序执行时会为不同数据类型的对象分配不同长度和结构的存储空间。一个能保存单个值的类型称为标量，而能容纳多个对象的类型称为非标量或容器。

2. Python 中的变量

赋值语句被执行时会创建变量，它把“=”右边的表达式运算结果与“=”左边的变量名绑定。变量是对象的引用或者说是替身，类似于标签，Python 解释器会在内存中为变量所绑定的对象开辟存储空间。我们可以使用变量名来访问对象的属性和方法。

Python 是动态类型语言，其变量的类型是由其绑定对象的类型决定的，给变量重新赋值为不同类型的对象，变量的类型也随即发生改变。Python 解释器执行含有表达式的语句时，才会检查表达式中变量所绑定的对象的类型，并用变量绑定的对象替代变量所在的位置。

Python 中的变量绑定可变对象和不可变对象时有不同的表现，如表 5-4 所示。

表 5-4 Python 中的变量绑定不可变对象和可变对象时的表现

	不可变对象的绑定	可变对象的绑定
1	a = 'Python? '	a=[1, 2, 3, 4]
2	b = 'Python? '	b=a
3	print(a, id(a)) # 输出 a 及其地址	print(a,id(a))
4	a = 'Python! '	a[1]=34
5	print(a, id(a))	print(a,id(a))
6	print(b, id(b))	print(b,id(b))
输出	Python? 40929104 Python! 40930448 Python? 40929104	[1, 2, 3, 4] 3866368 [1, 34, 3, 4] 3866368 [1, 34, 3, 4] 3866368
说明	第 4 行代码前：变量 a 和 b 都绑定为内存中同一个值为'Python? '的字符串对象 第 5 行代码：新开辟内存空间存储'Python! '字符串对象，赋值给变量 a	第 4 行前：a 和 b 都绑定为内存中同一个列表 第 4 行：改变列表的第 2 个元素为整数 34 a 和 b 引用的是同一个列表对象，如果想让 b 变量绑定的列表不变，可以 copy 列表 a 赋值给 b，即在内存中生成另一个列表对象。

3. Python 中的基本数据类型

Python 中的基本数据类型有数字、字符串、列表、元组、字典、集合等，以下我们介绍

Python 中的几个标准数据类型。

（1）None

None 是一个特殊的常量，表示没有值，也就是空值。None 是 NoneType 类型的唯一值。不能创建一个 NoneType 类型的值，但可通过内置名称 None 访问，也可将 None 赋值给变量。在许多情况下它被用来表示空值，例如未显式指明返回值的函数将返回 None。None 的逻辑值为假。

（2）数字（Number）类型

Python 中常用数字类型有四种：整数、布尔型、浮点数和复数，简单的应用如表 5-5 所示。

① int (整数)，如 1，只有一种整数类型 int 。

② bool (布尔型)，如 True 和 False 。

③ float (浮点数)，如 1.23、3E-2 。

④ complex (复数)，如 1 + 2j、 1.1 + 2.2j 。

表 5-5　数字使用示例

Python 表达式	结　果	说　明
5+1.1	6.1	不同类型数值的算术运算
1+ True	2	布尔值参与算术运算，True 为 1，False 为 0
True/False		错误:division by zero
a=1.1 + 2.2j.real	1.1	复数的实数部分赋值给 a
int(a)	1	显式转换为整数
round(355/113,6)	3.141593	表达式的结果保留 6 位小数
float('234')	234.0	创建基于字符串对象的浮点数对象

（3）序列

Python 中的序列类型主要有列表、元组、range 对象和字符串。其中列表属于可变类型，字符串、range 对象和元组是不可变类型。

序列类型支持的操作如表 5-6 所示，在表格中，s 和 t 是具有相同类型的序列，n、i、j 和 k 是整数而 x 是任何满足 s 所规定的类型和值限制的任意对象。

表 5-6　序列类型对象支持的操作

运　算	结　果	说　明
x in s	如果 s 中的某项等于 x 则结果为 True，否则为 False	成员检测
x not in s	如果 s 中的某项等于 x 则结果为 False，否则为 True	成员检测
s + t	s 与 t 相拼接	—
s * n 或 n * s	相当于 s 与自身进行 n 次拼接	若 n 为 0 得到空序列
s[i]	s 的第 i 项，起始为 0	—
s[i:j]	s 从 i 到 j 的切片	—
s[i:j:k]	s 从 i 到 j 步长为 k 的切片	—
len(s)	s 的长度	—
min(s)	s 的最小项	—

续表

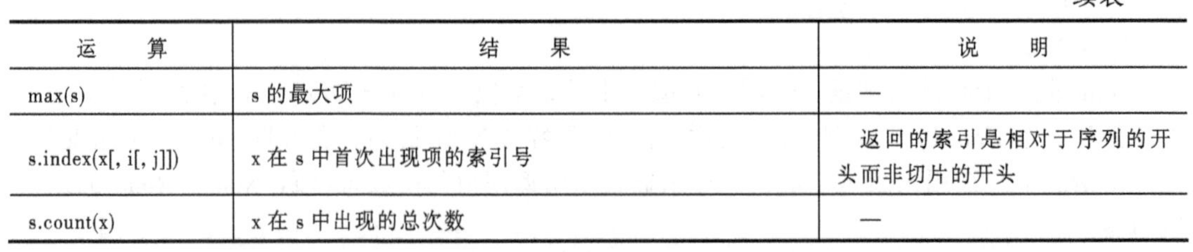

运　　算	结　　果	说　　明
max(s)	s 的最大项	—
s.index(x[, i[, j]])	x 在 s 中首次出现项的索引号	返回的索引是相对于序列的开头而非切片的开头
s.count(x)	x 在 s 中出现的总次数	—

可变序列类型支持的操作如表 5-7 所示，表格中的 s 是可变序列类型的实例，t 是如 range 对象的任意可迭代对象，x 是符合对 s 所规定类型与值限制的任何对象。

表 5-7　可变序列类型支持的操作

运　　算	结　　果	说　　明
s[i]=x	将 s 的第 i 项替换为 x	—
s[i:j]=t	将 s 从 i 到 j 的切片替换为可迭代对象 t 的内容	—
dels[i:j]	等同于 s[i:j]=[]	—
s[i:j:k]=t	将 s[i:j:k]的元素替换为 t 的元素	t 必须与它所替换的切片具有相同的长度
dels[i:j:k]	从列表中移除 s[i:j:k]的元素	—
s.append(x)	将 x 添加到序列的末尾(等同于 s[len(s):len(s)]=[x])	—
s.clear()	从 s 中移除所有项(等同于 dels[:])	—
s.copy()	创建 s 的浅拷贝(等同于 s[:])	—
s.extend(t)或 s+=t	用 t 的内容扩展 s(基本上等同于 s[len(s):len(s)]=t)	—
s.insert(i,x)	在由 i 给出的索引位置将 x 插入 s(等同于 s[i:i]=[x])	—
s.pop([i])	提取在 i 位置上的项，并将其从 s 中移除	可选参数 i 默认为-1，因此在默认情况下会移除并返回最后一项
s.remove(x)	删除 s 中第一个 s[i]等于 x 的项目。	—
s.reverse()	就地将列表中的元素逆序。	不改变原序列

（4）字符串(str)

字符串对象是不可变的序列，单行字符串对象由成对的单引号或双引号指定，多行字符串使用三引号('''或""")指定。Python 没有单独的字符类型，一个字符就是长度为 1 的字符串。

在字符串中使用转义符 \ 和特定的字符组合来表示字符串中包含的换行符、制表符、引号等特殊字符，比如\n 表示换行，\t 表示制表符。

在字符串前加前缀 f 或 F，可以将字符串中的花括号 {} 内的对象的值填充在字符串中。

字符串还有更灵活的 format()方法用于格式化字符串。

字符串对象支持的操作主要有字符串的连接、重复、切片、索引等，简单的使用如表 5-8 所示。

表 5-8　字符串对象使用示例

Python 表达式	结　　果	说　　明
'Python'	'Python'	定义字符串对象'Python'
b="""Python is easy"""	"""Python is easy"""	定义多行的字符串对象赋值给 b
'Py' in 'Python'	True	判断'Py'是否在'Python'中

续表

Python 表达式	结　　果	说　　明
b.split()	['Python','is','easy']	将 b 按空格分隔生成列表
"this is a line　\n"	'this is a line '	\n 换行
f'25 加 3 等于{25+3}'	'25 加 3 等于 28'	对字符串中表达式求值
f'{b} to me'	'Python is easy to me'	
"this " "is " "string"	'this is string'	相邻的两个或多个字符串拼接
str(234)	'234'	从其他对象创建字符串

（5）range 对象

range 类型表示不可变的数字序列，通常用于在 for 循环中指定循环的次数，range 类型对象只能表示符合严格模式的序列。range 类型对象支持大多数序列类的操作，但不支持拼接和重复操作。range 类型对象的定义和简单操作如表 5-9 所示。

表 5-9　range 定义和使用示例

Python 表达式	结　　果	说　　明
range(3)	range(0, 3)	值为 0，1，2
range(1,5)	range(1,5)	值为 1，2，3，4
range(1,9,2)	range(1,9,2)	值为 1，3，5，7
list(range(3))	[0, 1, 2]	把 range 对象转化为列表

（6）元组

一个元组中的条目可以是任意 Python 对象，是不可变的序列。包含两个或以上条目的元组由逗号分隔的表达式构成。只有一个条目的元组可通过在表达式后加一个逗号来构成。一个空元组可通过一对内容为空的圆括号创建。定义元组的表达式及简单使用如表 5-10 所示。

表 5-10　Python 元组使用示例

Python 表达式	结　　果	说　　明
2, 3, 4,或(2, 3, 4)	(2, 3, 4)	创建包含多个元素的元组
2,	(2,)	创建包含 1 个元素的元组
()	()	创建空元组
a=2, 3, 4	(2, 3, 4)	创建元组并绑定给变量 a
len(a)或 len((2, 3, 4))	3	计算元素个数，注意把元组对象做为参数时的写法
(1, 2, 3) + (4, 5, 6)	(1, 2, 3, 4, 5, 6)	连接生成一个新的元组
('Hi!',) * 4	('Hi!', 'Hi!', 'Hi!', 'Hi!')	将只有 1 个元素的元组复制成具有 4 个元素的新元组
3 in (1, 2, 3)	True	判断 3 是否存在于组中
for x in (1, 2, 3): 　　print (x,end=' ')	1 2 3	迭代，依次将元组的值赋值给变量 x
list((2, 3, 4))	[2, 3, 4]	元组转换为列表，也是创建列表的方法

（7）列表

Python 中的列表，是用方括号括起、逗号分隔的一组值。一个列表可以包含不同类型的元素，但通常使用时各个元素类型相同。列表可以嵌套，即列表中的元素也可以是列表。

Python 中列表是可变的，下标和切片标注可被用作赋值和 del（删除）语句的目标，这是它区别于字符串和元组的最重要的特点，一句话概括即：列表可以修改，字符串和元组不能修改。

列表对象支持的方法和简单使用如表 5-11 所示。

表 5-11 Python 列表使用示例

Python 表达式	结果	说明
a = b = [66.5, 3]	[66.5, 3]	创建列表并绑定到变量 a 和 b
a.count(3)	1	列表中 3 的个数
a.insert(2, 1)	[66.5, 3, 1]	在列表第三个位置插入数值 1
a.append(3)	[66.5, 3, 1, 3]	在列表末尾添加数值 3
a.index(3)	1	返回列表中第一个值 3 的元素的索引
a.remove(3)	[66.5, 1, 3]	删除列表中值为 3 的第一个元素
a.reverse()	[3, 1, 66.5]	倒序排列列表中的元素
a.sort(reverse=0)	[1, 3, 66.5]	对列表中的元素进行升序排序
sorted(a,reverse=1)	[66.5, 3, 1]	降序排列并生成新的列表，a 不变
tuple(a)	(1, 3, 66.5)	列表转换为元组，也是创建元组的方法
del a[0]	[3, 66.5]	从一个列表中依索引来删除一个元素
del a[1:1]	[3]	从列表中删除一个切片
del a[:]	[]	清空整个列表
del a		删除变量 a，不能再用 a 引用列表对象
b	[]	变量 b 还可以引用列表，但列表对象已经清空
s='Python' n=[s[x]+str(x) for x in\ range(len(s))] print(n)	['P0', 'y1', 't2', 'h3', 'o4', 'n5']	利用推导式生成列表

Python 基本数据类型中是没有数组类型的，取而代之的是列表和元组，元组就像是加了限制的列表，防止改变不想改变的序列。列表和元组的嵌套可以实现其他语言中的二维数组和多维数组。如果要在 Python 中实现数组定义及其操作，需要引入 numpy 包来处理，比如可用来存储和处理大型矩阵。

引入 numpy 包的语法为：import numpy ，安装 numpy 包使用 pip install numpy 命令。

（8）集合类型

集合对象是无序且有限的，由不重复且不可变对象组成。集合对象不能通过下标来索引。集合对象可被迭代（for），也可用内置函数len()返回集合中的条目数。集合常用于快速成员检测，去除序列中的重复项，以及进行交、并、差等数学运算。

内置集合类型有 set 和 frozenset 两种。set 类型是可变的，其内容可以使用 add()和 remove()

这样的方法来改变。由于是可变类型，它没有哈希值，且不能被用作字典的键或其他集合的元素。frozenset 类型是不可变的，可以被用作字典的键或其他集合的元素。

创建 set 集合用花括号或 set()函数。创建一个空集合，用 set()函数，不能用花括号{}创建。创建 frozenset 集合用 frozenset()函数。

两种类型的集合对象支持的操作不尽相同，集合支持的运算也分运算符版本和非运算符版本。集合对象的简单使用如表 5-12 所示。

表 5-12　集合对象使用示例

Python 表达式	结　果	说　明
basket = {'apple', 'orange', 'apple', 'pear', 'banana'}	{'apple', 'orange', 'pear', 'banana'}	创建集合，删除重复的元素，并绑定给变量 basket
for i in basket: print(i, end=' ')	apple orange pear banana	集合是无序的，每次迭代输出 basket 时，输出顺序是不定的
'orange' in basket	True	检测 'orange' 是否存在在集合 basket 中，对应还有 not in
set(['a', 'b', 'ccdd'])	{'b', 'a', 'ccdd'}	利用 set()函数创建集合
a = set('abrcadbr')	{'c', 'd', 'a', 'b', 'r'}	创建 set 集合并赋值给 a
b = set('alacaza')	{'z', 'l', 'a', 'c'}	创建 set 集合并赋值给 b
frozenset('aacaza')	frozenset({'c', 'a', 'z'})	创建 frozenset 集合
frozenset([2,3,4])	frozenset({2, 3, 4})	—
a - b	{'r', 'b', 'd'}	在 a 中的字母，但不在 b 中
a | b	{'l', 'z', 'a', 'r', 'b', 'c', 'd'}	在 a 或 b 中的字母
a & b	{'a', 'c'}	在 a 和 b 中都有的字母
a ^ b	{'l', 'z', 'r', 'b', 'd'}	在 a 或 b 中的字母，但不同时在 a 和 b 中
a.add('e')	{'e', 'c', 'd', 'a', 'b', 'r'}	为 a 增加一个元素
a.remove('b')	{'e', 'c', 'd', 'a', 'r'}	删除 a 中的一个元素

（9）字典

字典以关键字为索引，关键字类型可以是任意不可变类型，关键字必须互不相同，通常为字符串或数值。字典是无序的键值对的集合。

字典可用包含逗号分隔的键值对的花括号来创建，也可以用 dict()创建。

空的字典可以用空的大括号{}或没有参数的 dict()创建，定义的字典方法很灵活，形式多样，字典支持的操作也很多，字典简单的定义方法和使用如表 5-13 所示。

表 5-13　字典对象使用示例

Python 表达式	结　果	说　明
tel = {'mu':40,'su':41}	{'mu':40,'su':41}	定义一个字典，并绑定给 tel
dict({'on':1,'tw':2})	{'on':1,'tw':2}	定义一个字典
tel['gu'] = 42	{'mu':40,'su':41,'gu':42}	在字典里增加一个键值对
tel['mu']	40	得到字典中键为 mu 的值

续表

Python 表达式	结　果	说　明
del tel['mu']	{'su':41,'gu':42}	将 tel['mu']从 tel 中删除
len(tel)	2	返回字典 tel 中的条目数
list(tel)	['su', 'gu']	返回字典 tel 中键的列表
[x for x in tel.values()]	[41, 42]	推导式方式，以 tel 各项对应的值生成一个列表
p={'na': '张三', 'se': '男'} for k, v in p.items(): print(k, v)	na 张三 se 男	遍历字典中的键值对，输出键名和对应的值
tel.clear()	{}	移除字典中的所有元素
{x:x **2 for x in range(3)}	{0: 0, 1: 1, 2: 4}	利用推导式创建字典

（10）其他需要说明的问题

关于数据类型我们需要了解和讨论几个问题：

Python 程序中的所有数据都是由对象或对象间关系来表示的。对于 Python 的标准数据类型根据其存储结构、可变性及访问方式我们总结如表 5-14 所示。

表 5-14　Python 的标准数据类型小结

数据类型	存储结构	值的可变性	访问方式
数字	标量	不可变	直接访问
字符串	标量	不可变	顺序访问
列表	容器	可变	顺序访问
元组	容器	不可变	顺序访问
字典	容器	可变	映射访问

Python 有一些内置常量，如 None、True、False 等，可以直接使用。Python 中没有提供定义常量所用的标识符，可使用约定俗成的变量名全大写表示一个常量，但这种方式的本质还是变量，并没有真正实现常量。

程序运行过程中有可能需要改变数据的类型，数据类型的转换有显式类型转换和隐式类型转换两种。程序设计语言大多提供了显式类型转换的函数（方法）。我们主要关注隐式类型转换，隐式类型转换是影响程序“内存安全”运行的最主要因素，可能导致更为严重的安全问题。在 Python 程序设计中许多表面看似进行隐式类型转换的操作都由 Python 语言本身的特性规避了，如整数、布尔值与浮点数等不同类型对象的算术运算，给变量重新绑定不同类型的对象等，在 Python 中隐式类型转换的量比较少，相对于其他语言来讲 Python 是一种强类型语言。

5.2.3　运算符

表达式是由运算符、括号和对象（Python 中一切均为对象，这里主要指数据对象、函数等）以有意义的排列方法所得的能求得值的组合，它的计算结果及类型与运算符和参与运算的对象相关。Python 中的运算符有算术运算符、比较运算符、赋值运算符、逻辑运算符、成员运算符等，参与运算的对象不同，部分运算符的意义和结果也有所不同，下面对 Python 中运算符的简要的介绍，只列出了最常见的情况。

1. 算术运算符

Python 的算术运算符如表 5-15 所示。

表 5-15　Python 的算术运算符

运　算　符	描　　述
+	两个数相加，或是字符串连接
-	两个数相减或取两个集合的差集
*	两个数相乘，或是返回一个重复若干次的字符串
/	两个数相除，结果为浮点数（小数）
//	两个数相除，结果为向下取整的整数
%	取模，返回两个数相除的余数
**	幂运算，返回乘方结果

2. 比较运算符

Python 的比较运算符如表 5-16 所示。

表 5-16　Python 的比较运算符

运　算　符	描　　述
==	用于比较两个对象是否相等；如果==运算符两边的值相等，则返回 True，否则返回 False
!=	用于比较两个对象是否不相等；如果运算符左右的值不相等，则返回 True，否则返回 False
>	用于比较两个对象的大小；如果运算符左边的值大于右边的值，则返回 True，否则返回 False
<	同样也是用于比较两个对象的大小;如果运算符左边的值小于右边的值,则返回 True,否则返回 False
>=	用于比较两个对象的大小；如果运算符左边的值大于或等于右边的值，则返回 True，否则返回 False
<=	用于比较两个对象的大小；如果运算符左边的值小于或等于右边的值，则返回 True，否则返回 False

3. 赋值运算符

Python 的赋值运算符如表 5-17 所示。

表 5-17　Python 的赋值运算符

运　算　符	描　　述
=	常规赋值运算符，将运算结果赋值给变量，构成赋值语句
+=	加法赋值运算符，例如 a+=b 等效于 a=a+b
-=	减法赋值运算符，例如 a-=b 等效于 a=a-b
*=	乘法赋值运算符，例如 a*=b 等效于 a=a*b
/=	除法赋值运算符，例如 a/=b 等效于 a=a/b
%=	取模赋值运算符，例如 a%=b 等效于 a=a%b
**=	幂运算赋值运算符，例如 a**=b 等效于 a=a**b
//=	取整除赋值运算符，例如 a//=b 等效于 a=a//b
:=	可构造赋值表达式，可与其它表达式混用

4. 逻辑运算符

表 5-18 为 Python 的逻辑运算符，注意逻辑运算符构成表达式运算的结果值不一定是逻辑值。

表 5-18　Python 的逻辑运算符

运　算　符	描　　述
and	逻辑“与”运算符，返回两个变量“与”运算的结果
or	逻辑“或”运算符，返回两个变量“或”运算的结果
not	逻辑“非”运算符，返回对单个变量“非”运算的结果

5. 位运算符

表 5–19 为 Python 的位运算符，注意如果参与运算的对象是集合时，前三个运算符分别得到两个集合的交集、并集、对称差集。

表 5-19　Python 的位运算符

运　算　符	描　　述
&	按位“与”运算符：参与运算的两个值，如果两个相应位都为 1，则结果为 1，否则为 0
|	按位“或”运算符：只要对应的两个二进制位有一个为 1 时，结果就为 1
^	按位“异或”运算符：当两对应的二进制位相异时，结果为 1
~	按位“取反”运算符：对数据的每个二进制位取反，即把 1 变为 0，把 0 变为 1
<<	“左移动”运算符：运算数的各二进制位全部左移若干位，由“<<”右边的数指定移动的位数，高位丢弃， 低位补 0
>>	“右移动”运算符：运算数的各二进制位全部右移若干位，由“>>”右边的数指定移动的位数

6. 成员运算符

Python 的成员运算符如表 5–20 所示。

表 5-20　Python 的成员运算符

运　算　符	描　　述
in	当在指定的序列中找到值时返回 True,否则返回 False
not in	当在指定的序列中没有找到值时返回 True,否则返回 False

7. 身份运算符

Python 的身份运算符如表 5–21 所示。

表 5-21　Python 的身份运算符

运　算　符	描　　述
is	判断两个标识符是否引自同一个对象，返回结果为逻辑值
is not	判断两个标识符是否引自不同对象，返回结果为逻辑值

8. 运算符优先级

上述 Python 运算符的优先级从高到低排序如表 5–22 所示。

表 5-22　运算符的优先级

运　算　符	描　　述
**	幂
~	按位“取反”
*、/、%、//	乘、除、取模、取整除

续表

运　算　符	描　　述
+、-	加、减
>>、<<	右移、左移
&	按位“与”
^、|	按位“异或”、按位“或”
<=、<、>、>=	比较运算符
==、!=	等于、不等于
=、%=、/=、//=、-=、+=、*=、**=	赋值运算符
is、is not	身份运算符
in、not in	成员运算符
and or not	逻辑运算符

5.2.4　流程控制

在函数内部和类的方法等处理的过程大部分由 3 种流程控制方式组成，即顺序结构、分支选择结构及循环结构，如图 5-7 所示。

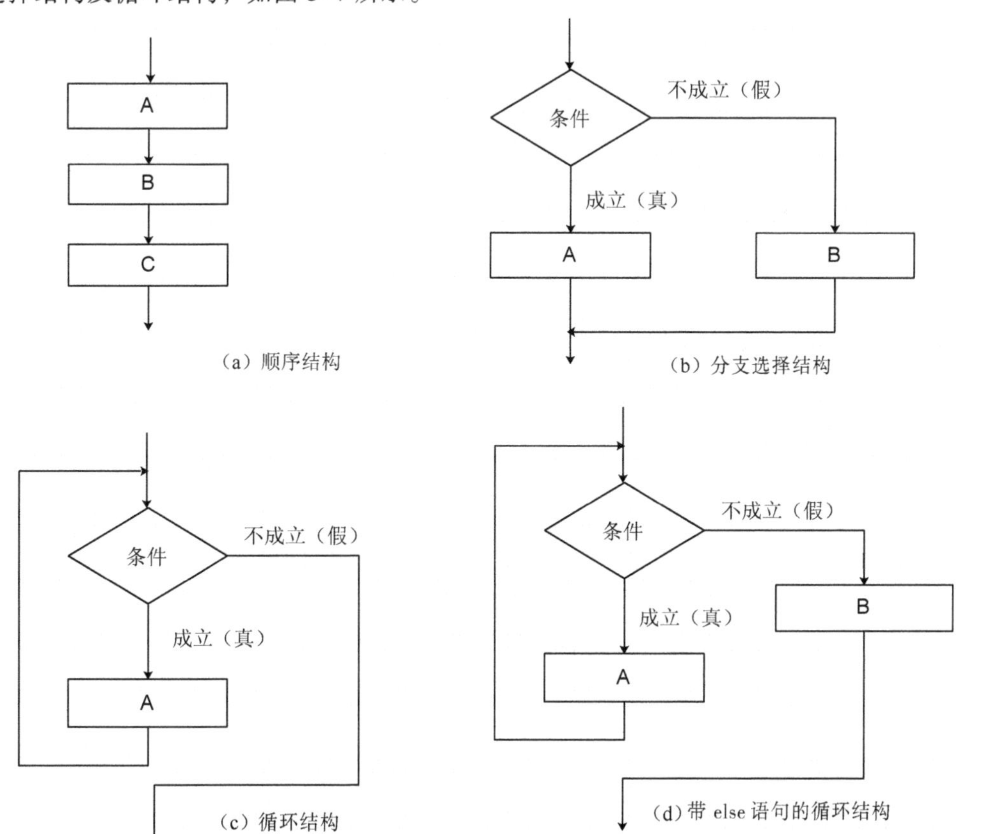

图 5-7　流程控制示意图

顺序结构用来表示一个计算操作序列，按语句的前后顺序执行，直到完成操作序列的最

后一个操作，如图 5-7（a）所示。顺序结构内也可以包含其他控制语句。

选择结构由 if 语句实现，它在两种或多种分支中选择其中一个来执行。选择结构通过指定一个条件表达式，根据条件表达式的值来决定下一步执行哪一个分支，如图 5-7（b）所示。

循环结构可由 for 语句或 while 语句实现，描述了重复计算的过程。通常包括初始化、循环体及退出循环的条件，如图 5-7（c）所示。

If 语句和 while 语句中都用到了条件表达式，其运算结果一般为一个逻辑值，或可当作逻辑值处理的值。

Python 中规定任何非零数值或非空容器都为 True，零、None 和空容器为 False。如表达式结果为字符串或列表等序列时，序列非空就为 True，空序列就为 False。

1. if 语句

if 语句以关键字 if 开始，可以有零个或多个 elif 部分，以及一个可选的 else 部分。if 语句的结构为：


```
if 条件表达式 1:
    代码组 1
[elif 条件表达式 2:
    代码组 2
    …
else:
    代码组 n]
```

【例 5-9】判断输入的值是正数、零还是负数。

```
x=input("请输入一个整数:")
if x<0:
    print('输入的值是负数')
elif x==0:
    print('输入的值是零')
else:
    print('输入的值是正数')
```

Python 中没有其他语言的三目运算符，类似的操作可用条件表达式来实现。

【例 5-10】用条件表达式实现三目运算

```
b,c=5,6               # 赋值语句，将 5，6 依次赋值给 b,c
a=b if b>c else c     # 如果 b>c 将 b 赋值给 a 否则将 c 赋值给 a
print(a)              # 输出结果为 6
```

2. for 循环

for 语句可以对任意序列进行迭代，例如列表、元组或字符串，条目的迭代顺序与它们在序列中出现的顺序一致。如【例 5-12】所示，用 enumerate()函数可同时得到序列的条目及其索引位置。

for 语句的结构为：

```
for 变量列表  in 表达式列表:
    代码组 1
[else:
    代码组 2]
```

表达式列表会被求值一次，它产生一个可迭代对象。else 子句的代码组 2 如果存在将会被执行，并终止循环。

【例 5-11】for 循环输出列表中的元素。

```
words = ['dog', 'window', 'defenestrate']
for w in words:
    print(w, len(w), end= ',')  # 输出结果为: dog 3,window 6,defenestrate 12,
```

【例 5-12】for 循环输出列表中的元素及其索引。

```
for i, j in enumerate(['apple', 'peer', 'dog']):
    print(i, j)
```

输出结果为：

```
0 apple
1 peer
2 dog
```

【例 5-13】遍历 range 对象。

```
for i in range(0, 10, 3):
    print(i,end=' ')  # 输出结果为: 0 3 6 9
```

【例 5-14】结合 range 对象遍历一个字符串。

```
x = 'run'
for i in range(len(x)) :
    print(i, x[i], end=' ')  # 输出结果为: 0 r 1 u 2 n
```

3. while 循环

while 语句用于在条件表达式的值为 True 时重复执行，当条件表达式的值为 False 时结束。

while 语句由关键字 while 和跟随其后的条件表达式及冒号组成的首行，下面缩进的代码组构成的循环体及可选的 else 子句构成。条件表达式的值为 False 时执行 else 子句，如图 5-7（d）所示，其语句结构为：

```
while 条件表达式:
    代码组
[else:
    代码组]
```

【例 5-15】循环 3 次，输出当前循环次数。

```
count = 0
while count < 3:
    print('当前循环次数为第', count , '次')
    count += 1
```

输出结果为：

```
当前循环次数为第 0 次
当前循环次数为第 1 次
当前循环次数为第 2 次
```

循环中还有两个重要的命令 continue、break，continue 用于跳过该次循环，break 则是用于退出循环。此外在 while 循环中条件表达式可以是值为 True 的常量或表达式，表示循环

必定成立，具体用法如【例 5-16】所示。

【例 5-16】continue 和 break 语句示例。

```
# continue 用法
i = 1
while i < 10:
    i += 1
    if i%2 !=0:       # 非双数时跳过输出
        continue
    print(i)          # 输出双数 2、4、6、8、10

# break 用法
i = 1
while 1:              # 循环条件为 1 必定成立
    print(i)          # 输出 1~10
    i += 1
    if i > 10:        # 当 i 大于 10 时跳出循环
        break
```


【例 5-17】带 else 的 while 语句循环示例。

```
# 注意 else 的缩进位置。
count = 0
while count < 5:
   print(count, " 小于 5")
   count += 1
else:
   print(count, " 大于 5")
```

4. pass 语句

pass 语句是一条空语句，它什么也不做，用于占位，保持程序结构的完整性。

5.2.5　函数的定义和调用

函数是一段具有特定功能的、可重用的语句组，函数的定义以关键字 def 开始，后跟函数名称和圆括号，圆括号中为函数的参数。定义函数的表达式为：

```
def 函数名(参数 1，参数 2…):
    代码组
    [return [可选表达式]]
```

函数体的语句从下一行开始，并且必须缩进。函数体的第一个语句可以是字符串。有些工具可使用这些字符串自动生成文档，在编写的代码中包含文档字符串，有利于提高程序的可读性。

调用 Python 函数时，传递给函数的实际参数可按位置传递也可按名称传递。如【例 5-21】，调用 fib2()可写为 fib2(r=True,n=5)、fib2(5)或 fib2(5,False)等几种方式，但调用函数的语句中实际参数不能缺少没有定义默认值的参数。

函数执行时会引入一个保存函数局部变量的新符号表。更确切地说，函数中所有的变量赋值都将存储在局部符号表中；而变量引用会首先在局部符号表中查找，然后是外层函数的局部符号表，再然后是全局符号表，最后是内置名称的符号表。因此，全局变量和外层函数的变量在函数内部可以被引用但不能在函数内部直接赋值(除非是在 global 语句中定义的全局变量，或者是在 nonlocal 语句中定义的外层函数的变量)。

return 语句会从函数内部返回一个值。不带表达式参数的 return 会返回 None。如果函数没有 return 语句，函数执行完毕退出时也会返回 None。

函数也是一个对象，称为函数对象，具有属性。作为对象，它还可以赋值给变量，或者作为参数传递。

【例 5-18】创建一个输出任意范围内斐波那契（Fibonacci）[①]数列的函数。

```
def fib(n):
"""输出任意范围内斐波那契数列"""
    a, b = 0, 1
    while a < n:
        print(a, end=' ')
        a, b = b, a+b
    print()
x=int(input("请输入一个整数: "))
fib(x)
```

【例 5-19】作用域和命名空间示例。

这个例子演示了如何引用不同的作用域和名称空间，以及 global 和 nonlocal 会如何影响变量绑定:

```
def scope_test():
    def do_local():
        spam = "local spam"
    def do_nonlocal():
        nonlocal spam
        spam = "nonlocal spam"
    def do_global():
        global spam
        spam = "global spam"
    spam = "test spam"
    do_local()
    print("After local assignment:", spam)
    do_nonlocal()
    print("After nonlocal assignment:", spam)
    do_global()
    print("After global assignment:", spam)

scope_test()
print("In global scope:", spam)
```

运行结果：

```
After local assignment: test spam
After nonlocal assignment: nonlocal spam
After global assignment: nonlocal spam
```

① 斐波那契（Leonardo Pisano ,Fibonacci, Leonardo Bigollo，1175—1250 年），中世纪意大利数学家，是西方第一个研究斐波那契数的人，并将现代书写数和乘数的位值表示法系统引入欧洲。其写于 1202 年的著作《计算之书》中包含了许多希腊、埃及、阿拉伯、印度、甚至是中国数学的相关内容。

```
In global scope: global spam
```

说明：请注意局部赋值（这是默认状态）不会改变 scope_test 对 spam 的绑定。nonlocal 赋值会改变 scope_test 对 spam 的绑定，而 global 赋值会改变模块层级的绑定。

【例 5-20】 函数中的参数传递。

```
def f1(L1):
    L1[0] = L1[0] + 1
    print('变量 L1 绑定对象与地址: ', L1, id(L1))

def f2(L2):
    print('局部变量 L2 绑定的对象的值与地址: ', L2, id(L2))
    L2 = L2 + 1
    print('当前 L2 绑定对象的值与地址: ', L2, id(L2))
    return L2

a = [1, 2, 3, 4]
b = 1
print('变量 a 绑定对象与地址: ', a, id(a))
f1(a)
print('变量 a 绑定对象与地址: ', a, id(a))
print('变量 b 绑定对象的值与地址: ', b, id(b))
z = f2(b)
print('变量 b 绑定对象的值与地址: ', b, id(b))
print('函数返回的对象的值与地址: ', z, id(z))
```

【例 5-20】运行结果：

```
变量 a 绑定对象与地址:  [1, 2, 3, 4] 41265728
变量 L1 绑定对象与地址:  [2, 2, 3, 4] 41265728
变量 a 绑定对象与地址:  [2, 2, 3, 4] 41265728
变量 b 绑定对象的值与地址:  1 8791180842672
局部变量 L2 绑定的对象的值与地址:  1 8791180842672
当前 L2 绑定对象的值与地址:  2 8791180842704
变量 b 绑定对象的值与地址:  1 8791180842672
函数返回的对象的值与地址:  2 8791180842704
```

【例 5-21】 写一个返回斐波那契数列的函数。

```
def fib2(n,r=True):
    """个返回斐波那契数列的列表"""
    result = []
    a, b = 0, 1
    while a < n:
        # append() 是为列表对象可用的方法; 它在列表末尾添加一个新的元素。
        result.append(a)
        a, b = b, a+b
    if r:
        return result
    else:
        print(result)
```

```
print(fib2(r=True,n=5))
print(fib2(5))
fib2(5,False)
```

运行结果：

```
[0, 1, 1, 2, 3]
[0, 1, 1, 2, 3]
[0, 1, 1, 2, 3]
```

5.2.6　模块

Python 解释器支持交互方式运行 Python 的程序语句，可以在 Python 命令行窗口中输入一行代码，然后直接执行。将程序语句保存在一个以.py 为扩展名的文本文件中，这个文本文件我们称之为脚本，将这个脚本文件作为 Python 解释器输入，可执行这个脚本中的代码。

程序代码太长不方便维护的脚本文件可以拆分成若干个小文件。共用的函数、类等也常存储在单独的脚本文件中，而不是把这些函数复制到每一个程序中去。

Python 可以把定义在其他脚本中的对象及其定义导入到当前的脚本中，也可以在 Python 命令行窗口中使用它们，被导入的脚本文件被称作模块。

模块是一个包含定义和语句的文件。模块名就是这个脚本文件的主文件名。用 import 或者 from...import 来导入相应的模块。

将整个模块导入： import modulename

从某个模块中导入某个函数： from modulename import funcname

从某个模块中导入多个函数： from modulename import firstfunc, secondfunc, thirdfunc

将某个模块中的全部函数导入： from modulename import *

【例 5-22（a）】创建一个名为 fibotest 的新项目，在项目中创建一个名为 fibo.py 的脚本文件，文件中含有以下内容。

```
# 斐波那契数列
def fib(n):
    a, b = 0, 1
    while a < n:
        print(a, end=' ')
        a, b = b, a+b
    print()

def fib2(n):
    result = []
    a, b = 0, 1
    while a < n:
        result.append(a)
        a, b = b, a+b
    return result
if __name__ == '__main__':
print('直接运行，模块文件__name__变量的值为：',__name__)
fib(10)
```

【例 5-22（b）】在项目中创建一个名为 test.py 的脚本文件，文件中含有以下内容。

```
import fibo
fibo.fib(10)
print(fibo.__name__)
fib2 = fibo.fib2        #如果想经常使用某个函数，可以把它赋值给一个局部变量
f=fib2(10)
print(f)
```

运行 fibo.py 结果为：

```
直接运行，模块文件__name__变量的值为： __main__
0 1 1 2 3 5 8
```

运行 test.py 结果为：

```
0 1 1 2 3 5 8
fibo
[0, 1, 1, 2, 3, 5, 8]
```

说明：

- 在 test.py 中第 1 行语句 import fibo 执行后，还不能直接使用 fibo.py 文件中的函数，需要以【模块名.函数名】的形式来使用 fibo.py 中的函数。
- test.py 的第 4 行语句将 fibo.fib2()这个函数绑定给了变量 fib2，这时就可以使用 fib2 这个名称来访问模块中的 fib2()函数了，而不必在函数名称前加模块名。
- 在模块文件 fibo.py 中最后的子句的首行为：if __name__ == '__main__'，其中的__name__的值在直接执行 fibo.py 文件时为__main__，当 fibo.py 被其它的脚本文件当作模块导入后，__name__属性的值就变成了模块名 fibo，如【例 5-22(b)】test.py 脚本中的第 3 行语句的输出。
- 在脚本文件中，可以编写以 if __name__ == '__main__'为首行的子句。在其代码组中加入一些调试代码，比如对脚本中的一些函数的调用，直接运行该脚本文件时，if 语句的条件表达式的值为 True，可以测试脚本中的这些函数是否能够正常运行。当这个脚本文件被当作模块导入到其它脚本中时，由于此时模块的 __name__ 属性值变成了模块名，此时 if 语句的条件表达式的值为 False，调试代码不会被执行。
- 当导入一个模块时，解释器首先在内置模块中寻找该模块对应的脚本文件。如果没有找到，再以解释器配置的 sys.path 变量给出的目录列表里寻找。
- Python 附带了一个标准模块库，一些模块内置于解释器中。还可通过 pip 安装下载更丰富的第三方模块或包。

5.2.7 类与对象

类提供了一种组合数据和功能的方法。创建一个新类意味着创建一个新的对象类型，从而允许创建一个该类型的新实例。类的实例可以拥有保存自己独有的状态属性和改变自己状态的方法。

1. **类定义**

类（Class）用来描述具有相同的属性和方法的对象的集合。它定义了该集合中每个对象所共有的属性和方法。类定义与函数定义一样必须被执行才会起作用。

定义类的子句首行以关键字 class 开始，后面跟随类的名称及冒号，最简单的类定义如下：

```
class 类名称:
    <语句-1>

    <语句-N>
```

2. **类对象**

每一个类都是一个类对象，类对象支持属性引用和实例化两种操作。属性名称是类对象被创建时存在于类中的所有名称。

【例 5-23（a）】新建项目 Area，在项目中新建一个 Python 文件 circlearea.py 并输入以下内容。

```
class CircleArea:
    """一个简单的类示例"""
    PI = 3.1415926   # 数据属性，类变量，类的实例对象共享
    radius=12
radius_list=[1,2,3]
    def area(self): # 如果要引用类的其它属性，函数至少要有一个参数，通常为 self,
                    # 用来指代类对象或实例对象自身，这个参数放在参数列表首位
        return self.PI*(self.radius**2)/2

print(CircleArea.radius)                      #输出为: 12
print(CircleArea.area(CircleArea))            #输出为: 226.1946672
print(CircleArea.__doc__)                     #输出为: 一个简单的类示例
```

说明：

PI、radius、radius_list 是类变量，是可用于类的实例所共享的数据属性。CircleArea.radius 是 CircleArea 类的数据属性引用，返回一个数值。

属于类的函数在定义时如果需要引用类的其他属性，则函数至少要有一个习惯命名为 self 的默认参数，并在调用这个函数时将类对象做为实参传递给此函数，在函数中使用 self.属性名 来引用类的属性。如 CircleArea.area(CircleArea)表达式引用了类对象的函数，此函数引用了类对象的属性 PI 和 radius，此时必须将类对象本身作为参数提供给此函数。如果定义在类中的函数没有引用类的任何其它属性，那么除了引用此函数时需使用类名外，这个函数与定义在类外的普通函数对象的定义和引用方式没有区别。

__doc__属性存在于很多 Python 的对象中，本例输出类 CircleArea 中的文档字符串。

3. **实例对象**

创建一个类的实例对象就是类的实例化。定义一个实例对象的表达式为：x = 类名(参数列表)。

实例对象支持数据属性和方法的引用。实例对象的数据属性像局部变量一样，在第一次被赋值时产生。实例对象的方法是从属于对象的函数，包括类中定义的函数和为实例对象增加的方法。有别于类对象，实例对象中的函数不是函数对象而是方法对象，方法对象的特殊之处就在于实例对象会作为第一个参数被传入方法的参数表中。因此，定义在类中的函数如果调用了类中的其它函数，这时还需要考虑函数的用法，必要时需要判断这个函数是用于普通函数对象的还是作为方法对象引用的。

【例 5-23（b）】继续编辑 circlearea.py 并增加以下内容。

```
x=CircleArea()          # 创建 CircleArea 的新实例并将此对象分配给局部变量 x
y=CircleArea()
```

```
print(x.PI)                 # 打印实例对象 x 的数据属性 PI
x.radius=5
x.xselfz=9                    # 为 x 实例增加一个名为 xselfz 的实例变量
x.xselfunc=lambda x:x**2      # 为 x 实例增加一个名为 xselfunc 的方法(函数)
x.radius_list[0]=6           # 改变类变量 radius_list 第一个元素的值
print('引用 x 实例 xselfunc 方法: ',x.xselfunc(4))
print('x 实例中类变量 radius_list[0]的值: ',x.radius_list[0])
print('输出 x 实例的 radius 属性，调用 x 实例的 area 方法: ',x.radius,x.area())
y.radius=3
print('输出类变量 radius_list 第一个元素的值: ',y.radius_list[0])
print('输出 y 实例的 radius 属性，调用 y 实例的 area 方法: ',y.radius,y.area())
print('x 实例自己的属性: ',x.__dict__)
print('y 实例自己的属性: ',y.__dict__)
```

再次运行 circlearea.py 输出结果为：

```
12
226.1946672
一个简单的类示例
3.1415926
引用 x 实例 xselfunc 方法:  16
x 实例中类变量 radius_list[0]的值:  6
输出 x 实例的 radius 属性，调用 x 实例的 area 方法:  5 39.2699075
输出类变量 radius_list 第一个元素的值:  6
输出 y 实例的 radius 属性，调用 y 实例的 area 方法:  3 14.1371667
x 实例自己的属性:  {'radius': 5, 'xselfz': 9, 'xselfunc': <function <lambda>
at 0x000000000AF9C0D0>}
y 实例自己的属性:  {'radius': 3}
```


说明：

可以给实例对象增加数据属性和方法属性。这些属性只在实例对象的作用域范围内有效。

x.xselfz=9 为实例对象 x 增加了一个数据属性 xselfz 并绑定了一个整数对象。

x.xselfunc=lambda x:x**2 表达式创建了一个匿名函数，并把这个函数绑定给了 x.xselfunc，它有一个形式参数 x 并返回 x 的平方值。

x=CircleArea()语句创建 CircleArea 的新实例对象并将此对象分配给局部变量 x，引用实例对象的方法时会自动将实例对象自身传递给此方法的第一个参数 self ，所以不能在 x.area()的参数列表中再填入 x。

PI、radius、radius_list 是类变量，其中 PI、radius 为不可变对象，对 x.radius 和 y.radius 进行赋值操作会在 x 和 y 实例对象中分别创建一个在各自作用域内的局部变量（实例变量），x 和 y 各自调用的方法 area 中的 self 分别指代 x 和 y 实例对象自己，area 方法中参与运算的 self.radius 优先引用 x 和 y 自身的 x.radius 和 y.radius ，如果不存在，则再到类变量中去查找 。而类中的数据属性 radius_list 为可变对象，在本例中执行 x.radius_list[0]=6 语句后，x 和 y 这两个实例对象共用的类变量 radius_list 发生了变化。

每个对象都有一个__dict__属性，是保存了对象的属性和值的字典。使用 print(x.__dict__)可打印 x 对象的属性字典。

【例 5-23】并不是一个完美的类，通常不把可变类型对象用作类对象中的数据属性（类变量)。实例对象常有一些个性设置，需要在对象的实例化时进行初始化操作，可以在类定义中加入名为__init__()的构造函数，类的实例化操作会自动为新创建的类实例调用这个函数。

【例 5-24】带有初始化方法的类示例。

```
class CircleArea:
    """一个简单的类示例"""
    PI = 3.1415926    # 数据属性，类变量，类的实例对象共享。

    def __init__(self,radius=3):
        self.radius=radius    # 数据属性,实例变量。

    def area(self):    # 因为调用了实例变量，方法中必须有第一个参数，通常为 self。
        return self.PI*(self.radius**2)/2

x=CircleArea(4)
print(x.area())    #输出为: 25.1327408
y=CircleArea()
print(y.area())    #输出为: 14.1371667
```

4. 类的继承与重写

定义一个类的时候，可从现有的类继承，新的类称为子类，而被继承的类称为父类，子类可使用父类的所有方法和属性，子类还可继承父类上层类的属性及方法，即多重继承。

若从父类继承的方法不能满足子类的需求，可对其进行改写、扩展，这个过程叫方法的重写。

子类定义的形式为：

```
class 子类名(父类名):
    <statement-1>
    …
    <statement-N>
```

子类可以没有构造函数，在实例化时直接调用父类的构造函数。子类也可重写构造函数，此时大多需要在子类的构造函数中调用父类的构造函数，其经典写法为：父类名称.__init__(self,参数 1，参数 2，…)。

5.2.8 软件生命周期

从软件工程的角度来讲，把软件存续期间的需求分析、设计、开发、维护，停止使用等整个过程称为软件生命周期。在编写代码的过程中提高程序的可维护性、健壮性可以有效延长软件的生命周期。

为了提高程序的健壮性，使程序在遇到异常情况时正确运行，程序员应该注意程序代码中数据类型的安全性，防止内存泄漏并尽量使用一些错误处理机制来排查错误。

在编写程序的过程中遵循良好的编码风格是提高程序的可读性、可维护性的主要手段之一。

PEP8（Python Enhancement Proposals 8）是大多数 Python 项目所遵循的编码风格指南，以下为重要的几个要点：

- 使用 4 个空格缩进，不要使用制表符。

- 换行，使一行不超过 79 个字符。
- 使用空行分隔函数和类，以及函数内的较大的代码块。
- 如果可能，把注释放到单独的一行，#号需后要加一个空格。
- 使用文档字符串。
- 在运算符前后和逗号后使用空格，但如果逗号后面是小括号，则不用。
- 以一致性的规则命名类和函数，通常用 UpperCamelCase（每个词的首字母都大写）来命名类，而以 lowercase_with_underscores 来命名函数和方法。用 self 命名方法的第一个参数。
- Python 的源程序使用 UTF-8 或纯 ASCII 码编码存储。
- 不要在标识符中使用非 ASCII 字符。

5.3 算法的概念与描述

5.3.1 算法的概念及特征

1. 算法的概念

算法（Algorithm）是对特定问题求解步骤的一种描述，它是指令的有限序列，其中每一条指令表示一个或多个操作。

2. 算法的特性

- 有穷性：算法必须能在执行有限个步骤之后终止。
- 确定性：每一步骤必须有确切的含义。
- 可行性：算法中描述的操作都可以通过基本的可执行的操作实现。
- 输入：一个算法有零个或多个输入。
- 输出：一个算法有一个或多个输出，以反映对输入数据处理后的结果。

3. 算法的复杂度

分析算法的复杂度要从算法的时间复杂度和空间复杂度两个方面入手，一个算法花费的时间与算法中语句的执行次数成正比，哪个算法中语句执行次数多，它花费时间就多。算法需要消耗的内存空间越多，算法的空间复杂度就越大。

处理问题规模为 n 的输入，算法所需要执行语句的次数，记为 T(n)，称为时间频度。

设算法的时间频度为 T(n)，如果存在某个函数 f(n)，使得 T(n)/f(n)的极限值为非零的常数，则称 f(n)是 T(n)的同数量级函数，记作 T(n)=O(f(n))，称 O(f(n))为算法的渐进时间复杂度，简称时间复杂度，这里讨论的算法时间复杂度主要指最坏时间复杂度。

按数量级递增排列，常见的时间复杂度有：常数阶 O(1)，对数阶 $O(\log_2 n)$，线性阶 O(n)，线性对数阶 $O(n\log_2 n)$，平方阶 $O(n^2)$，立方阶 $O(n^3)$，…，k 次方阶 $O(n^k)$，指数阶 $O(2^n)$。随着问题规模 n 的增大，上述时间复杂度依次增大，算法的执行效率依次降低。常见时间复杂度的示例算法和分析如表 5-23 所示。

说明：O 为欧麦克轮，是 Omicron 的首字母，表示取数量级（阶）。

【例 5-25】分析 1+2+3+…+100 的两种算法的时间复杂度。

```
# 算法 1:
for x in range(1,100)
    z+=x
print(z)
# 算法 2:
print((1+100)*100/2)
```

分析：

算法 1 要执行 n（100）次核心语句的运算。

算法 1 的执行次数为 n 即 T(n)=n。

算法 1 的时间复杂度为：T(n)=n=>O(n) 。

算法 2 只执行 1 次核心语句运算。

算法 2 的执行次数为 1 即 T(n)=1。

算法 2 的时间复杂度为：T(n)=1=>O(1) 。

表 5-23　常见时间复杂度的算法示例与分析

时间复杂度	算法示例	分　　析
常数阶 O(1)	i=1 j=100 i+=1 print(i+j)	无论代码执行多少行，只要没有循环等复杂结构，那这段代码的时间复杂度就都是 O(1)
对数阶 $O(\log_2 n)$	i=1 n=100 while i<n i=i*2	只有一层循环并且循环内的语句改变循环条件，使循环次数成倍变少，这段代码的时间复杂度为对数阶 $O(\log_2 n)$分析见本表后说明
线性阶 O(n)	n=100 for i in range(n) j+=1	循环内的代码执行 n 次，执行次数随 n 的变化呈直线变化

线性对数阶 $O(n\log_2 n)$	n=100
	for i in range(n)
	    j=1
	    while j<n
	        j=j*2
		将时间复杂度为 $O(\log_2 n)$的代码执行 n 次，那么它的时间复杂度就是 $n*O(\log_2 n)$即 $O(n\log_2 n)$

平方阶 $O(n^2)$	for i in range(n)
	    j=i
	    while j<n
	        j+=1
		语句 j+=1 的执行次数为 $T(n)=(n^2+n)/2$，从而得到它的时间复杂度为 $O(n^2)$

分析对数阶 $O(\log_2 n)$复杂度的算法：假设循环执行了 x 次后程序结束，那么循环结束时 i 的值为 $i*2^x<=n$，由此得到 $x<=log_2 \frac{n}{i}$，当 n 的值无限大时，i 的值可以忽略不计，通过对数的换底公式，当 n 的值无限大时，对数的底数的值也不再重要，对数阶的时间复杂度习惯记作 $O(\log_2 n)$。

4. 算法的空间复杂度

算法的空间复杂度是指算法需要消耗的内存空间。其计算和表示方法与时间复杂度类似，一般都用复杂度的渐近性来表示。同时间复杂度相比，空间复杂度的分析要简单得多。

5.3.2 数据结构

计算机最广泛的应用领域是信息处理。通过前面章节的学习我们知道对于数值型数据，在计算机中都是以补码来表示和存储的，这样可以将数据的符号位和数值进行统一处理，也可以将减法运算转化为补码的加法运算来实现，相应地简化了运算器的设计。数据在内存中合理巧妙的存储结构和表示方法可以帮助我们更方便地处理数据。高级程序设计语言定义了多种数据类型，规定了与之对应的存储结构、操作规范，这些都是为更容易实现相应的算法，解决现实问题服务的。

1. 数据结构相关概念和术语

数据结构指的是一组数据的存储结构，算法指的是操作数据的一组方法。

数据结构是为算法服务的，算法大多是要作用在特定的数据结构之上的。

常用的数据结构：线性表、栈、队列、树、图等。

常用的算法：递归、排序、二分查找、贪心算法、分治算法、回溯算法、动态规划算法等。

2. 线性表

线性表是由给定的若干数据元素组成的一个有限序列，除第一个元素外，每个元素都有一个且仅有一个直接前驱；除最后一个元素外，每个元素都有一个且仅有一个直接后继。复杂一点的线性表中，一个数据元素可以由若干个数据项组成，在这种情况下，常把数据元素称为记录。常见的线性表有链表、栈、队列等。

顺序存储数据元素的线性表用一组连续的内存空间来存储一组具有相同数据类型的元素。这种结构的线性表支持直接存取其中的任一元素，但是对其中的元素进行删除、插入操作时需要移动元素，执行效率低。

线性表中存储的元素包含本身的数据信息之外还存储着指向下一个元素在内存中的存储位置的信息，这样的数据元素称为结点，结点中的数据信息称为数据域，位置信息称为指针域，这样的线性表称为单链表或线性链表。

链表的元素在内存中的存储单元可以是不连续的。链表在插入、删除结点时只需修改指针不必移动元素，效率比顺序存储的线性表高。链表的内存空间消耗比顺序存储的表大，每个结点都需要额外的内存空间存储后继结点的指针，另外存取数据还需要额外的查找操作。插入、删除结点时要进行内存的申请和释放，容易造成内存碎片。

根据链表中结点指针域存储的位置信息的不同，链表分为单链表，双向链表和循环链表。链表有头指针，指向表中第一个结点，单链表最后一个结点存储的指针指向空地址。有时，在第一个结点前附设一个结点，称为头结点，头结点的数据域为空或存储链表的长度信息，指针域的指针指向原先第一个结点的存储位置，这时单链表的头指针指向头结点。循环链表最后一个结点的指针指向头结点，整个链表形成一个环。双向链表的指针域除了存储其后续结点的指针外还存储其前驱结点的指针。

在含有指针定义的语言中，实现链表是很容易的，但在 Python 中没有指针，一般情况下也不直接操作内存地址。

栈是后进先出的线性表，表的尾端称为栈顶，表的头端称为栈底，只能在栈顶增、删元素。Python 可使用列表实现栈，把元素添加到栈的顶端，使用append()方法。从栈顶部取出元素，使用 pop()方法。

队列是先进先出的表，只能在队首删除元素，在队尾增加元素。在 Python 中可导入 collections 模块实现队列。

【例 5-26】用列表实现栈。

```
stack = [3, 4, 5]
stack.append(6)      # 在栈顶增加元素数字 6
print(stack)
stack.pop()          #在栈顶删除元素数字 6
print(stack)
```

【例 5-27】导入 collections 模块实现队列。

```
from collections import deque
queue = deque(["Eric", "John", "Michael"])
queue.append("Terry")    #在队尾增加元素"Terry"
queue.popleft()          # 队首删除元素
print(queue)
```

3. **树与二叉树**

树形结构是一类重要的非线性数据结构，其中以树和二叉树最为常用，是以分支关系定义的层次结构。树结构在客观世界中广泛存在，如人类社会的族谱和各种社会组织机构；在计算机领域中也有广泛应用，如在编译程序中，可用树来表示源程序的语法结构；在数据库系统中，树形结构也是信息的重要组织形式之一。

（1）树的基本概念

树是 n（n>=0）个结点的有限集，在任意一棵非空树中有且仅有一个称为根的结点。

结点：结点包括一个数据元素及若干指向其他子树的分支。

结点的度：结点所拥有子树的个数称为结点的度。

叶结点：度为 0 的结点称为叶结点，叶结点也称为终端结点。

分支结点：度不为 0 的结点称为分支结点，分支结点又称非终端结点。一棵树中排除叶结点外的所有结点都是分支结点。

祖先结点：从根结点到该结点所经分支上的所有结点。

子孙结点：以某结点为根结点的子树中所有结点。

孩子结点：树中一个结点的子树的根结点称为该结点的孩子结点，孩子结点也称为后继结点。

双亲结点：树中某结点有孩子结点，则这个结点称为它孩子结点的双亲结点，双亲结点也称为前驱结点。

兄弟结点：具有相同双亲结点的结点称为兄弟结点。

树的度：树中所有结点的度的最大值称为该树的度。

结点的层次：从根结点到树中某结点所经路径上的分支也称为该结点的层次，根结点的层次为 1，其他结点层次是双亲结点层次加 1。

树的深度：树中所有结点的层次的最大值称为该树的深度。

有序树与无序树：如果将树中结点的各子树看成是从左至右是有次序的，不能互换的，则称该树为有序树，否则称为无序树。

森林：是若干颗互不相交的树的集合。如果把树的根结点去掉，剩下的互不相交的树就

是森林。

（2）二叉树

二叉树是一种特殊的树型结构，它的特点是每个结点至多有两棵子树（即二叉树中不存在度大于 2 的结点），且二叉树的子树有左右之分，其次序不能任意颠倒（有序树）。

满二叉树：所有分支结点都存在左子树和右子树，而且所有叶子结点都在同一层上的二叉树。

完全二叉树：如果一棵具有 N 个结点的二叉树的结构与满二叉树的前 N 个结点的结构相同，称为完全二叉树，如图 5-8 所示。满二叉树是特殊的完全二叉树。

二叉树的遍历：是遵循某种次序，使得每个结点被访问且仅访问一次的操作。

常见的二叉树遍历顺序有先序遍历、中序遍历、后序遍历、层序遍历。

先序遍历：先访问根结点，再访问左子树，最后访问右子树。

中序遍历：先访问左子树，再访问根结点，最后访问右子树。

后序遍历：先访问左子树，再访问右子树，最后访问根结点。

层序遍历：同一层中按左子树再右子树的次序遍历，从根结点层到叶结点层访问。

4. 图

图是一种重要的数据结构，它可以代表各种结构和系统，从运输网络到通信网络，从细胞核中的蛋白质相互作用到人类在线交互，图结构示例如图 5-9 所示。图中的数据元素通常称为顶点，图是由顶点的有穷非空集合和顶点之间边的集合组成，通常表示为：G(V,E)，其中，G 表示一个图，V 是图 G 中的顶点的集合，E 是图 G 中边的集合。依据图中的边是否有方向，图分为有向图和无向图；依据图中的任意两个顶点是否全部连通，又分为连通图和非连通图。

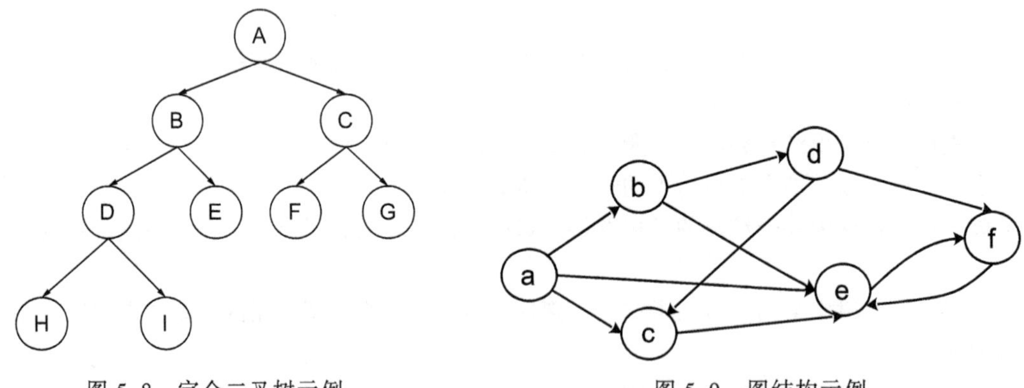

图 5-8　完全二叉树示例　　　图 5-9　图结构示例

图的遍历属于数据结构中的重要内容。它指的是从图中的任一顶点出发，对图中的所有顶点访问且仅访问一次的操作。图的遍历是图的一种基本操作，图的许多其他操作都是建立在遍历操作的基础之上的。

由于图结构本身的复杂性，所以图的遍历操作也比较复杂，主要表现在以下 4 个方面：

（1）在图结构中，没有一个“自然”的首顶点，图中任意一个顶点都可作为第一个被访问的顶点。

（2）从一个顶点出发，可能无法访问到所有顶点，因此还需考虑如何选取另一个出发点以访问图中其余顶点。

（3）在图结构中，如果有回路存在，那么一个顶点被访问之后，有可能沿回路又回到该顶点。

（4）在图结构中，一个顶点可以和其他多个顶点相连，当这样的顶点访问过后，存在如何选取下一个要访问的顶点的问题。

5.3.3 常用算法

1. 递归

程序调用自身的编程技巧称为递归，在函数内部调用自己的函数被称之为递归函数。

递归作为一种算法在程序设计语言中广泛应用，它通常把一个复杂的问题层层转化为一个与原问题相似的规模较小的问题来求解，递归策略只需少量的程序就可描述出解题过程所需要的多次重复计算，大大地减少了程序的代码量。

递归还可用有限的语句来定义对象的无限集合。

一般来说，递归需要有边界条件、递归前进段和递归返回段。当边界条件不满足时，递归前进；当边界条件满足时，递归返回。

【例 5-28】用递归算法求阶乘。

```
def factorial(n):
    ''' n表示要求阶乘的数 '''
    if n==1:
        return n                    #1的阶乘为1,返回结果并退出
    n = n*factorial(n-1)
    return n                        #返回结果并退出
res = factorial(5)                  #调用函数，并将返回的结果赋给res
print(res)                          #打印结果120
```

2. 排序

排序算法是将表中的数据元素以一定的规则按顺序排列的方法。排序算法有非稳定排序算法（包括快速排序、希尔排序、堆排序、直接选择排序等）和稳定排序算法（包括基数排序、冒泡排序、直接插入排序、折半插入排序、归并排序等）。

（1）冒泡排序：利用二重循环，内层循环每次选取一个元素与序列中的剩余需要排序的元素进行比较与交换，内层循环执行一遍就使一个元素浮到剩余需要排序的子序列顶端或底端。

（2）归并排序：先分开再合并，分开成单个元素，合并的时候按照正确顺序合并。

【例 5-29】利用冒泡排序算法对列表[64, 34, 25, 12, 22, 11, 90]进行排序。

```
def bubbleSort(ls):
    n = len(ls)
    # 遍历所有列表元素
    for i in range(n):
        for j in range(0, n-i-1):
            if ls[j] > ls[j+1] :
                ls[j], ls[j+1] = ls[j+1], ls[j]
    return ls

ls = [64, 34, 25, 12, 22, 11, 90]
```

```
lsa=bubbleSort(ls.copy())
print (lsa)  # 输出结果为: [11, 12, 22, 25, 34, 64, 90]
```

【例 5-30】利用归并排序算法对列表[64, 34, 25, 12, 22, 11, 90]进行排序。

```
def merge(a, b):
    c = []
    h = j = 0
    while j < len(a) and h < len(b):
        if a[j] < b[h]:
            c.append(a[j])
            j += 1
        else:
            c.append(b[h])
            h += 1

    if j == len(a):
        for i in b[h:]:
            c.append(i)
    else:
        for i in a[j:]:
            c.append(i)
    return c

def merge_sort(lists):
    if len(lists) <= 1:
        return lists
    mid = len(lists)//2
    left = merge_sort(lists[:mid])
    right = merge_sort(lists[mid:])
    return merge(left, right)
if __name__ == '__main__':
    a = [64, 34, 25, 12, 22, 11, 90]
    b=merge_sort(a)
    print(b)      # 输出结果为: [11, 12, 22, 25, 34, 64, 90]
```

说明：Python 中提供了序列的 sort 方法，多数情况下不需要自己编写排序算法。

【例 5-31】利用列表的 sort 方法对列表[64, 34, 25, 12, 22, 11, 90]进行排序。

```
arr = [64, 34, 25, 12, 22, 11, 90]
arr.sort(reverse=1) #reverse 参数为 0 或空时实现升序排序、非 0 时实现降序排列
print(arr)          # 输出结果为: [90, 64, 34, 25, 22, 12, 11]
```

3. 查找

（1）顺序查找又称为线性查找，是一种最简单的查找方法。适用于线性表的顺序存储结构和链式存储结构。顺序查找从第一个元素开始逐个与需要查找的元素进行比较，当比较到元素值相同时返回找到元素的下标。

【例 5-32】在列表中查找一个元素并返回其下标。

```
def sequential_search(lis, key):
    length = len(lis)
    for i in range(length):
```

```
        if lis[i] == key:
            return i
    else:
        return False

LIST = [1, 5, 8, 123, 22, 54, 7, 99, 300, 222]
result = sequential_search(LIST, 123)
print(result)  #输出结果为: 3
```

（2）二分查找：二分查找又称折半查找，查找目标表中元素必须是按序排列的。如在一个按升序排列的表中查找某个数值，将表中间位置记录的关键字与查找的数值比较，如果两者相等，则查找成功；否则利用中间位置记录将表分成前、后两个子表，如果中间位置记录的关键字大于查找的数值，则进一步查找前一子表，否则进一步查找后一子表。重复以上过程，直到找到满足条件的记录，此时查找成功；若直到子表不存在也没找到满足条件的记录,此时查找不成功。二分查找示意如图 5-10 所示。

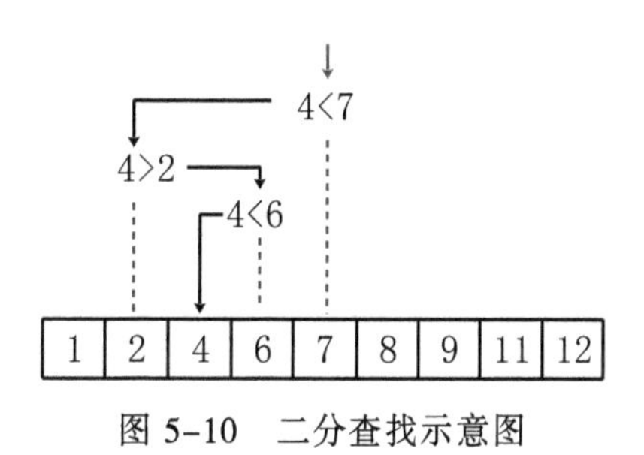

图 5-10　二分查找示意图

【例 5-33】非递归的二分查找。

```
def binary_c(alist, data):
    n = len(alist)
    first = 0
    last = n - 1
    while first <= last:
        mid = (last + first) // 2
        if alist[mid] > data:
            last = mid - 1
        elif alist[mid] < data:
            first = mid + 1
        else:
            return mid
    return -1
```

【例 5-34】递归的二分查找。

```
list1 = [1, 2, 4, 6, 7, 8, 9, 11, 12]

def binary_c(alist, data, end, start=0):
    mid = (end - start) // 2 + start
    if end >= start:
        if alist[mid] > data:
            return binary_c(alist, data, mid - 1, start)
        elif alist[mid] < data:
            return binary_c(alist, data, end, mid + 1)
        elif alist[mid] == data:
            return mid
        else:
            return "没找到"
```

```
    else:
        return "没找到"
print(binary_c(list1, 11, end=len(list1) - 1))
```

基于二分查找的算法还有插值查找、斐波那契查找，除了以上查找算法还有其他基于各种数据结构的查找算法。

4. 迭代

迭代算法是用计算机解决问题的一种基本方法。它利用计算机运算速度快、适合做重复性操作的特点，让计算机重复执行一组指令（或一定步骤），在每次执行这组指令时，都从对象的原值计算出它的新值。

【例 5-35】欧几里得[①]算法：求两个数的最大公约数。

```
def GreatestCommonDivisor(m,n):
    while m != 0:
        m,n=n%m,m
    return n
print(GreatestCommonDivisor(18,2823))  #输出结果为: 3
```


【例 5-36】牛顿迭代法求平方根。

```
class Solution:
    def mySqrt(x):
        if x < 0:
            raise Exception('不能输入负数')
        if x == 0:
            return 0
        # 起始的时候在 1 ，这可以比较随意设置
        cur = 1
        while True:
            pre = cur
            cur = (cur + x / cur) / 2
            if abs(cur - pre) < 1e-6:
                return float(cur)
x=Solution.mySqrt(9)
print(x)   #输出结果为: 3.0
```

5.3.4 基本算法思想

1. 分治算法

在计算机科学中，分治算法是一种很重要的算法，字面上的解释是“分而治之”，就是把一个复杂的问题分成两个或更多的相同或相似的子问题，再把子问题分成更小的子问题，直到最后子问题可以直接求解，原问题的解即所有子问题解的合集。这个技巧是很多高效算法的基础，如排序算法（快速排序，归并排序）。

分治算法所能解决的问题一般具有以下几个特征：

---

① 欧几里得（英文：Euclid；希腊文：Ε υ κ λ ε ι δ η ς ，约公元前 330 年—公元前 275 年），古希腊数学家，被称为“几何之父”。他最著名的著作《几何原本》是欧洲数学的基础，在书中他提出五大公设。欧几里得几何被广泛地认为是历史上最成功的教科书。欧几里得也写了一些关于透视、圆锥曲线、球面几何学及数论的作品。欧几里得算法又称辗转相除法，是指用于计算两个非负整数 a，b 的最大公约数。

（1）该问题的规模缩小到一定的程度就可以容易地解决。

（2）该问题可以分解为若干个规模较小的相同问题。

（3）该问题分解出的子问题的解可以合并为该问题的解。

（4）该问题所分解出的各个子问题是相互独立的，即子问题之间不包含公共的子子问题。

第一条特征是绝大多数问题都可以满足的，因为问题的计算复杂性一般是随着问题规模的增加而增加。

第二条特征是应用分治算法的前提，它也是大多数问题可以满足的，此特征反映了递归思想的应用。

第三条特征是关键，能否利用分治算法完全取决于问题是否具有第三条特征，如果具备了第一条和第二条特征，而不具备第三条特征，则可以考虑用贪心算法或动态规划算法。

第四条特征涉及到分治算法的效率，如果各子问题是不独立的则分治算法要做许多不必要的工作，重复地解决公共的子问题，此时虽然可用分治算法，但一般用动态规划法较好。

2. 贪心算法

贪心算法是指在对问题求解时，总是做出在当前看来最好的选择，不从整体最优上加以考虑，得到的是在某种意义上的局部最优解。

贪心算法不是对所有问题都能得到整体最优解，关键是贪心策略的选择，选择的贪心策略必须具备无后效性，即某个状态以前的过程不会影响以后的状态，只与当前状态有关。

贪心算法的基本思路是从问题的某一个初始解出发一步一步地进行，根据某个优化条件，每一步都要确保能获得局部最优解。每一步只考虑一个数据，它的选取应该满足局部优化的条件。若下一个数据和部分最优解连在一起不再是可行解时，就不把该数据添加到部分解中，直到把所有数据枚举完。

3. 回溯算法

回溯算法又称试探法，先序遍历一棵状态树，当访问到某一结点，发现当前状态并不满足约束条件或达不到目标时，就返回其父结点重新选择，最终找出满足约束条件的解。这里的树并不是在遍历前建立的，而是隐含在遍历过程中的，也称为解空间树。

4. 动态规划算法

动态规划算法是运筹学的一个分支，是求解决策过程最优化的数学方法，适用于解决具有重复子问题和最优子结构的问题。它把求解问题的过程分成若干个相互联系的阶段，每个阶段都有各自的状态。一个阶段的状态确定以后，从该状态演变到下一阶段某个状态的选择依赖于当前状态，又随即引起状态的转移。

动态规划算法的基本思想与分治算法类似，也是将待求解的问题分解为若干个子问题（阶段），按顺序求解子问题并保留最优解，前一子问题的解，为后一子问题的求解提供了有用的信息。依次解决各子问题，最后一个子问题的解就是初始问题的解。

采用动态规划算法求解的问题一般要具有 3 个性质。

（1）最优化原理：如果问题的最优解所包含的子问题的解也是最优的，就称该问题具有最优子结构，即满足最优化原理。

（2）无后效性：对于某个给定的阶段状态，从该状态演变到下一阶段某个状态，只与当前状态有关，不受这个阶段以前各阶段状态的影响。

（3）有重叠子问题：即子问题之间是不独立的，一个子问题的解在下一阶段决策中可能被多次使用到。例如将子问题的解保存在表中，下次需要这个解时直接查表而不是重复求解。

5. 分支限界算法

分支限界算法常以广度优先或以最小耗费优先的方式搜索问题的解空间树，类似于回溯算法，分支限界算法也是在问题的解空间树上搜索问题解的算法。但在一般情况下，分支限界算法与回溯算法的求解目标不同。回溯算法的求解目标是找出解空间树中满足约束条件的所有解，而分支限界算法的求解目标则是找出满足约束条件的一个解，或是在满足约束条件的解中找出某种意义下的最优解。

习题

一、 选择题

1. 以下关于 Python 程序运行效率的描述最准确的是（　　）。
   A. 由于 Python 是解释执行的，所以 Python 程序的运行效率很差
   B. 可用完美实现 JIT 技术的 PyPy 运行 Python 程序，显著提高程序运行效率
   C. 除了基于 C 语言开发的 CPython 外，还可用其他语言开发的 Python 解释器运行 Python 程序
   D. 官方版本的 Cpython 解释器可运行所有的 Python 程序
2. 以下 Python 标识符名称符合其语法规则的是（　　）。
   A. True　　B. Lambda
   C. 9GeBianLiang　　D. _Ni　Hao　Ya_
3. 以下关于 Python 文件操作的描述，错误的是（　　）。
   A. open 函数的参数处理模式'b'表示以二进制方式处理文件
   B. open 函数的参数处理模式'+'表示可以对文件进行读和写操作
   C. readline 函数表示读取文件的下一行，返回一个字符串
   D. open 函数的参数处理模式'a'表示追加方式打开文件，删除已有内容
4. 以下关于 range 对象的说法正确的是（　　）。
   A. Range()函数的参数可以是列表，并将列表显式的转换为 range 对象
   B. range 对象支持切片操作，执行结果仍然是 range 对象
   C. range(3)在内存中存储的是 0、1、2 三个数字构成的不可变序列
   D. range(3)在内存中存储的是 1、2、3 三个数字构成的不可变序列
5. 如果 s=[1, 2, 3, 4]、x=(2,3,5)则 print(s.index(x[0],1,-1))的输出结果为（　　）。
   A. ValueError: 5 is not in list　　B. 2
   C. 1　　D. 无输出
6. 字典 d={'Name': 'Kate', 'No': '1001', 'Age': '20'}，表达式 len(d)的值为（　　）。
   A. 12　　B. 9　　C. 6　　D. 3
7. 关于条件表达式的说法正确的是（　　）。
   A. 条件表达式是由比较运算符或逻辑运算符连接起来的式子，其结果是一个逻辑值

B. 不管是分支选择结构中还是循环结构中，条件表达式的结果不能是容器只能是一个标量

C. 条件表达式中不能包含赋值表达式

D. 条件表达式的结果值为 0 或是空值时被当作 False 来处理

8. 以下程序的输出结果是（　　）。

```
s=''
ls = [1,2,3,4]
for i in ls:
    s += str(i)
print(s)
```

A. 10　　B. 4321　　C. 4,3,2,1　　D. 1234

9. 以下程序的算法的时间复杂度是（　　）。

```
i=1
n=100
while i<n
    i=i*2
```

A. 对数阶 O(log2n)　　B. 线性阶 O(n)

C. 线性对数阶 O(nlog2n)　　D. 平方阶 O(n2)

10. 已知一棵完全二叉树的结点总数为 9 个，则最后一层的结点数为（　　）。

A. 1　　B. 2　　C. 3　　D. 4

二、程序设计题

1. 编写程序，将列表 ls 中的素数去除，并输出去除素数后列表 ls 的元素。请结合程序整体框架，补充横线处代码。

```
def is_prime(n):
    _________    #此处可为多行函数定义代码
ls = [23,45,78,87,11,67,89,13,243,56,67,311,431,111,141]
for i in ls.copy():
    if is_prime(i)== True:
        ________    #此处为一行代码
print(ls)
```

2. 以 123 为随机数种子，随机生成 10 个在 1 到 999（含）之间的随机数，以逗号分隔，打印输出，请补充横线处代码。提示代码如下：

```
import random
_________    #此处为一行代码
for i in range(_________):
    print(_________, end=",")
```

3. 使用 turtle 库的 turtle.right()函数和 turtle.fd()函数绘制一个菱形四边形，边长为 200 像素，请勿修改已经给出的第一行代码，并完善程序。

```
import turtle as t
```

4. 以论语中一句话作为字符串变量s，补充程序，分别输出字符串 s 中汉字和标点符号的个数。

```
s = "学而时习之,不亦说乎?有朋自远方来,不亦乐乎?人不知而不愠,不亦君子乎?"
```

```
n = 0  # 汉字个数
m = 0  # 标点符号个数

________ # 在这里补充代码，可以多行
print("字符数为{}，标点符号数为{}。".format(n, m))
```

5. 我国南北朝时期杰出的数学家、天文学家祖冲之在刘徽开创的割圆术基础上，首次将圆周率精算到小数点后第 7 位，并给出了圆周率的两种分数形式，其中一个为 355/113 的密率。使用割圆术编写程序将一个半径为 1 的圆切割成一个正六边形，并在此基础上继续切割成更小的正多边形，计算多边形的周长进而得到圆的近似周长。

第6章 多媒体技术与应用

20 世纪 80 年代中后期，多媒体技术得到了迅速发展，给传统的计算机领域带来了巨大的变化，并广泛应用于社会生活的各个领域，如教育教学、模拟演练、视频会议以及家庭生活与娱乐等，给人们的生活、学习、工作和娱乐带来深刻的变化。因此，有人把多媒体技术称为计算机技术的又一次革命。视听娱乐的普及、万维网的兴盛、移动通信的流行和电子游戏的火爆，极大地促进了多媒体技术的应用和发展。

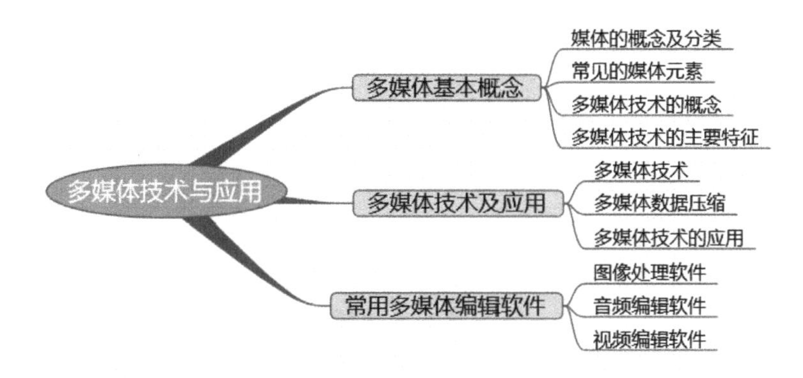

6.1 多媒体基本概念

6.1.1 媒体的概念及分类

1. 媒体的概念

媒体一词来源于拉丁语 Medium，是指人用来传递信息与获取信息的工具、渠道、载体、中介物或技术手段。通常情况下，媒体在计算机领域中有两种含义：一是指存储信息的实体（又称媒质），如磁带、磁盘、光盘、半导体存储器等；二是指信息的表示形式，即信息传播的载体，如文字、图像、音频和动画等。多媒体技术中的媒体是指后者。

2. 媒体的分类

国际电话与电报咨询委员会（CCITT）将媒体分为以下 5 种类型。

（1）感觉媒体（Perception Medium）：能直接作用于人的感觉器官，使人能直接产生感觉的一种媒体。如文字、声音、图像等。

（2）表示媒体（Representation Medium）：它是人为构造出来的一种媒体，主要是为了加工、处理和传输感觉媒体。

（3）表现媒体（Presentation Medium）：是指感觉媒体和用于通信的电信号之间转换的一

类媒体，它又分为两种：一种是输入表现媒体，如键盘、摄像机、光笔、麦克风等；另一种是输出表现媒体，如显示器、音响、打印机等。

（4）存储媒体（Storage Medium）：用于存放表示媒体（感觉媒体数字化后的媒体），以便于计算机进行加工、处理和调用。这类媒体主要是指外部存储设备如硬盘、磁带、CD-ROM 等。

（5）传输媒体（Transmission Medium）：是通信过程中的信息载体，用来将媒体从一处传送到另一处的物理媒体，如双绞线、同轴电缆、光纤等。

在多媒体技术中所说的媒体一般指的是感觉媒体。

6.1.2 常见的媒体元素

1. 文本

文本是指各种文字，包括各种字体、符号以及格式，是使用最广泛的媒体元素。文本主要分为两类：格式化文本可以设置字体、大小、颜色及段落等属性，有格式地编排文本，如.docx 文件；非格式化文本不能进行排版，如.txt 文件。常见的文本文件格式有 TXT、WRI、RTF、DOCX 等。

2. 图形

图形是计算机根据一系列指令集合来绘制的几何信息，如点、线、面的位置、形状、色彩等，又称矢量图形。图形在缩放、旋转、移动等处理过程中不失真，具有很好的灵活性，但其描述的对象轮廓比较简单，色彩不是很丰富。图 6-1 所示的图形即为一个矢量图形。

图 6-1 矢量图形

图形主要用于工程制图中，大多数 CAD 和 3D 造型软件使用矢量图形作为基本图形存储格式。存储时只保存图形的算法和特征点，占用的空间较小。

3. 图像

图像一般指的是位图图像，使用像素来描述，由一个一个的小色块组成。当放大图像时，可以看到无数单个方块；而当缩小时，颜色和形状又是连续的，如图 6-2 所示，扩大图像尺寸即增大单个像素，从而使线条和形状显得参差不齐。图像的分辨率和表示颜色及亮度的位数越高，图像质量就越高，但图像存储空间也越大。一般使用数码相机、扫描仪等输入设备获取的实际景物的图片都是图像。图像文件在计算机中的存储格式有 jpg、bmp、gif、png 等。

图 6-2　图像放大对比

常见的图像格式有以下几种。

① JPG 格式：JPG 是目前比较流行的一种图像格式，扩展名为.jpg。JPG 是一种高效的压缩格式，可以最大限度地提高传输速度，以 JPG 格式存储的文件大小是其他类型图像文件的几十分之一。

② GIF 格式：GIF 是由 CompuServe 公司在 1987 年为了制定彩色图像传输协议而开发的，文件扩展名为.gif。GIF 格式图像的体积很小，在通信传输时速度较快。在一个 GIF 文件中可以存放多幅彩色图像，在计算机上逐幅读出并显示到屏幕上，构成了一种最简单的动画。

③ BMP 格式：BMP 使用像素点来表示图像，每个像素的颜色信息由 RGB 组合或者灰度值表示，所占用的存储空间较大，文件扩展名为.bmp。BMP 图像是一种与设备无关的文件格式，是 Windows 系统中的标准图像文件格式。

④ PSD 格式：PSD 是 Photoshop 的标准图像文件格式，文件扩展名为.psd，可以保留图像的图层信息，便于后期修改和制作各种特效。

⑤ PNG 格式：PNG 是一种新兴的网络图像格式，是目前最能保证图像不失真的格式，支持透明图像的制作。PNG 汲取了 GIF 和 JPEG 二者的优点，存储形式丰富，兼有 GIF 和 JPEG 的色彩模式，但不支持动画应用效果；采用无损压缩方式来减少文件的大小，能把图像文件压缩到极限以利于网络传输，但又能保留所有与图像品质有关的信息；它的显示速度很快，只需下载 1/64 的图像信息就可以显示出低分辨率的预览图像。

4. 音频

音频是指人类能够听到的所有声音，包括人说话的声音、动物鸣叫声等自然界的各种声音；也包括有节奏、旋律或和声的音乐。声音和音乐在本质上是相同的，都是具有振幅和频率的声波。

常见的音频格式有以下几种。

① MP3 格式：MP3 是 Internet 上最流行的音乐格式，文件的扩展名是.mp3。它使用了有损压缩技术，过滤掉了人耳不敏感的高音部分，从而将声音文件变为原来大小的 1/12 左右，更利于互联网用户在网上试听或下载。MP3 音频的音质会有所失真，但对一般人来说听起来与 CD 音质没有区别。

② WAV 格式：WAV 又称波形文件，是 Windows 所用的标准数字音频，文件的扩展名是.wav。它是对实际声音进行采样的数据，可重现各种声音，但产生的文件很大，需要进行数据的压缩处理。

③ WMA 格式：WMA 是微软力推的一种音频格式，文件扩展名为.wma。WMA 格式以减少数据流量但保持音质的方法来达到更高的压缩率，其压缩率一般可以达到 1：18，生成的

文件大小只有相应 MP3 文件的一半。

④ MIDI 格式：MIDI 不是声音信号，而是一套指令，它指示乐器即 MIDI 设备要做什么、怎么做，如演奏音符、加大音量、生成音响效果等，其扩展名为.mid。

由于计算机处理和存储的都是数字信息，即 0、1 信号，而声音是模拟信号，所以在多媒体系统中，传统的模拟信号必须转换为数字信号。时间和幅值上均连续变化的信号称为模拟信号，时间和幅值上均离散的信号称为数字信号，如图 6-3 所示。

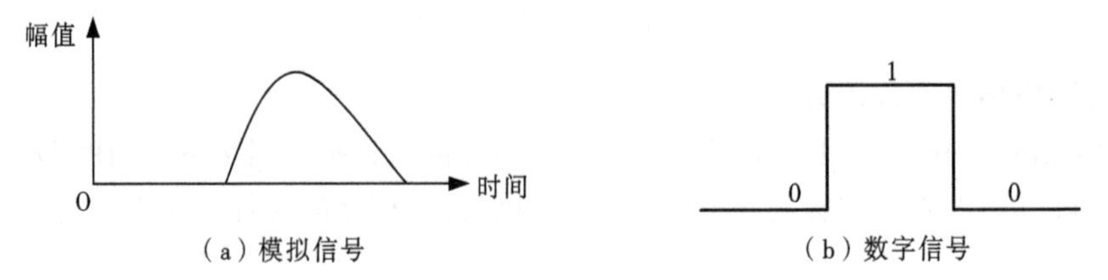

图 6-3　模拟信号及数字信号

将模拟信号转变成数字信号的处理过程称为模拟信号的数字化。需要三个步骤：采样、量化和编码。采样是以一定的时间间隔检测模拟信号波形幅值；量化是将采样时刻的幅值归整到与其最接近的整数标度；编码是将量化后的整数用一个二进制序列来表示。

（1）采样

每隔一定的时间间隔 T 对在时间上连续的音频信号抽取瞬时幅值的过程称为采样或抽样，如图 6-4 所示。两次采样的时间间隔大小 T 称为采样周期；1/T 称为采样频率，表示单位时间内的采样次数。

显而易见，相邻两次采样的时间间隔越短，即采样频率应越高，采样值就越接近真实信号。但提高采样频率，会导致数据量增大。另外，采样频率的选择还必须考虑被采样信号变化的快慢程度。

通常情况下，采样频率一般有三种，人的语音使用 11.025 kHz 的采样频率，要达到音乐效果需选择 22.05 kHz 的采样频率，而要获取高保真的 CD 音质效果则需要选用 44.1 kHz 的采样频率。

（2）量化

采样所得到模拟值还需要进行离散化处理，将采样时刻的幅值归整到与其最接近的整数标度的过程称为量化，如图 6-5 所示。

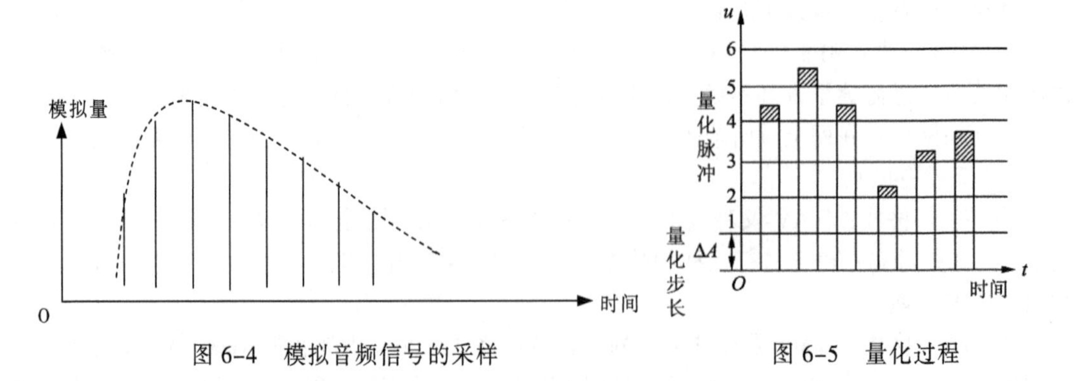

图 6-4　模拟音频信号的采样　　图 6-5　量化过程

量化分级的数目称为量化级数，表示该级数的二进制的位数称为量化位数。当量化位数为 n 时，量化级数为 $2n$ 级。量化级数越多，量化后的值越接近真实值，但量化位数也随着增加，从而数据量加大。因此量化位数的选择应综合考虑信号的质量和数据量的大小。

（3）编码

模拟信号经过采样和量化后，时间和幅值上均变成了离散的数字信号，为了防止信息在传输过程中发生变形和衰减，需要对量化结果进行二进制编码。

多媒体信息的数字化是整个多媒体技术的基础。在多媒体信息中，音/视频信息所占的比重非常大，因此如何把模拟的音/视频信号转变为数字信号也就成为多媒体技术中研究的一个重点问题。将模拟的音/视频信号转变为数字信号的过程称为音/视频信号的模/数转换（A/D转换）。

5. 动画

动画是指借助于动画制作软件或计算机编程等方式，采用图像处理技术，生成一系列可供实时播放连续画面的技术。计算机动画是顺序播放若干幅时间和内容连续的静态图像。

常见动画文件格式有以下几种。

① FLC 格式：FLC 文件是 Autodesk 公司在其出品的 2D、3D 动画制作软件中采用的彩色动画文件格式。它采用高效的数据压缩技术，是一种可使用各种画面尺寸及颜色分辨率的动画格式。

② SWF 格式：SWF 是 Flash 动画文件格式，其扩展名为.swf。近年来该文件格式在网页中得到广泛应用，是目前最流行的二维动画技术。用它制作的动画文件，可嵌入到 HTML 文件中，也可单独使用，或以 OLE 对象的方式出现在各种多媒体创作系统中。SWF 文件的存储量很小，易于在网络上传输，具有丰富的影音效果和很强的交互功能。

6. 视频

视频是由若干幅内容相关的图像连续播放形成的，主要来源于用摄像机拍摄的连续自然场景画面。视频与动画一样，都是由连续的画面组成的，只是视频画面图像是自然景物的图像。

常见的视频文件格式有以下几种。

① MP4 格式：MP4 是一种使用 MPEG-4 的多媒体计算机文件格式，扩展名为.mp4，以存储数字音频及数字视频为主。MP4 优点是压缩质量优、转换容易，目前智能手机的录像和各大影音分享网站所使用的主流视频格式大多都是 MP4 格式。

② AVI 格式：AVI（Audio Video Interleaved）是 Microsoft 公司开发的数字音频与视频文件格式，现在已被多种操作系统支持。AVI 文件目前主要应用在多媒体光盘上，用来保存电影、电视等各种影像信息，有时也应用于 Internet 上，供用户下载、欣赏新影片的精彩片断。

③ WMV 格式：WMV 是微软推出的一种采用独立编码方式并且可以直接在网上实时观看视频节目的文件压缩格式，文件扩展名为.wmv。它采用了 MPEG-4 编码技术，并在其规格上进一步开发，使它更适合在网络上传输。

④ MOV/QT 格式：MOV/QT 文件是苹果公司开发的一种音频、视频文件格式，用于保存音频和视频信息，具有先进的音频和视频功能，被所有主流计算机平台支持。MOV/QT 以其

领先的多媒体技术和跨平台特性、较小的存储空间要求、技术细节的独立性得到了业界的广泛认可，目前已成为数字媒体软件技术领域公认的工业标准。

6.1.3 多媒体技术的概念

多媒体（Multimedia）一般理解为多种媒体（文本、图形、图像、音频、动画、视频等）的综合集成与交互，也是多媒体技术的代名词。

按照与时间的相关性，可以将多媒体分为静态媒体和流式媒体。静态媒体是与时间无关的媒体，如文本、图形、图像等；流式媒体是与时间有关的媒体，如音频、动画、视频，此类媒体有实时和同步等要求。

多媒体技术是利用计算机对数字化的多媒体信息进行分析、处理、传输以及交互性应用的技术。目前，多媒体技术的研究已经进入稳定期。从多媒体数据处理的目标上来看，多媒体技术的研究方向从以发展为重点，向着发现、传输与理解并重方向发生着改变，部分应用技术逐渐成为研究热门，相关技术领域的发展将会持续活跃。可以说，多媒体技术的发展改善了人机交互手段，提供了更接近自然的信息交流方式。

6.1.4 多媒体技术的主要特征

多媒体技术是使用计算机综合处理文字、图像、音频、视频等信息，并将这些媒体信息数字化，整合在交互式界面上并展示出来的技术。如在电子地图里，集成了文字、图像、音频和视频等，可以提供公交查询、路线导航、拥堵路段显示、位置共享等功能。

多媒体技术具有多样性、集成性、实时性和交互性四个显著特征。

1. **多样性**

是相对于传统计算机而言的，指信息载体的多样化，即计算机中信息表达方式的多样化，如文字、图像、视频等，这一特性使计算机能处理的信息范围更广，使人机交互界面更加人性化。

2. **集成性**

是指将多媒体信息有机地组织在一起，使文字、声音、图像一体化，综合地表达某个完整信息。集成性不仅是各种媒体的集成，同时也是多种技术的系统集成。可以说，多媒体技术包含了当今计算机领域内最新的硬件、软件技术，它将不同性质的设备和信息媒体集成为一个整体，并以计算机为中心综合地处理各种信息。

3. **实时性**

指在人的感官系统允许的情况下，进行多媒体交互。多媒体技术要求同时处理声音、文字和图像等多种信息，并能够实时处理音频和视频图像。

4. **交互性**

交互性是多媒体技术的关键特征，它是多媒体计算机与电视机、激光唱机等家用声像电器有所差别的关键。

以计算机为基础的多媒体技术以其丰富多彩的表现形式、高超的交互能力和高度的集成性得到了广泛的应用。

6.2 多媒体技术及应用

6.2.1 多媒体技术

多媒体技术是一门综合的高新技术，它是微电子技术、计算机技术和通信技术等相关学科综合发展的产物。多媒体技术涉及许多发展成熟的学科，研究的内容几乎覆盖所有与信息相关的领域，是一门跨学科的综合技术。多媒体技术的发展依赖于许多基础技术的发展，主要有以下几个方面。

1. **多媒体数字化处理技术**

由于计算机中存储和处理的都是二进制数据，而人类感知到的各种感觉媒体，如声音、视频等，都是以模拟信号来表示，因此，模拟音频和视频都需要经过模/数转换后，才能存储在计算机中，而计算机中的数字音频和视频，则需要经过数/模转换才能还原。模/数转换就是将模拟信号转换成数字信号的数字化处理技术。

2. **多媒体数据压缩/解压缩技术**

经过数字化处理后的多媒体数据，数据量仍然很大，这不仅占用很大的存储空间，而且影响其传输速度，因此，需要对数字化的多媒体数据进行压缩。数据压缩技术是多媒体技术研究的重要内容，使用数据压缩技术，可以将文本数据大小压缩到原来的 1/2 左右，将音频数据大小压缩到原来的 1/2 ~ 1/10，图像数据大小压缩到原来的 1/2 ~ 1/60。

3. **多媒体专用芯片技术**

利用超大规模集成电路（VLSI）技术，可以生成价格低廉的多媒体芯片，在微型计算机中配置各种价格低廉的硬件芯片，可构成多媒体微型计算机系统。

多媒体专用芯片主要包括两类：一类是固定功能的芯片，如实现静态图像数据压缩/解压缩的专用芯片、支持用于运动图像压缩的 MPEG 标准芯片等；另一类是可编程的数据信号处理器（DSP）芯片，其功能较灵活，可通过编程完成各种不同的操作，并能适应编码标准的改变和升级，这些多媒体专用芯片不仅大大提高了音频、视频信号处理速度，而且在音频、视频数据编码时可以增加特技效果。

4. **大容量光存储技术**

由于数字化的多媒体音频、视频等信息是基于时间变化的，即便经过压缩处理后，随着时间的延长数据量也将增大，这就需要大容量的存储设备来存储这样的数据。光盘存储器正好适应了这样的需要，每张 CD-ROM 盘片可以存储 650 MB 的数据，而 DVD 盘片的存储器容量最高可达 17 GB。

5. **多媒体软件技术**

多媒体软件技术主要包括多媒体操作系统技术、多媒体素材采集与制作技术、多媒体编辑与创作技术、多媒体应用程序开发技术、多媒体数据库管理技术等。

6. **多媒体通信技术**

多媒体通信技术包括语音、图像、视频信号实时压缩的混合传输技术，不同媒体信号（如语音和视频）的数据量不同，在传输时还要考虑同步传输问题，以保证视频图像和伴音的同步播放。此外，要充分发挥多媒体信息的处理能力，还必须与网络技术相结合，若不借助网络，视频会议、医疗会诊等就无法实现。

另外还有超文本与超媒体技术、媒体输入/输出技术等基本技术，正是由于这些技术的飞速发展，使得多媒体技术得到全面发展，广泛应用于我们的工作、学习和生活的各个方面。

6.2.2 多媒体数据压缩

多媒体数据压缩是实现多媒体信息处理的关键技术，主要目的是减少存储容量和降低数据传输量。数据压缩理论的研究已有 40 多年的历史，技术日趋成熟，衡量数据压缩的好坏有三个重要指标：一是压缩率较大；二是实现压缩的算法简单，压缩和解压缩速度快，尽量做到实时压缩、解压缩，且符合压缩/解压缩编码的国际标准；三是恢复效果要好，尽可能地能恢复原始数据。

1. 无损压缩与有损压缩

数据压缩技术的分类方法有很多，如果按照原始数据与解压缩得到的数据之间有无差异，可以将压缩技术分为无损压缩和有损压缩两类。

（1）无损压缩

无损压缩又称无失真压缩，该方法利用数据的统计冗余进行压缩，即统计原数据中重复数据的出现次数进行编码压缩，通过解压缩对数据进行重构，从而恢复原始数据，使压缩前和解压缩后的数据完全一致。无损压缩的压缩率受到数据统计冗余度的理论限制，一般为 2：1～5：1。该类方法广泛用于文本数据、程序代码和某些要求不丢失信息的特殊应用场合的图像数据（如指纹图像、医学图像等）压缩。常用的无损压缩编码有哈夫曼（Huffman）编码、行程编码等。

（2）有损压缩

有损压缩又称有失真压缩，解压缩后的数据与原来的数据有所不同，但一般不影响人对原始信息的理解。例如，图像和声音中包含的数据往往存在一些冗余信息，即使丢掉一些数据也不至于人们对声音或图像所表达的意思产生误解，因此可以采用有损压缩，所损失的是少量不敏感的数据信息。有损压缩广泛应用于语音、图像和视频数据的压缩。常用的有损压缩编码有预测编码、变换编码等。

2. 常见的压缩格式

（1）RAR 格式

RAR 是一种常见的压缩文件格式，扩展名为.rar，RAR 文件可以用 WinRAR 软件来进行压缩和解压缩，压缩速度相对 ZIP 格式文件来说较慢，但是压缩率比较高，是目前主流的压缩文件格式。

（2）ZIP 格式

ZIP 格式的扩展名为.zip，属于几种主流的压缩格式之一，最出名的压缩软件是 WinZIP。从 Windows ME 版本开始微软就内置了对 ZIP 文件的支持，不需要单独为它安装一个压缩或者解压缩软件。与 RAR 文件格式相比，ZIP 的压缩率较低，但是压缩速度快。

（3）JPEG 格式

JPEG（Joint Photographic Experts Group）是第一个针对静止图像压缩的国际标准，是一

种有损压缩格式，去除冗余的图像数据，获得较高的压缩比，同时图像质量也比较高，压缩比通常在 10：1～40：1 之间。在所有静止图像压缩格式中，JPEG 格式是压缩率最高、应用最广泛的格式。随着多媒体技术和网络技术的发展，人们对图像质量和功能的要求越来越高，1996 年联合图像专家组提出了新一代的 JPEG 格式标准——JPEG2000，可以在保证一定失真率的前提下，主观图像质量优于现有的 JPEG 标准。

（4）MP3 格式

MP3 是一种音频压缩技术，其全称是动态影像专家压缩标准音频层面 3（Moving Picture Experts Group Audio Layer III），简称为 MP3。它可以大幅度地降低音频数据量，利用 MPEG Audio Layer 3 的技术，将音频以 1：10 甚至 1:12 的压缩率，压缩成容量较小的文件，而对于大多数用户来说音质没有明显的下降。

（5）MPEG 格式

MPEG（Moving Pictures Experts Group）是由 ITU 组织和 ISO 组织共同制定发布的视频、音频数据的压缩标准。MPEG 的基本原理是：在单位时间内采集并保存第一帧信息，然后存储其余帧相对第一帧发生变化的部分，以达到压缩的目的。MPEG 压缩标准可实现帧之间的压缩，其平均压缩比可达 50：1，压缩率比较高。主要发布过 MPEG-1、MPEG-2、MPEG-4 和 MPEG-7 四个版本。

6.2.3 多媒体技术的应用

多媒体技术使传统的计算机具有多媒体特性，处理信息的种类更加丰富，其友好的人机交互界面，完全改变了计算机的专业化形象，大大缩短了人与计算机之间的距离。如今，多媒体技术几乎覆盖了计算机应用的全部领域，而且还开拓了涉及人类生活、娱乐、学习等方面的新领域。下面介绍多媒体应用的几个主要领域。

1. 教育培训

教育培训是多媒体技术应用的一个主要领域。以多媒体计算机为核心的现代教育技术改变了传统的教学手段，使计算机辅助教学更加丰富多彩，做到声、文、图并茂，使学习者各个感官交互，注意力集中，扩大视野，大大提高学习效率。应用多媒体技术进行教学，其创造出的逼真的教学环境和友好的交互方式，有效地提高了学习效果，如图 6-6 所示。

图 6-6　培训教育

2. 模拟训练

利用多媒体技术丰富的表现形式和虚拟现实技术，研究人员能够设计出逼真的仿真训练系统，如飞行模拟训练、车辆驾驶模拟训练等。训练者只需要坐在计算机前操作模拟设备，就可以得到如同操作实际设备一般的效果，如图 6-7 所示，这样不仅能够有效地节省训练经费、缩短训练时间，还能够避免一些不必要的损失。

图 6-7　模拟训练

3. 娱乐应用

随着多媒体技术的日益成熟，多媒体技术已经大量进入娱乐游戏领域。如人们利用多媒体计算机制作出工作或生活中的电子相册或视频，供他人欣赏或作为美好的回忆。网络电视如图 6-8 所示，以宽带网络为载体，通过电视服务器的供应商将传统的卫星电视节目经重新编码成流媒体的形式，再经网络传输给用户，使用户可以回看电视节目或观看服务器里的电影，改变了以往被动的电视观看模式，节目内容不受时间、空间限制，且覆盖范围广泛，传播迅速，成为现代人追捧的对象；网络游戏，又称“在线游戏”，以互联网为传输媒介，以游戏运营商服务器和用户计算机为处理终端，以游戏客户端软件为信息交互窗口，它不但具有很强的交互性，而且人物造型逼真，使人有身临其境的感觉。

图 6-8　网络电视

4. 电子出版物

多媒体电子出版物是计算机、视频、通信、多媒体等高新技术与现代出版业相结合的产物，是以电子数据的形式，把文字、图像、影像、声音等文件储存在光盘、网络等非纸张载体上，并通过计算机或网络播放供人们阅读的出版物，如图 6-9 所示。电子出版物不仅降低了出版成本，缩短了出版周期，且它的信息存储量大，检索便捷，利于长久保存。其产生和发展，不仅改变了传统图书的发行、阅读、收藏、管理等方式，也将对人类传统文化概念产生巨大影响。

图 6-9　电子出版物

除此之外，随着多媒体网络通信技术的发展，图像、语音、动画和视频等多种媒体信息实现实时传输，多媒体技术还在网上购物、商场导购系统、计算机辅助设计、远程医疗、多媒体会议系统、视频点播系统和文物保护等方面得到了广泛的应用。

6.3　常见的多媒体素材编辑软件

多媒体素材编辑软件的主要功能是对图像、音频和视频等进行采集和编辑，主要有图像处理软件、音频编辑软件、视频编辑软件等。

6.3.1　图像处理软件

图像处理软件是用于处理图像信息的各种应用软件的总称，常见的有处理矢量图形的软件 Illustrator 和 CorelDRAW、专业处理位图的软件 Photoshop 系列、用于二维绘图和文档设计的计算机辅助设计软件 AutoCAD、基于应用的处理管理软件 Picasa、很实用的大众型软件彩影、非主流软件美图秀秀、动态图片处理软件有 Ulead GIF Animator 和 GIF Movie Gear 等。下面介绍使用 Photoshop 处理简单的图像。

Photoshop 是美国 Adobe 公司推出的一款专业的图像处理软件，其拥有良好的用户界面，功能强大、简单实用，在平面设计、数字影像、广告设计和网页制作等诸多领域应用广泛，受到设计者的普遍欢迎。接下来以广泛使用的 Photoshop CS5 版本为例进行介绍。

1. Photoshop CS5 **界面介绍**

打开 Photoshop CS5 程序，其界面如图 6-10 所示。

菜单栏中包含 Photoshop 软件中的所有命令，通过这些命令可以实现对图像的各种操作。Photoshop CS5 菜单栏中包含 9 个菜单，分别为文件、编辑、图像、图层、选择、滤镜、视图、窗口和帮助。

图 6-10　Photoshop CS5 主界面

选项栏用来显示所选工具的参数。在图像处理中，可以根据需要在选项栏中设置不同的参数。设置的参数不同，得到的图像效果也不同。

工具箱包含了该软件的所有工具，如图 6-11 所示。在工具图标上右击，会显示这组工具中其他隐藏的工具。单击工具箱顶端的▶▶按钮，可以将单栏显示的工具箱调整为双栏显示。

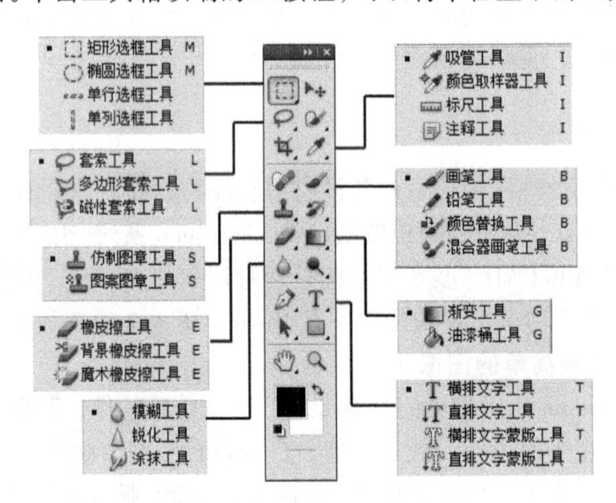

图 6-11　工具箱工具名称

2. Photoshop 常用工具

（1）移动工具

移动工具是最常用的工具，在进行图像的布局时，可用来移动图层、选区等。使用方法为：选中需要移动的区域或图层，拖动到合适位置即可将其移动；按住【Alt】键的同时拖动鼠标，可以将其复制。

（2）选区工具

通常情况下，对整幅图像的部分区域进行操作，被选中的部分称为选区。选区是一个封闭的区域，可以是任何形状。选区一旦建立，大部分操作就只对选区范围有效。如果要针对全图进行操作，必须先取消选区。

创建选区可以使用：选框工具组、套索工具组、魔棒工具组，以及“选择”菜单。三个工具组位于工具箱上部，如图 6-12 所示。

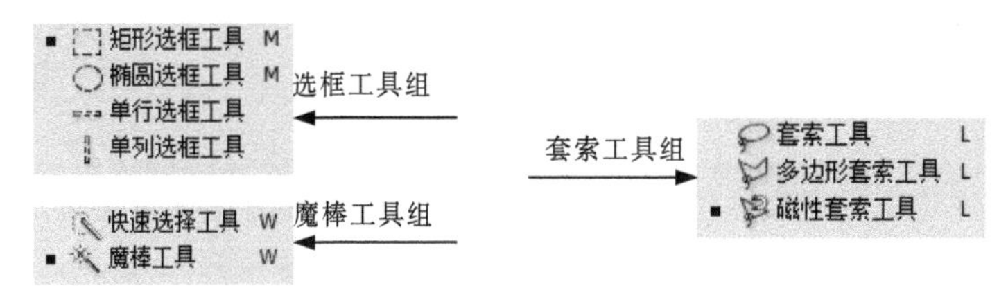

图 6-12　选区工具

（3）画笔工具组

画笔工具可以用前景色来绘制线条。铅笔工具用来创建硬边线条。这两种工具都可以在选项栏中修改笔的直径、硬度、形状。颜色替换工具能够快速替换特定区域的颜色，可用于校正颜色。

（4）橡皮擦工具组

橡皮擦工具用来擦除像素。背景橡皮擦工具用来擦除背景色，使背景变透明。魔术棒橡皮擦工具只需单击一次，就可去除与单击处连通的图案。

（5）填充工具组

渐变工具的作用是产生逐渐变化的颜色，操作时需要在选项栏中选择渐变方式和颜色，并用鼠标在选区内拖动出一条线，渐变效果如图 6-13 所示。油漆桶工具的作用是根据前景色或图案，按照图像中像素的颜色进行填充，填充的范围是与单击处的像素点颜色相同或相近的像素点，可以在选项栏中设置容差值来调整范围。

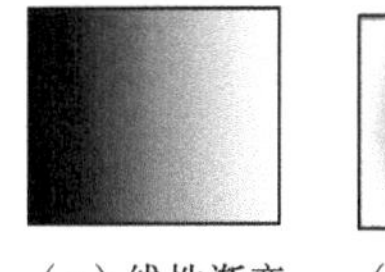

（a）线性渐变

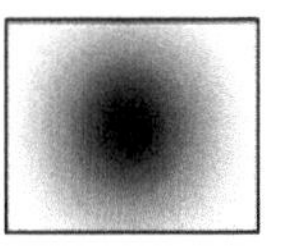

（b）径向渐变

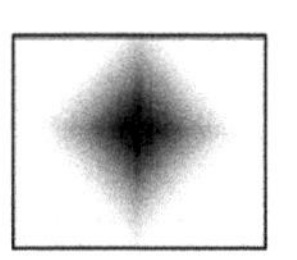

（c）菱形渐变

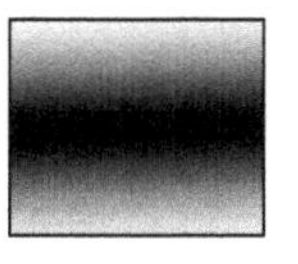

（d）对称渐变

（e）角度渐变

图 6-13　渐变效果

注意：除非有选区或蒙版存在，否则无论用鼠标拖动的线条有多长，产生的渐变都将充满整个画面。

（6）图章工具组

仿制图章工具用来复制取样的图，先从图像中取样，然后将样本复制到其他图层图像或同一图像的其他部分。方法为：按住【Alt】键在原图①处单击提取采样点，如图 6-14（a）所示，然后在②处拖动鼠标进行涂抹，效果如图 6-14（b）所示。

仿制图章工具经常被用来修补图像中的破损处，原理是用周围临近的像素值来填充指定位置的颜色。图案图章工具可以对图像添加 Photoshop 提供的一些图案样式，或者用图像的一部分作为图案绘画。

（a）原图

（b）使用仿制图章后的图

图 6-14　仿制图章工具复制效果

3. Photoshop 常用概念介绍

（1）图层

通俗地讲，图层就像是含有文字或图形等元素的胶片，一张张按顺序叠放在一起，组合起来形成页面的最终效果。图层可以将页面上的元素精确定位，在其中可以加入文本、图片、表格、插件，也可以在里面再嵌套图层。

例如，要绘制一幅画，首先要有画板，然后在画板上添加一张透明纸绘制一个圆圈，绘制完成后，再添加一张透明纸绘制嘴巴……依此类推，从而得到一幅完整的作品，如图 6-15 所示。在这个绘制过程中，添加的每一张纸就是一个图层。使用图层的优点是对某一图层进行修改时，不会影响到其他图层。

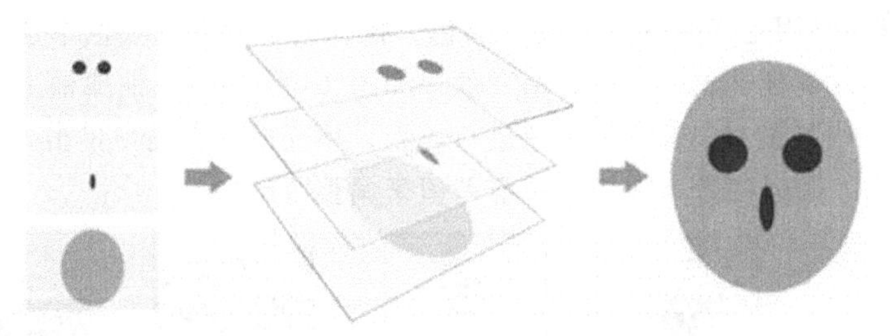

图 6-15　图层与图像的关系

图层的常规操作可以在“图层”面板或“图层”菜单内完成，如图 6-16 所示。

（a）多个图层组成的图像

（b）图层面板

图 6-16　图层

要编辑图像中的某个对象，必须先选中该对象所在的图层。在“图层”面板中，选中要编辑的图层后，图层会显示蓝色，此时可以对该图层进行移动、调整、填充、变形等各种编辑操作。

（2）图层样式

Photoshop 为图层提供了很多的艺术特效，称作图层样式，如投影、发光、斜面和浮雕、描边等，效果如图 6-17 所示。使用图层样式可以快速完成某些特殊效果。

投影 斜面和浮雕
描边 渐变叠加

图 6-17　图层样式效果

（3）图层蒙版

图层蒙版是加在普通图层上的一个遮盖，通过创建图层蒙版来隐藏或显示图像中的部分或全部。图层蒙版是灰度图像，如果用黑色在蒙版图层上进行涂抹，涂抹的区域图像将被隐藏，会显示下层图像的内容，即当前图层为透明。反之，如果采用白色在蒙版图层上涂抹，则会显示当前图层的图像，遮住下层图像内容，即当前图层为不透明。如果图层蒙版上是灰色，即当前图层为半透明。使用图层蒙版可以对图像进行合成，对原图像具有保护作用，操作方便、便于修改。

添加图层蒙版：在“图层”面板中选中需要添加图层蒙版的图层，单击“添加图层蒙版”按钮，即可为该图层添加蒙版。如果已经在图像中创建了选区，可以根据选区范围在当前图层上建立图层蒙版。

删除图层蒙版：在“图层”面板中要删除的图层蒙版上右击，选择“删除图层蒙版”命令即可。要编辑图层蒙版需要先选中图层蒙版。

为图层添加图层蒙版以后，常会用到渐变工具对蒙版进行编辑。使用渐变工具可以制作渐隐的效果，使图像过渡的非常自然，在合成图像中常被应用。

例如，用图 6-18（a）、（b）所示图片，制作如图 6-18（d）所示的效果。将图 6-18（b）置于图 6-18（a）上，对上层图像添加图层蒙版，并选择渐变工具在图层蒙版上，从上向下拖动出黑到白的渐变效果，就可得到如图 6-18（d）所示的效果。在图层蒙版中黑色代表完全透明，所以对应部位显示底层天空图像，白色代表不透明，所以对应部位显示上层海洋图像，灰色代表半透明，所以对应部位同时显示上下两层图像，使两幅图片完美融合在一起。

（a）底层图像

（b）上层图像

（c）图层蒙版设置

（d）最终效果

图 6-18　编辑图层蒙版

4. **常用的基本操作**

（1）调整图像颜色

选择“图像”→“调整”→“色相/饱和度”命令，可以修改图像的色调、饱和度、亮度。

如图 6-19 所示。

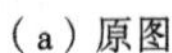

（a）原图

（b）降低色相

（c）降低饱和度

（d）提高亮度

图 6-19　图像色彩调整效果图

（2）改变图像的尺寸和大小

利用 Photoshop 的菜单可以很方便地调整图像的像素大小、文档大小和分辨率，下面通过一个例子来说明操作方法。

【例 6-1】将图 6-20 的证件照尺寸调整为 240×320（宽×高，单位：像素），大小为 20 KB 以下。

具体操作步骤如下：

① 用 Photoshop 打开图片，如图 6-21 所示。

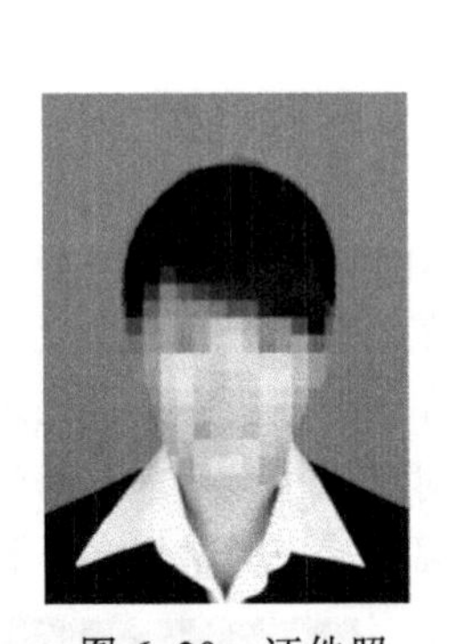

图 6-20　证件照

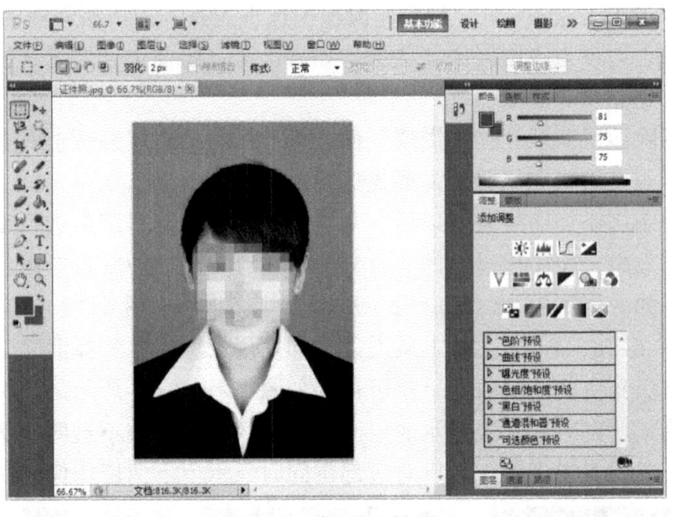

图 6-21　打开证件照

② 选择“图像”→“图像大小”命令，弹出“图像大小”对话框，如图 6-22 所示，去掉“约束比例”前的对勾，在“像素大小”栏中设置图像的高度为 320，宽度为 240（单位是像素），即可改变图像尺寸。

③ 调整图像大小为 20 KB 以内。选择“文件”→“存储为 Web 所用格式”命令，如图 6-23 所示，在弹出的对话框中，选择 JPEG 格式，在保证图片清晰的前提下相应调整品质，可选中页面上方的“双联”栏查看图片大小，调到图片大小至 20 KB 以内，保存即可。

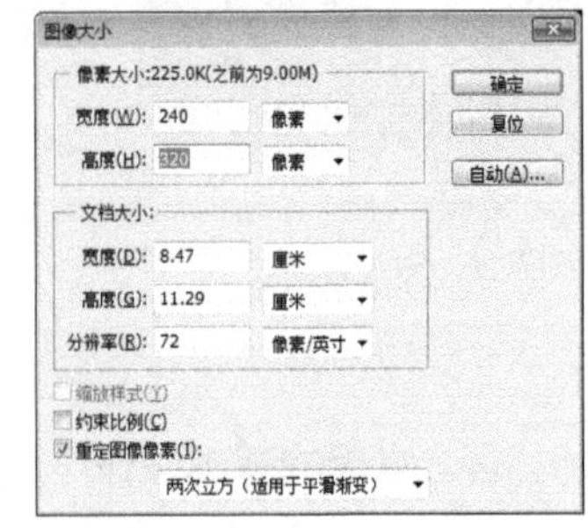

图 6-22　“图像大小”对话框

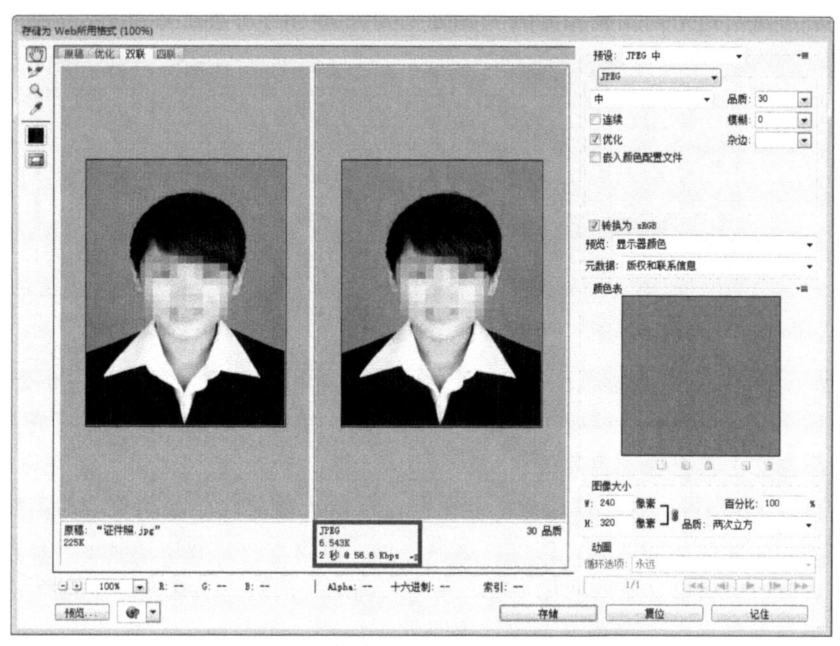

图 6-23 “存储为 Web 所用格式”对话框

（3）图像变形

选定一个选区，选择“编辑”→“变换”/“自由变换”命令，可以对选区进行缩放、旋转、斜切、扭曲、透视、变形等操作，双击可应用变换。图 6-24 中的（b）、（c）、（d）是对图片进行各种变形后的效果。

（a）原图

（b）斜切

（c）透视

（d）变形

图 6-24 图像变形

（4）裁剪图像

使用“裁剪”命令可以将图像按照选区进行矩形裁剪，在打开的文件中创建一个选区，执行“图像”→“裁剪”命令即可。

（5）历史记录

在用 Photoshop 处理图像过程中一旦出现误操作，可以通过“历史记录”面板返回到误操作之前的状态，如图 6-25 所示。

（6）更换证件照的背景颜色

更换证件照的背景颜色方法有很多：魔棒、替换颜色、抠图调色等，在这里只介绍一种方法。

【例 6-2】将图 6-20 证件照的蓝色背景更换成红色背景。

具体操作步骤如下：

① 用 Photoshop CS5 打开要处理的证件照片，为背景图层复制一个图层，如图 6-26 所示。

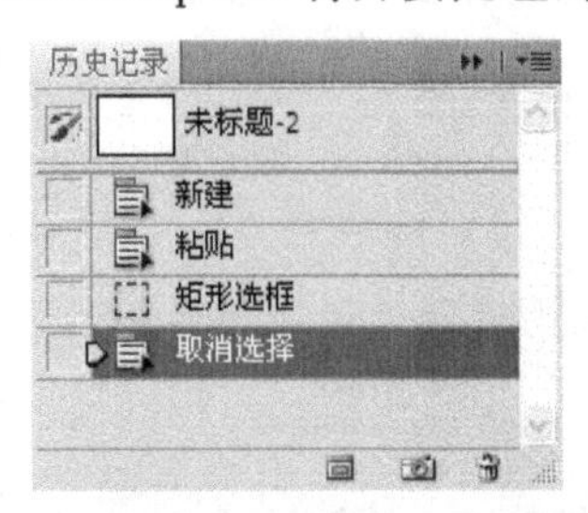

图 6-25 “历史记录”面板

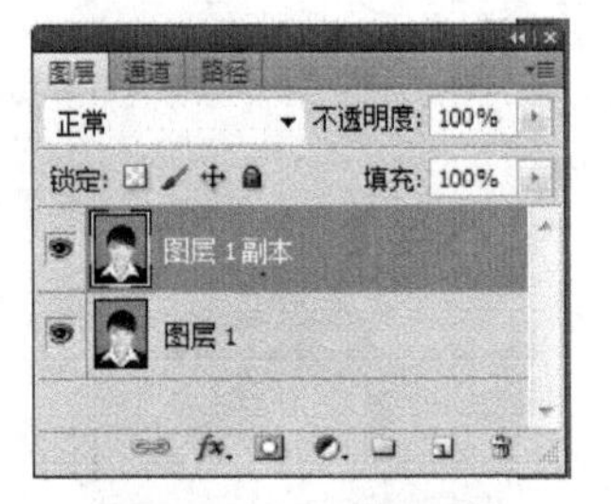

图 6-26 复制图层

② 选择“选择”→“色彩范围”命令，弹出“色彩范围”对话框，如图 6-27 所示。在背景颜色区域单击，将“颜色容差”调整到合适的值，单击“确定”按钮后可将背景颜色选中，用“油漆桶”工具更换颜色即可。

③ 如果边缘有锯齿，为了使边缘柔和一些，可以进行羽化。选择合适的工具（如磁性套索），圈出图 6-28 所示的区域。执行“选择”→“修改”→“羽化”命令，在弹出的“羽化选区”对话框中，填写合适的羽化半径，单击“确定”按钮。接着执行“选择”→“反向”命令，即可将背景色选中，重新填充背景色即可。

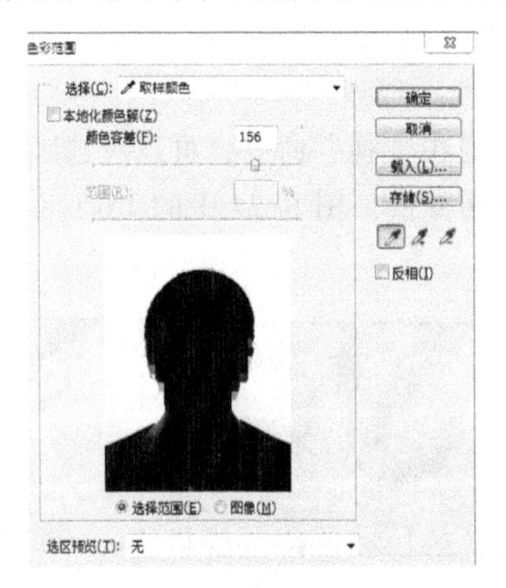

图 6-27 “色彩范围”对话框

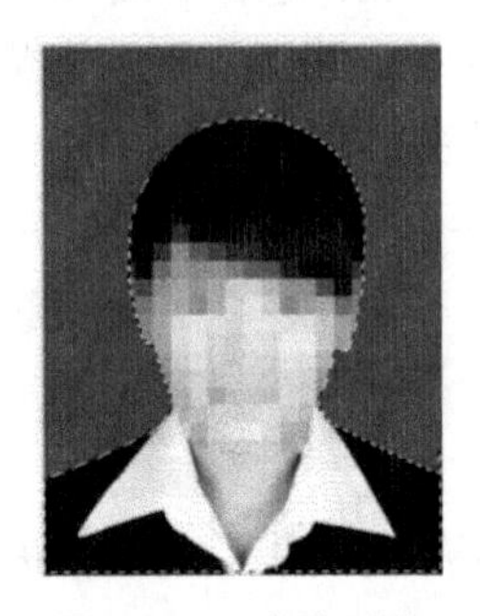

图 6-28 套索选区

6.3.2 音频编辑软件

音频编辑软件是用于对声音数据进行记录、整理与再加工的软件的总称。音频编辑软件的功能非常强大，可对常见的音频格式文件进行各式处理，如剪贴、复制、粘贴、多文件合并、静音、扩音、淡入、淡出、规则化等常规处理；混响、颤音、延迟等特效处理；槽带滤波器、带通滤波器、高通滤波器等滤波处理。音频编辑软件有很多种，常见的且较为典型的有：专业音频编辑和混合环境软件 Adobe Audition、功能强大的数字音乐编辑软件 GoldWave、用于录音和音频编辑软件 Audacity 等。下面介绍使用 Audacity 软件进行音频的编辑。

Audacity 是一款免费的音频处理软件，可以进行音频的录制和编辑、特效处理、转换格式等。Audacity 操作简单，易学习，且对噪音的消除有很好的效果，是入门级音频处理软件。如果要进行更高级的、更专业的音频处理，建议选择 Adobe Audition 软件。

1. 工作界面

以 Audacity 2.1.2 版本为例，其工作界面如图 6-29 所示。

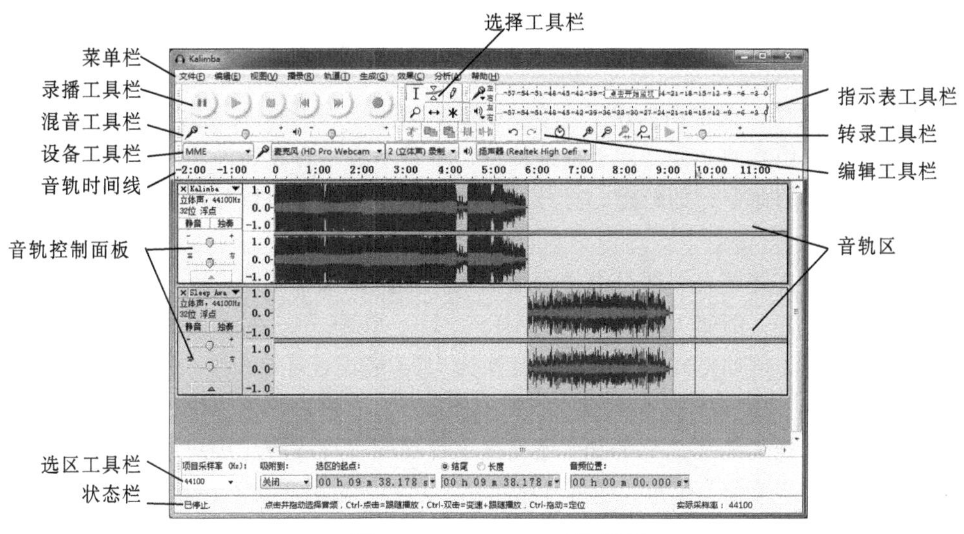

图 6-29　Audacity 工作界面

（1）菜单栏内包含了整个 Audacity 的所有操作菜单。

（2）录播工具栏从左到右依次为控制录播音频的暂停、播放、停止、跳到开头、跳到结尾和录音键。

（3）混音工具栏用于设置播放的音量大小和话筒的音量大小。

（4）设备工具栏用于选择计算机的录音和放音设备。

（5）选择工具栏中有 6 个按钮，各按钮说明请见表 6-1。

表 6-1　选择工具栏各按钮说明

按　钮	名　　称	说　　明
I	选择工具	用于选定音频开始编辑的位置或选定一个时间线选区
	包络工具	用于调节音频各处的音量振幅大小
	绘制工具	用于手动调节单个采样点的音量大小，一般用于修正噪音
	缩放工具	用于对音频的局部放大（单击）或缩小（右击）显示
↔	时间移动工具	对选择的音频进行整体移动
*	多功能工具模式	用于启动以上 5 种工具的智能模式

（6）指示表工具栏用于在录音或放音时实时显示音量。

（7）转录工具栏用于调节音频的播放速度。

（8）编辑工具栏包含 12 个按钮用于对音频的编辑，从左到右按钮分别为剪切、复制、粘贴、修剪、静音、撤销、重做、同步锁定轨道、放大音频、缩小音频、适应选区、适应项目。

（9）音轨时间线在所有音轨之上，从 0 开始，用于显示音轨的时间，以秒为单位。

（10）音轨控制面板位于每个音轨的左侧，用于显示音轨的名称、属性，并对音轨整体控制。

（11）音轨区显示所有可编辑音轨。

（12）选区工具栏主要用于显示和设置选区的一些属性，例如选区的起点、终点、长度等。

（13）状态栏显示鼠标所指功能，说明与当前音频的实际采用率。

2. **基本操作**

（1）项目的操作

运行 Audacity 软件，就自动创建了一个 Audacity 项目，文件扩展名为.aup，保存项目仅仅是保存了包含编辑信息的文件，用于再编辑，而不是生成了音频文件。对项目的操作可以使用“文件”菜单中的命令，如新建、打开、关闭、保存项目、项目另存为等。

（2）音频的导入

要将已有的音频文件导入到项目中进行编辑，需要通过“文件|导入”命令组完成。Audacity 支持大多常见音频文件，例如 MP3、WAV、AIFF、AU、FLAC 等，对于无法支持的格式也可以通过格式转换工具（例如格式工厂）将其转换为 MP3 格式后再导入。

（3）音频的录制

除了导入已有音频文件外，Audacity 还支持录音功能，将话筒连接到计算机后，单击录播工具栏中最后一个“录音”按钮，即可开始录制，录制完成后单击“停止”按钮，Audacity 将会自动添加一个轨道用来存放录音文件。

（4）音频的基本编辑

音频区域的选择：单击选择工具栏中的“选择工具”，在音轨区按下鼠标左键并拖动鼠标即选中一段音频，也可以在选区工具栏中的“选区的起点”与“结尾/长度”输入框中输入值，进行选取。

音频的移动：选择一段音频区域后，使用“编辑|剪切”（快捷键【Ctrl+X】）命令，然后单击要插入这段音频的位置，选择“编辑|粘贴”命令（快捷键【Ctrl+V】）即可。

音频的复制：选择一段音频区域后，使用“编辑|复制”（快捷键【Ctrl+C】）命令，然后单击要插入这段音频的位置，选择“编辑|粘贴”命令（快捷键【Ctrl+V】）即可。

音频的删除：选择一段音频区域后，使用“编辑|删除”（快捷键【Delete】）命令即可。

音频的静音：如果仅想去除音频中声音，而保留这段声音所占用的时间，选择一段音频区域后，单击编辑工具栏中“静音”按钮即可。

音频的包络：如果想要实现音频声音的时大时小，可以通过选择工具栏中的“包络”工具进行设置。单击“包络”按钮，鼠标指向音轨中要改变音量大小的时间点，单击即可添加包络点，添加多个包络点，并上下拖动可调节音量大小，完成设置如图 6-30 所示。

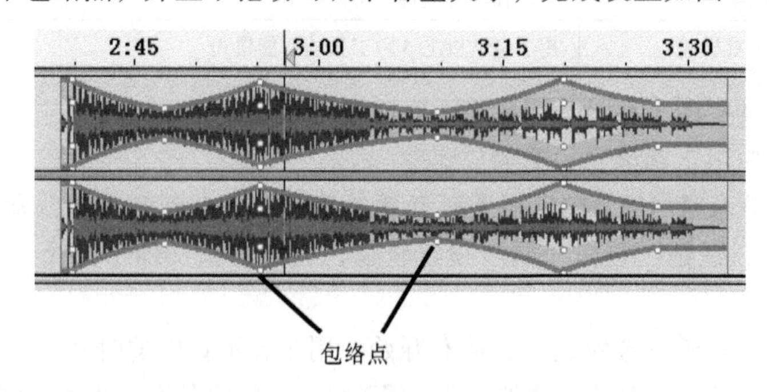

图 6-30 音频的包络设置

（5）音频的输出

项目文件编辑完成之后，想要导出标准的音频文件，可以通过“文件|导出音频”命令完成。单击“文件|导出音频”选项后，弹出“导出音频”对话框，设置音频文件的名称、类型和保存位置，即可导出音频文件。

3. **音频效果处理**

Audacity 的“效果”菜单提供了多种音频效果选择，例如重复、反向、回声、淡入、淡出、改变速率、标准化、降噪等。只需先选取要设置的音频片段，再单击对应的效果命令即可，下面介绍两种常用的音频效果。

（1）音频的标准化

由于不同人或同一人多次录音，导致录音音量的不同，当进行音频合成时会出现音量时大时小的情况，Audacity 的“效果|标准化”命令可以将不同音频文件的音量统一。选择需要统一的所有待标准化的音频文件，单击菜单栏中的“效果|标准化”命令，弹出“标准化”对话框，设置对应参数，可预览效果，试听满意后，单击“确定”按钮，完成所选音频的标准化。

（2）音频的降噪

在进行声音录制时，由于环境的原因或者是录制设备的原因，会产生一些噪音，Audacity 提供了智能消除减少噪音的功能。Audacity 在降噪处理时需要提供噪音样本，所以建议在录制时的前 5 秒内进行空录，从而获得除噪音外无其他声音的噪音样本。

首先使用选择工具选择噪音样本，单击菜单栏中的“效果|降噪”命令，打开“降噪”对话框，如图 6-31 所示，单击对话框中的“取得噪声特征”按钮；然后选择想要降噪的音频或是通过【Ctrl+A】快捷键全选所有音频，再次单击“效果|降噪”命令，打开“降噪”对话框，在“步骤 2”中进行设置后单击“确定”按钮，就可完成降噪处理。

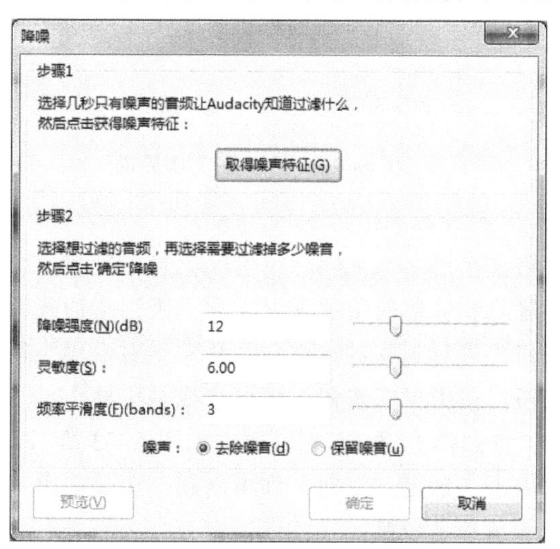

图 6-31 “降噪”对话框

6.3.3 视频编辑软件

视频编辑软件是对视频源进行非线性编辑的软件，软件通过对加入的图片、背景音乐、特效、场景等素材与视频进行重混合，对视频源进行切割、合并，通过二次编码，添加文字注释、转场特效、MTV 字幕特效功能，生成具有不同表现力的新视频。视频编辑软件的种类十分丰富，常用的有：视频编辑和光盘制作的软件会声会影、专业的屏幕录制及视频编辑软件 Camtasia、基于非线性编辑设备的音视频编辑软件 Adobe Premiere、简单易操作的免费的视频剪辑软件爱剪辑等。下面介绍使用爱剪辑软件进行视频的编辑。

爱剪辑是国内一款免费的视频剪辑软件，它界面友好、操作简单，自带多种文字特效、风格效果、转场特效、字幕功能、特技效果等。爱剪辑软件可直接在其官网（http://www.aijianji.com/）下载并安装，同时官网也提供了素材下载、软件教程、常见问题等模块。本小节以爱剪辑 3.0 版本为例，进行介绍。

安装完成爱剪辑后，运行程序，图 6-32 是爱剪辑的工作界面，由工具栏、素材区、预览区、剪辑区、功能设置区等几部分组成。选中工具栏中不同的工具，功能设置区将显示对应的设置项。

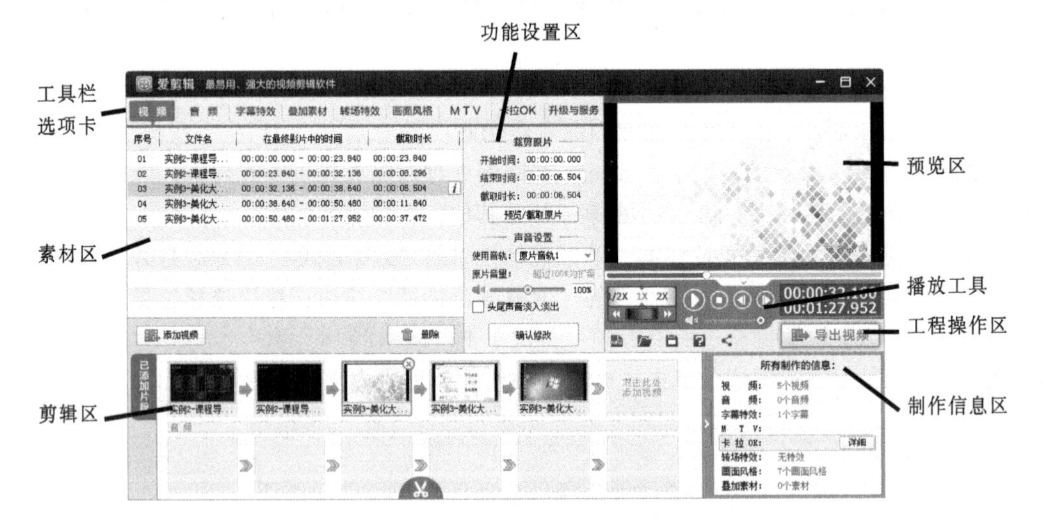

图 6-32　爱剪辑工作界面

1．工程文件操作

爱剪辑的工程文件格式扩展名为.mep，用来保存制作设置，而不保存视频、音频、贴图等素材文件，所以不要删除和移动使用的素材文件，否则将加载编辑失效。

工程操作区内的按钮，可对工程进行操作，从左到右依次为新建、打开、保存、在线帮助、分享、导出视频按钮。单击对应按钮，即可完成对应操作。

单击“新建”按钮，将会弹出“新建”对话框，如图 6-33 所示，输入片名、制作者、设置视频大小、临时目录后单击“确定”按钮，即可新建一个爱剪辑项目。建议视频大小设置为 720P 或 1080P，这样视频清晰度较高。

“打开”功能可打开一个已有的爱剪辑项目文件。

“保存”功能可保存项目文件。

图 6-33　“新建”对话框

2. **添加及编辑视频**

创建了项目文件后，首先要将需要编辑的视频添加到项目文件中。选择工具栏中的“视频”选项卡，单击视频列表下方的“添加视频”按钮，在弹出的窗口中选择要添加的视频片段，完成设置后，在素材区和剪辑区内均显示添加的视频文件，如图 6-34 所示。选择某一视频文件，可通过列表左侧的功能设置区进行视频文件的截取、快进、慢放、画面定格等操作，或者是消除原有视频音轨。

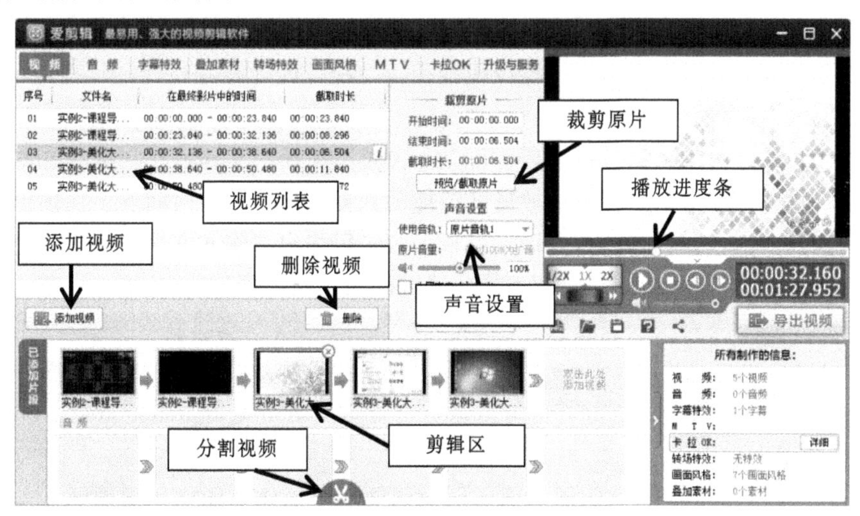

图 6-34　视频编辑

添加多个视频后，在剪辑区内将显示多个视频片段，要注意剪辑区内视频片段是顺序播放的，不可同时叠加多个视频。若想修改视频的顺序，可以直接在剪辑区内拖动。若想删除视频片段，只需在选择后单击“删除”按钮即可。

如果想要对视频文件进行分割，可以拖动预览区进度条到需要分割的时间点处，单击下方中间的“分割视频” 按钮即可。

3. **添加及编辑音频**

添加视频后，单击工具栏中的“音频”选项卡，可以进行背景音乐、音频文件的添加。单击“添加音频”按钮，在弹出的下拉框中，根据需要选择“添加音效”还是“添加背景音乐”选项。在弹出的文件选择框中，选择要添加的音频文件后，进入“预览/截取”对话框，如图 6-35 所示，设置开始时间和结束时间对音频片段进行截取，在“此音频将被默认插入到:”栏目下，选择需要的选项，来设置此音效的插入点，单击“确定”按钮即可。

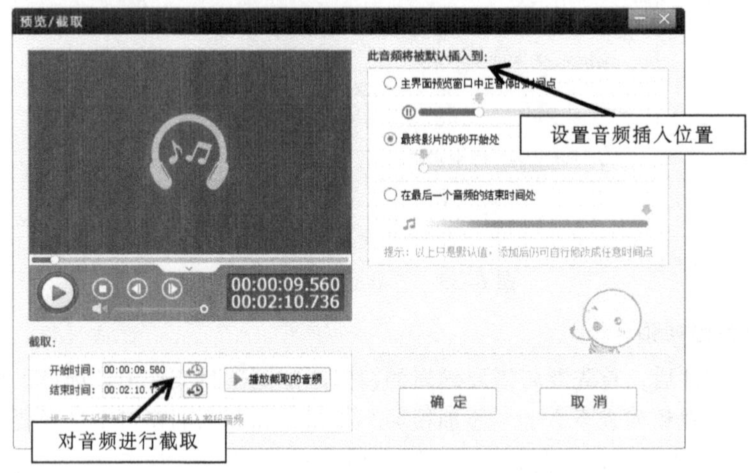

图 6-35　插入音效“预览/截取”对话框

列表中将显示所有音频文件，选择某一音频文件，可通过列表左侧的功能设置区进行音频文件的再编辑，和视频文件不同的是，同一时间支持多音频文件的同时播放。若想删除音频文件，只需在选择后单击“删除”按钮即可。

4. **添加及设置字幕**

完成视频和音频的添加及剪辑之后，可以为视频添加动态字幕或文字标注。单击工具栏中的“字幕特效”选项卡，将视频播放进度条拖动到要添加字幕的时间点，在预览区内要添加字幕的位置处双击，即可在此位置添加字幕。双击后弹出“输入文字”对话框，输入一条字幕即可，如图 6-36 所示。同一时间不同位置可添加多条字幕。

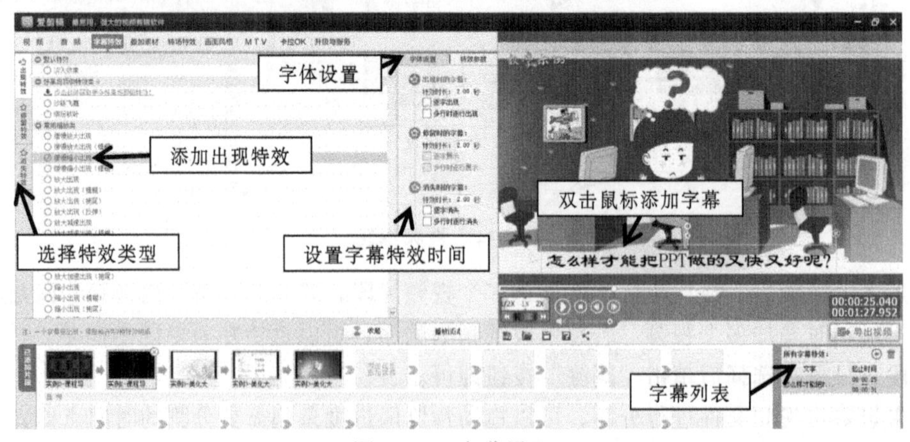

图 6-36　字幕设置

添加完字幕后，在已有字幕上双击，则可修改已有字幕。也可以在预览区直接拖动字幕或其四周控制点进行位置、变形、旋转角度的设置。若要设置字幕的动态显示、消失等效果，可在素材区内选择字幕特效进行设置，字幕特效分为字幕出现时的特效（即“出现特效”）、字幕停留时的特效（即“停留特效”）和字幕消失时的特效（即“消失特效”）三种形式。单击右侧选项卡切换特效类型，然后在列表区勾选满意的特效即可应用此特效。

在字幕特效功能设置区中包含两个选项卡，“字体设置”选项卡可设置字幕的字体、字号、颜色、位置等；“特效参数”选项卡用来设置出现、停留、消失特效的特效时长和效果，该设置决定了字幕的持续时长。

5. **添加及设置转场特效**

转场特效可以使不同场景之间的视频片段过渡的更加自然，并能实现一些特殊的视觉效果。在“已添加片段”区中，选中要添加转场效果的视频片段，单击工具栏中“转场特效”选项卡，在素材区的特效列表中双击满意的特效即可为其应用此转场特效，还可以通过对应的功能设置区对特效时长进行设置。

6. **设置画面风格**

画面风格分为“画面”“美化”“滤镜”“动景”四个栏目。巧妙地应用画面风格，能够使我们的视频更具美感、个性化以及拥有独特的视觉效果。一段视频可以添加任意多个画面风格进行效果叠加，如图 6-37 所示。

在底部“已添加片段”列表中，选中要添加画面风格的视频片段；在“画面风格”面板左侧选中需要的栏目，在相应栏目下，选择要添加的画面风格；单击在画面风格列表下方的“添加风格效果”按钮，在弹出的下拉框中，根据需要选择“为当前片段添加风格”还是“指定时间段添加风格”选项，如果选择“指定时间段添加风格”则会弹出“选取风格时间段”对话框，进行时间的选取即可。

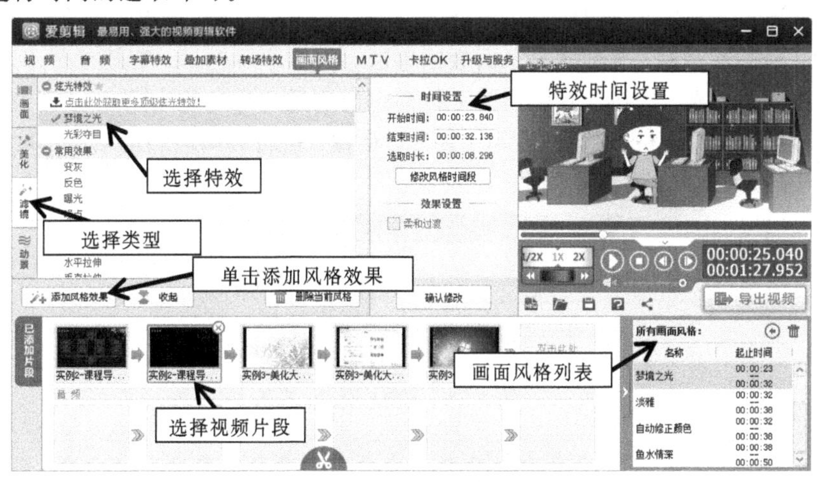

图 6-37　画面风格设置

添加完风格化后在爱剪辑右下角的“所有画面风格”列表区，将会列出所有应用的画面风格，单击即可选择某一风格，可在画面风格列表区的左侧进行特效时间设置。

7. **叠加素材及设置**

爱剪辑的“叠加素材”功能分为“加贴图”、“加相框”和“去水印”三栏。

添加贴图功能就是在视频的指定时间指定位置上添加图片，并可对图片添加进入、退出及各种停留特效。在“叠加素材”面板上单击“加贴图”栏目，将视频播放进度条拖动到要添加贴图的时间点，在预览区内要添加贴图处双击，弹出“选择贴图”对话框，选择一张贴图，单击“确定”按钮，选择的贴图将插入到选定位置。可在预览区直接拖动贴图或其四周控制点进行大小、位置、旋转角度的设置。可在素材区的特效列表中为其选择一种特效，同时在“贴图设置”区设置贴图的持续时间、透明度等，如图 6-38 所示。

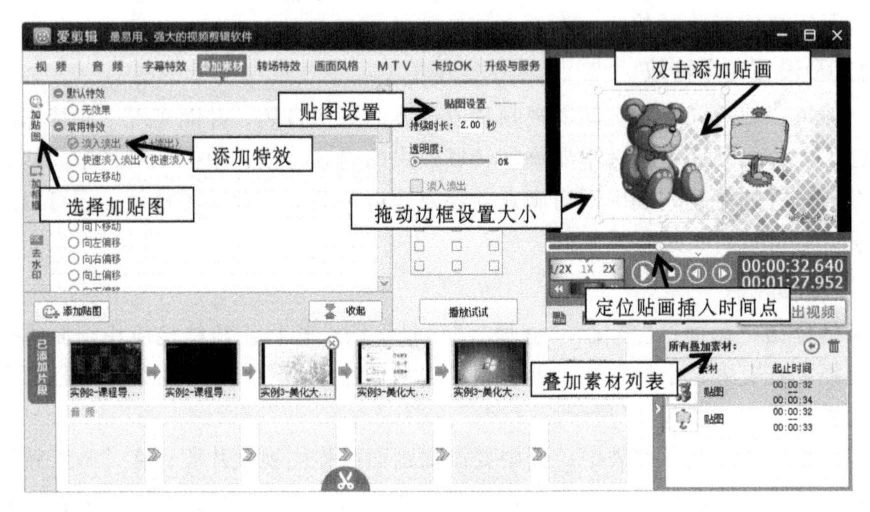

图 6-38　加贴图并设置

加相框功能就是为视频片段添加相框，其添加的过程与添加画面风格相同。可为整段视频或是指定时间段的视频添加相框。

去水印功能可以为指定时间段指定区域的视频内容应用模糊、腐蚀、马赛克等效果，从而达到去水印的作用。在“叠加素材”面板中单击“去水印”栏目，在该栏目水印列表下方单击“添加去水印区域”按钮，在弹出的下拉框中，选择“为当前片段去水印”或“指定时间段去水印”选项，弹出“选取时间段和区域”对话框，进行时间段和区域的选取，单击“确定”按钮即可，如图 6-39 所示。

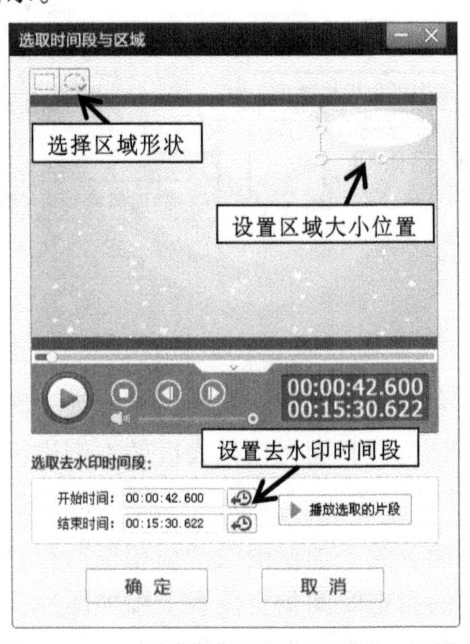

图 6-39　“选取时间段与区域”对话框

8. **导出视频**

视频编辑完成后，可单击工程操作区中的“导出视频”按钮，打开“导出设置”对话框，如图 6-40 所示。设置各参数后，单击“导出”按钮，进度条完成后，即可在设置的导出路径中获得视频文件。在导出的视频中爱剪辑将会自动添加片头，显示片名和制作者信息。

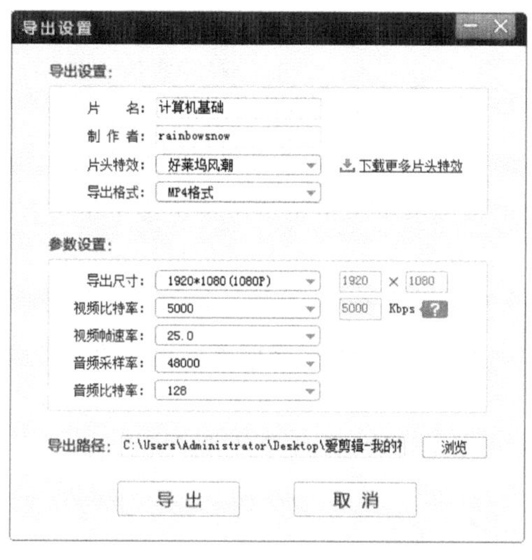

图 6-40　“导出设置”对话框

习题

一、选择题

1. 下列各组应用不是多媒体技术应用的是（　　）。

   A. 计算机辅助教学　B. 电子邮件　C. 远程医疗　D. 视频会议

2. 下面的图形图像文件格式中，（　　）可实现动画效果。

   A. WMF 格式　B. GIF 格式　C. BMP 格式　D. JPG 格式

3. 下面程序中（　　）不属于音频播放软件。

   A. Windows Media Player　B. GoldWave

   C. QuickTime　D. ACDSee

4. 媒体中的（　　）指的是能直接作用于人们的感觉器官，从而能使人产生直接感受的媒体。

   A. 感觉媒体　B. 表示媒体　C. 显示媒体　D. 存储媒体

5. 下列（　　）文件属于视频文件。

   A. JPG　B. AU　C. ZIP　D. AVI

6. 构成位图图像的最基本单位是（　　）。

   A. 颜色　B. 通道　C. 图层　D. 像素

7. 多媒体信息不包括（　　）。

   A. 音频，视频　B. 动画，图像　C. 声卡，光盘　D. 文字，图像

8. Photoshop 不能制作的是（　　）。

A. 邮票　　B. 贺卡　　C. 平面广告　　D. 程序

9. 下面程序中，(　　)属于三维动画制作软件。

A. 3ds Max　　B. Fireworks　　C. Photoshop　　D. Authorware

10. 将模拟声音信号转变为数字信号的数字化过程是(　　)。

A. 采样→编码→量化　　B. 量化→编码→采样

C. 编码→采样→量化　　D. 采样→量化→编码

二、填空题

1. 媒体是指人借助用来________与________的工具、渠道、载体、中介物或技术手段。

2. 在多媒体课件中，课件能够根据用户答题情况给予正确和错误的回复，突出显示了多媒体技术的________。

3. 计算机存储信息的文件格式有多种，DOCX格式的文件主要用于存储______信息的。

4. 在Photoshop中，能按照颜色选取图像的某个区域的工具是________。

5. 某同学运用Photoshop加工自己的照片，照片未能加工完毕，他准备下次接着做，他应将照片保存为__________格式。

6. 声音的数字化过程分为三个步骤：________、________与________。

7. Audacity的项目文件扩展名为_________。

8. 将文件进行压缩，其目的是_____________。

9. 采样的频率越高，声音“回放”出来的质量也______，但是要求的存储容量也______。

10. 使用爱剪辑编辑视频时，可以使用_________按钮将视频分割成多个片段。

三、简答题

1. 媒体可以分为哪几类？

2. 多媒体技术的特征有哪些？

3. 图形和图像有什么区别？

4. 多媒体计算机获取图形或静态图像的方法有哪些？

5. 列举多媒体技术应用的主要领域。

第7章 办公软件应用

办公软件是指可以进行文字处理、表格制作、幻灯片制作、图形图像处理、简单数据库的处理等方面工作的软件。它的应用范围很广，大到社会统计，小到会议记录，数字化的办公都离不开办公软件的鼎力协助。目前国内使用较多的办公软件有微软公司开发的 Microsoft Office 和金山公司开发的 WPS Office，本章以 Microsoft Office 2016 为例讲解常用办公软件。

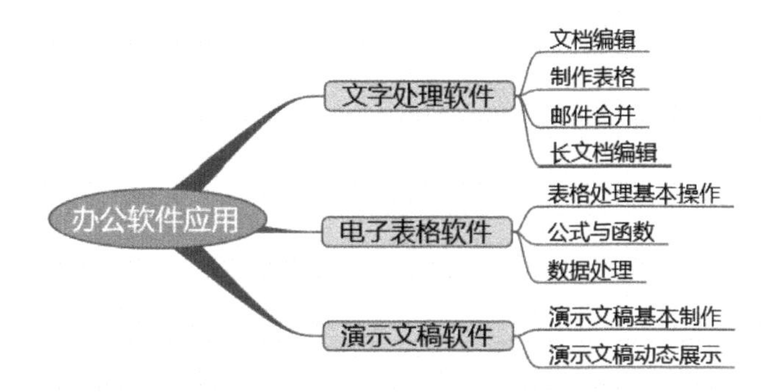

7.1 文字处理软件

Microsoft Office Word 2016 是由微软公司推出的 Office 系列办公软件之一，相比之前的版本界面更加漂亮美观，操作更加便捷，是当前使用比较广泛的文字处理软件。它适合在家庭、文教、桌面办公和各种专业文稿排版领域制作公文、报告、信函、文学作品等。Word 2016 通过“所见即所得”的用户图形界面可以让用户方便快捷地输入和编辑文字、图形、表格、公式、图表和流程图等。

Word 2016 操作界面由快速访问工具栏、标题栏、选项卡、功能区、文档编辑区、滚动条、“视图”按钮、“缩放标尺”按钮及任务窗格等部分组成。Word 2016 启动后建立了一个 Word 的窗口，这是一个标准的 Windows 应用程序界面，是用户进行文字编辑的工作环境。Word 2016 的操作界面按照用户希望完成的任务来组织程序功能，将不同的命令集成在不同的选项卡中，同时相关联的功能按钮又分别归置于不同的组中。Word 2016 的工作界面主要组成如图 7-1 所示。

图 7-1　Word 2016 工作界面

各主要部分的功能如下：

① 快速访问工具栏：包含用户自定义的常用命令，可快速启动。默认情况下，只有数量较少的命令，用户可以根据需要添加多个自定义命令，单击其右侧的下拉按钮，在打开的下拉列表中选择需要添加的命令即可。

② 标题栏：标题栏位于快速访问工具栏的右侧，用于显示文档和程序名称。

③ 工具选项卡：单击某个选项卡即可切换到与之相对应的功能区面板。选项卡分为主选项卡和工具选项卡。默认情况下，仅显示主选项卡。当插入图表、SmartArt、形状（绘图）、文本框、图片、表格或艺术字等元素且其被选中时，在选项卡栏的右侧将出现相应的工具选项卡。如插入表格后，光标定位在表格中，将出现“表格工具”选项卡，其下还有“设计”和“布局”选项卡。

④ 文档编辑区：文档编辑区是输入文本和编辑文本的区域，位于功能区的下方。其中有一个不断闪烁的竖条，称为插入点。

7.1.1　文档编辑

1. 查找和替换

在一篇很长的文章中查找字符，可以借助于 Word 提供的查找功能。同样，如果要将文章中的一个字符用另外一个字符来替换，当这个字符在文章中出现的次数较多时，可借助 Word 提供的替换功能实现。查找功能可以在文稿中找到所需要的字符及其格式，替换功能不但可以替换字符，还可以替换字符的格式。

（1）使用导航窗格查找文本

通过导航窗格可以查看文档结构，也可以对文档中的某些文本内容进行搜索，搜索到所需的内容后，程序会自动将其进行突出显示。具体操作步骤如下：

将光标定位到文章的起始处，切换到"视图"选项卡，选中"显示"组中"导航窗格"复选框，打开"导航"窗格，在"搜索文档"文本框中输入要查找的文本内容，Word将在"导航"窗格中列出文档中包含查找文字的段落，同时会将自动搜索到的内容以突显的形式显示。

（2）使用"查找和替换"对话框查找文本

查找文本还可以通过"查找和替换"对话框来完成查找操作，使用这种方法可以对文档中的内容逐个进行查找，也可以在固定的区域中查找，具有比较大的灵活性。

操作步骤：单击"开始"选项卡→"编辑"组→"查找"右侧的下拉按钮，在下拉列表中选择"高级查找"命令，弹出"查找和替换"对话框。在其"查找"选项卡中输入需要查找的内容，单击"在以下项中查找"按钮，在下拉列表中选择"主文档"选项，程序会自动执行查找操作，查找完毕后，所有查找到的内容都处于选中状态。

（3）使用通配符查找文本

查找文本内容时可使用通配符来代替一个或多个实际字符。常用的通配符包括"*"与"?"，其中"*"代表多个任意字符，而"?"表示一个任意字符。使用通配符进行查找和替换时，在写好查找和替换条件后，在"查找和替换"对话框中单击"更多"按钮，选中"使用通配符"复选框即可。

（4）替换文本

替换功能用于将文档中的某些内容替换为其他内容。使用该功能时，将会与查找功能一起使用。具体操作步骤：在"查找和替换"对话框中单击"替换"选项卡，输入需查找的内容及替换为的内容，然后单击"查找下一处"按钮，文档中第一处查到的内容就会处于选中状态，单击"替换"按钮即可完成该处替换，需要向下查找时，再次单击"查找下一处"按钮即可完成逐个替换。用户还可以直接单击"全部替换"按钮，将文章中查找的内容全部替换为新内容。

（5）特殊的"查找和替换"功能

查找和替换功能还可以完成带有字体、图片或段落格式以及特殊格式的替换。特殊格式是指文档中的段落符号、制表位、分栏符、省略符号等内容，程序对以上内容设置了特殊的符号。利用"查找和替换"对话框中的"更多"按钮，可以实现带格式的替换和特殊字符的替换等。其操作方法是：单击"查找和替换"对话框中的"更多"按钮，在扩展的"查找和替换"对话框中设置搜索选项、输入"格式"或"特殊字符"，完成特定格式文本的查找和替换。

如果"替换为"文本框为空，替换后的实际效果是将查找的内容从文档中删除；若是替换特殊格式的文本，其操作步骤与带格式文本的查找类似。带格式的查找替换完成之后，如果要取消限制的格式，可以单击"不限定格式"按钮。

2. 字符段落格式设置

在Word 2016中，可以使用"开始"选项卡中"字体"组中的命令来设置文字字体、字号、颜色、字形、文字效果等格式，也可以单击"字体"组右下角的对话框启动器按钮，打开"字体"对话框进行设置。

单击"开始"选项卡"段落"组中的常用命令，可以对段落格式进行快速设置，例如添加项目符号、添加编号、设置段落对齐方式等。单击“段落”组右下角的对话框启动器，打开“段落”对话框，可以设置段落的对齐方式、大纲级别、特殊格式、段落左右缩进、段落间距、行间距等。

3. **项目符号和编号**

① 自动创建项目符号和编号：在需要应用项目编号的段落开始前输入如“1.”“·”“a)”“一、”等格式的起始编号，后跟一个空格或制表符，再输入文本，当按【Enter】键后 Word 自动生成下一个编号。在需要应用项目符号的段落开始前输入“*”和一个空格或制表符，然后输入文本，当按【Enter】键时，Word 自动将该段转换为项目符号列表，星号转换成黑色的圆点“.”。如果完成列表，可按两次【Enter】键或按一次【Backspace】键删除列表中最后一个项目符号即可，或者是按住【Shift】键的同时按【Enter】键。

② 手动添加项目符号：单击“开始”选项卡→“段落”组→“项目符号”下拉按钮，打开“项目符号库”下拉列表，可以从中选择所需的项目符号样式；也可以自定义新的项目符号，在“项目符号库”下拉列表中选择“定义新项目符号”命令，在弹出的“定义新项目符号”对话框中可以设置项目符号字符为符号、图片或字体，同时还可以设置对齐方式。

③ 手动添加编号：选中文字，单击“开始”选项卡→“段落”组→“编号”按钮，可以为文本添加默认的编号样式。也可以单击“编号”下拉按钮，打开“编号库”面板，在面板中选择编号格式。若要自定义编号，可以选择“定义新编号格式”命令，在弹出的“定义新编号格式”对话框中设置编号样式、字体、编号格式、对齐方式等。

4. **格式刷**

通过格式刷可以实现格式复制功能，即将某段文本或某个段落的排版格式复制给另一段文本或多个段落。

操作步骤：选定要复制格式的段落或文本后，单击“开始”选项卡→“剪贴板”组→“格式刷”按钮，鼠标指针变为一把小刷子形状，在要设置格式的段落或文本上拖放鼠标即可。单击“格式刷”按钮只能使用一次格式复制功能，双击“格式刷”按钮可以多次使用格式复制功能，使用完毕，只要再次单击“格式刷”按钮或者按【Esc】键即可释放格式刷。

5. **页面设置**

页面设置包括页边距、纸型、版式和文档网格等的设置，这些操作都可以在“页面设置”对话框的四个选项卡中完成。页面设置方法：单击“布局”选项卡→“页面设置”组的对话框启动器，弹出“页面设置”对话框。对话框中的选项卡功能如下所示。

①“页边距”选项卡：用于设置页边距（正文与纸张边缘的距离）和纸张的方向。

②“纸张”选项卡：用于设置纸张大小与来源。

③“版式”选项卡：用于设置文档的特殊版式，如页眉、页脚距边界的距离。

④“文档网格”选项卡：用以设置文档网格，指定每行的字符数及每页的行数。

6. **分栏排版**

分栏排版是一种广泛使用的排版方式，在图书、报纸、杂志中大量使用。设置分栏的操作步骤如下：选定需要分栏的段落，单击“布局”选项卡→“页面设置”组→“分栏”按钮，在打开的“分栏”下拉列表中选择需要的分栏样式，如果列表中的样式不能满足用户的需要，可以在该下拉列表中选择“更多分栏”命令，弹出“分栏”对话框，如图 7-2 所示。在对话框中设置栏数、宽度、间距和分隔线等，完成分栏操作。

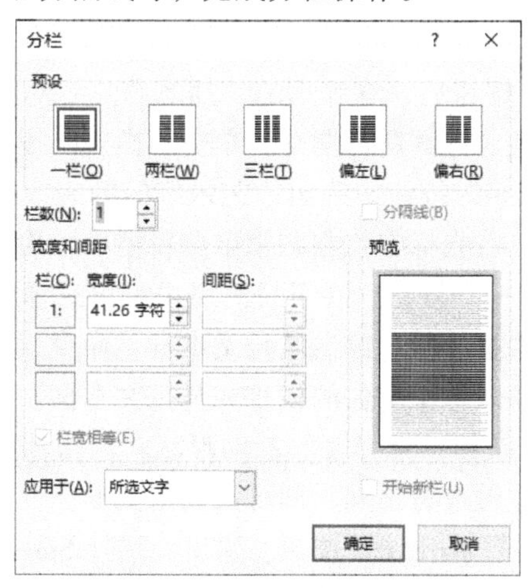

图 7-2 “分栏”对话框

7. **分隔符**

Word 中常用的分隔符有三种：分页符、分栏符、分节符。在文档中插入分隔符的操作步骤：光标定位于需要插入分隔符的位置，单击“布局”选项卡→“页面设置”组→“分隔符”按钮，在打开的“分页符”下拉列表中可选择分隔符或分节符类型。

① 分页符：分页符是分页的一种符号，标记一页终止并开始下一页的点。Word 具有自动分页功能，如果当前页面录满时，Word 将自动转到下一页，并且在文档中插入一个软分页符。如需另起一页，这时需要使用人工插入硬分页符强制分页，分页符位于一页的结束的位置。

② 分栏符：如果文档设置了多个分栏，则文本内容会在完全使用完当前栏的空间后转入下一栏显示。可以在文档任意位置（主要应用于多栏文档中）插入分栏符，使插入点以后的文本内容强制转入下一栏显示。

③ 分节符：分节符是在一节中设置相对独立的格式而插入的标记。同节的页面拥有同样的边距、纸型或方向、打印机纸张来源、页面边框、垂直对齐方式、页眉和页脚、分栏、页码编排等。要使文档各部分版面形态不同，可以把文档分成若干节。对每个节可设置单独的编排格式。节的格式包括栏数、页边距、页码、页眉和页脚等。例如，如果想在不同章显示不同的页眉，可以将每一章作为一个节，每节独立设置页眉。

8. **页眉和页脚**

页眉和页脚位于文档中每个页面的顶部与底部位置，在编辑文档时，可以在其中插入文本或图形，如书名、章节名、页码和日期等信息。在文档中所有页面可以使用同一个页眉或页脚，也可以在文档的不同节里使用不同的页眉和页脚。

9. **图文混排**

图文混排，就是将文字与图片混合排列，它应用到各个领域，最为常见的是一些杂志、报刊。合理的对图片进行版式布局，能够为文档增色不少。Word 提供了一套图形绘制工具、图片工具和艺术字工具，能很好的提供图文混排功能。

（1）插入对象

Word 允许在文档的任意位置插入常见格式的图片、文本框、形状、艺术字对象。将光标

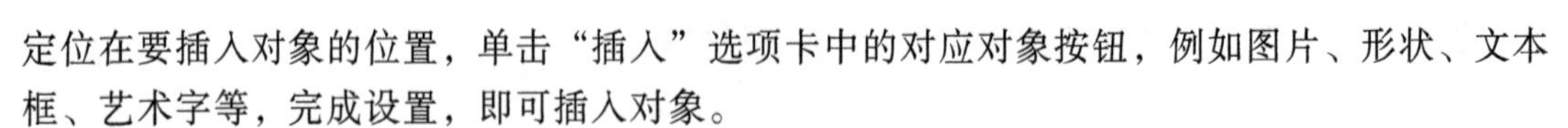

定位在要插入对象的位置，单击“插入”选项卡中的对应对象按钮，例如图片、形状、文本框、艺术字等，完成设置，即可插入对象。

① 图片：单击“图片”按钮后，在弹出的“插入图片”对话框的“查找范围”下拉列表框中选择图片所在的文件夹，选择所需图片，单击“插入”按钮，即可插入图片。

② 艺术字：单击“艺术字”按钮，弹出“艺术字”列表，选择一种艺术字样式后，文档中出现一个艺术字编辑框，将光标定位在艺术字编辑框中，输入文本即可。

③ 文本框：单击“文本框”按钮，在下拉列表中可以选择内置的文本框样式，插入文本框；也可以选择“绘制文本框”或“绘制竖排文本框”命令，在相应位置按住鼠标左键拖动鼠标指针到所需大小即可插入一个空白的横排或竖排文本框。

④ 形状：单击“形状”按钮，选择要绘制的形状，当指针显示为“十”字形时，在需要绘制图形的地方按住鼠标左键进行拖动，即可绘制出图形。

⑤ SmartArt 图形：单击“SmartArt”按钮，弹出“选择 SmartArt 图形”对话框，选中某种类型图，会在对话框右侧显示出该类型图的名称和作用，单击“确定”按钮即可。

⑥ 图表：单击“图表”按钮 ，弹出“插入图表”对话框，如图 7-3 所示。在左侧的图表类型列表中选择需要创建的图表类型，在右侧图表子类型列表中选择所需的子图表，单击“确定”按钮后，在 Word 文档中生成一个图表的同时生成另外一个 Excel 文档窗口，在 Excel 窗口中编辑图表数据，图表将同步更新。完成数据的编辑后，关闭 Excel 窗口即可。

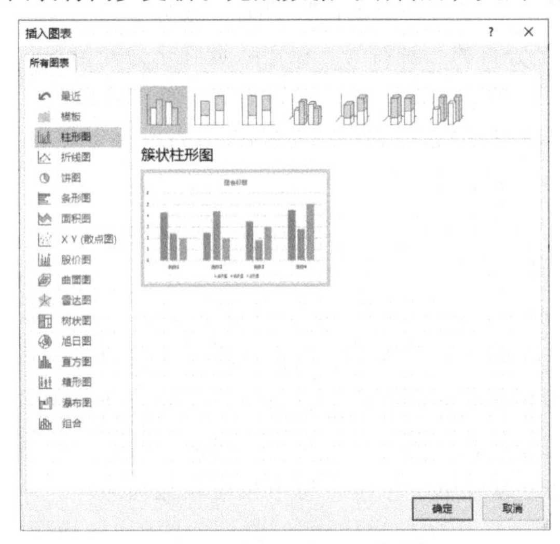

图 7-3 “插入图表”对话框

⑦ 绘图画布：绘图画布可用来绘制和管理多个图形对象。使用绘图画布，可以将多个图形对象作为一个整体，在文档中移动、调整大小或设置文字环绕方式。也可以对其中的单个图形对象进行格式化操作，且不影响绘图画布。单击“插入”选项卡“插图”组中的“形状”按钮，在打开的菜单中选择“新建绘图画布”命令即可插入绘图画布。

（2）多对象叠放次序

默认为先插入文档中的对象在最下方，当出现多对象堆叠的时候，后插入的对象会遮盖先插入的对象，可以根据需要调整对象的叠放位置。右击对象，在弹出的快捷菜单中选择“置于顶层”或“置于底层”命令组，在级联菜单中选择该对象的叠放次序。或者在“图片工具”

或“绘图工具/格式”选项卡“排列”组中的“上移一层”或“下移一层”命令修改叠放次序。也可以在“选择窗格”中对文档中的对象进行叠放次序及显示与否的设置。

（3）多个对象的组合与分解。

文档中插入的对象，如图形、文本框、图片等对象可以组合成一个对象。需要注意图片插入到文档中默认的图片版式为嵌入型，而组合对象不能是嵌入式版式，因此需要先将图片的版式设置为非嵌入式后再进行组合操作

多个对象的组合与分解步骤：单击选中第一个对象，然后按住【Shift】键单击选中其他需要组合的对象，单击“图片工具”或“绘图工具”/“格式”选项卡→“排列”组→“组合”按钮，在下拉列表中选择“组合”命令，或在选中的多对象上右击，在弹出的快捷菜单中选择“组合”→“组合”命令即可将多个对象组合并成一个对象；如果想取消组合，单击“图片工具”/“格式”选项卡→“排列”组→“组合”按钮，在下拉列表中选择“取消组合”命令，或右击组合对象，在弹出的快捷菜单中选择“组合”→“取消组合”命令。

【例 7-1】《背影》排版。

（1）打开 Word 文档

打开素材文件夹中的“背影.docx”文档。

（2）文本内容的选定、复制及粘贴

将“背影内容赏析与问题.docx”文档中全部内容复制到“背影.docx”文档的最后，仅保留文本。

（3）文本内容的移动

将“思考问题”和“内容赏析”部分（包括其后的内容段落）互换位置。

（4）插入特殊符号

在“内容赏析”和“思考问题”的小标题前后分别插入特殊符号“ജ”“ഗ”。

（5）替换操作

① 将文中“徐洲”替换为“徐州”。

② 删除文章中所有空格。

③ 删除文章中所有空行。

④ 将背影正文部分中的“背影”修改为标准色中的深红色、加粗倾斜并突出显示。

（6）设置字符和段落格式

① 文章标题“背影”居中对齐；字号 42 磅，字体华文行楷，字形加粗；字符缩放 125%。设置标题文字效果如下：文本填充为渐变效果，预设渐变为“中等渐变-个性色 4”，线性向上；文本边框为深蓝色的 1 磅实线；为其添加右上对角透视的阴影效果；发光效果设置要求：颜色为主题颜色中的“白色，背景 1，深色 50%”，大小 3 磅，透明度 30%。

② 作者“朱自清”为黑体四号字，右对齐，段前、段后间距 0.5 行。

③ 小标题“ജ内容赏析ഗ”为黑色四号字，加粗；居中对齐，段前、段后 0.5 行；字符间距加宽 3 磅。

④ 背影的正文部分（不包括后面的“内容赏析”和“思考问题”部分），设置为宋体小四号字，两端对齐，首行缩进 2 字符，行距为固定值 22 磅。

⑤“思考问题”部分（不包括“ജ思考问题ഗ”小标题）设置为宋体小四号字，两端对齐，悬挂缩进 2 字符，1.5 倍行距。

（7）使用“格式刷”快速格式化文本

按照背影正文的格式设置“꧁内容赏析꧂”的内容部分；按照“꧁内容赏析꧂”格式设置“꧁思考问题꧂”部分。

（8）设置编号

为“思考问题”部分添加编号，编号格式为“(1)，(2)，(3)，…”（半角括号），紫色加粗。

（9）页面设置

设置页边距上下为 2.5 厘米，左右为 3 厘米；纸张大小为 A4。

（10）分栏操作

将“内容赏析”内容部分分两栏，左栏宽 18 字符，右栏宽 20 字符，分隔线分隔。

（11）插入分节符

在“内容赏析”小标题前插入分节符，并在下一页开始新节。

（12）设置页眉和页脚

① 第 1 页和第 2 页插入“背影 正文”页眉，第 3 页插入“背影 赏析”页眉，页眉均为华文行楷五号字，居中。

② 在页脚处插入居中对齐的页码“x/y”，其中 x 为当前页码，y 为总页数。

③ 设置页眉顶端和页脚底端距页面均为 1.5 厘米。

（13）图文混排操作

① 在第二页插入素材文件夹内图片“背景.jpg”，锁定大小纵横比，设置其高为 6 厘米，以纵横比 1∶1 将图片右边裁剪去。

② 插入竖排文本框，文字为“背影”，华文行楷，小一号字，为其应用艺术字样式“填充-黑色，文本 1，阴影”，文本框高 2.5 厘米，宽 1.5 厘米，无填充颜色，无轮廓，内部间距上下 0.2 厘米，左右 0 厘米，文字水平且垂直居中对齐。

③ 图片和文本框相对水平右对齐，垂直顶端对齐，确认两者叠放次序，文本框要在图片上一层。

④ 将图片和文本框组合。设置组合后的对象为四周型，文字只在右侧，距正文上下左右均为 0.3 厘米；位置水平相对于页边距左对齐，垂直页面下侧 3 厘米。

（14）保存文档。

7.1.2 制作表格

1. 创建表格

将光标定位到插入点，单击“插入”选项卡→“表格”组→“表格”按钮，打开“插入表格”面板，如图 7-6 所示。在“插入表格”面板中，有多种创建表格的方法可供选择。

① 利用鼠标上下左右滑动，选择模拟表格的单元格数量。

② 选择“插入表格”命令，弹出“插入表格”对话框，通过设置列数和行数进行创建，如图 7-7 所示。

图 7-6 “插入表格”面板

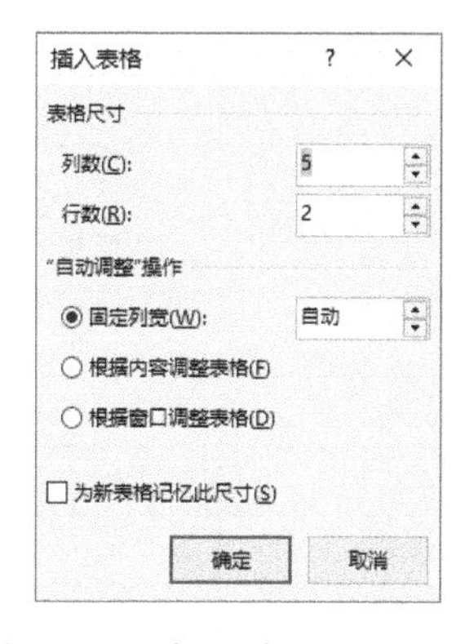

图 7-7 “插入表格”对话框

③ 选择“绘制表格”命令，鼠标变成笔的形状，通过拖动绘制表格。

④ 文本转换成表格。Word 可以很方便地将文本转换成表格形式，首先为准备转换成表格的文本添加分隔符（如用逗号，必须是英文半角逗号），然后选中需要转换成表格的文本，选择“文本转换成表格”命令，在弹出的对话框中调整列数、分隔符号等即可。常见的分隔符有段落标记（用于创建表格行）、制表符和逗号（用于创建表格列）。对于同一个文本段落中含有多个制表符或逗号的文本，Word 可以将其转换成单行多列的表格；对于包括多个段落、多个分隔符的文本则可以转换成多行、多列的表格；而对于只有段落标记的多个文本段落，可以将其转换成单列多行的表格。

⑤ 选择“Excel 电子表格”命令插入空白 Excel 表格，可在 Excel 表格中进行数据录入、数据计算等数据处理工作，其功能与操作方法跟在 Excel 中操作完全相同。

⑥ 选择“快速表格”命令，在打开的“内置”表格库面板中，选择所需的表格样式。

2. 录入表格内容

在表格中录入内容，首先将插入点定位在要录入的单元格中，然后输入内容。如果输入文本的长度超过了单元格的宽度时，则会自动换行并增大行高。如果要在单元格中开始一个新段落，可以按【Enter】键，该行的高度也会相应增大。

如果要移到下一个单元格中继续，可以单击下一个单元格，或者按【Tab】键或【→】键移到下一个单元格。按【Shift+Tab】组合键可将插入点移到上一个单元格。按【↑】、【↓】键可将插入点移到上一行、下一行。这样可以将文本录入到相应的单元格中。

3. 选定单元格

（1）使用鼠标或键盘操作

在对表格进行操作之前，必须先选定相应单元格。如果要选定一个单元格中的部分内容，可以用鼠标拖动的方法进行选定，与在文档中选定文本一样。另外，在表格中还有一些特殊的选定单元格、行或列的方法，具体操作如表 7-1 所示。

表 7-1 选定单元格操作

目　　的	操　　作
选中一个单元格	单击该单元格的左下角
选定一列单元格	单击该列的顶端边界

续表

目　　的	操　　作
选定一行单元格	单击该行的左侧
选定多个连续的单元格	在要选定的单元格、行或列上拖动鼠标选定某一单元格、行或列，然后按住【Shift】键的同时单击其他单元格、行或列，则其中的所有单元格都被选中；或在要选定的单元格上直接拖动鼠标选定
选定不连续的单元格	选定一个单元格，按【Ctrl】键再单击要选择的其他单元格
选定下一个单元格	按【Tab】键
选定前一个单元格	按【Shift+Tab】组合键
选定整个单元格	单击表格左上角的表格控制图标

（2）使用功能区命令按钮

将光标置于要选定的单元格中，单击“表格工具”/“布局”选项卡→“表”组→“选择”按钮，在下拉列表中显示“选择单元格”、“选择行”、“选择列”和“选择表格”命令，单击选择相应的选定命令。

4. **编辑表格**

将光标定位在表格中，自动显示“表格工具”功能区，该功能区包含“设计”和“布局”两个选项卡，“表格工具”/“设计”选项卡主要用来编辑和美化表格的样式，“表格工具”/“布局”选项卡主要用来修改表格。

① 在表格中插入与删除行或列。在“行和列”组中，单击“删除”按钮，可以删除单元格、行、列或整个表格。利用“在上方插入”按钮、“在下方插入”按钮、“在左侧插入”按钮、“在右侧插入”按钮，可以实现行或列的插入。

② 拆分与合并单元格和表格。在“合并”组中，选中若干单元格，单击“合并单元格”按钮，可以将多个单元格合并为一个。选择一个单元格，单击“拆分单元格”按钮，可以将一个单元格拆分为多行多列。选择表格中除首行外的任一行，单击“拆分表格”按钮，可以将表格拆分为两个表格，选中行将成为新表格的首行。合并表格操作：把两个表格放在同一个页面中，删除中间的空行即可。

③ 调整单元格大小。在“单元格大小”组中，单击“自动调整”按钮，可以根据内容和窗口自动调整列宽。在“高度”和“宽度”文本框中手动输入值，设置所选单元格的大小。单击“分布行”按钮或“分布列”按钮，可以在所选行、列之间平均分布高度或宽度。

④ 设置单元格对齐方式、单元格边距及文字方向。在“对齐方式”组中，可以为选中单元格设定文本对齐方式。单击“文字方向”按钮，可以更改所选单元格内文字的方向。单击“单元格边距”按钮，可以修改单元格边距和间距。

5. **将文字转换成表格**

Word可以将以段落标记、逗号、制表符或其他特定字符分隔的文字转换成表格。操作步骤：选择要转换成表格的文字，单击“插入”选项卡→“表格”组→“表格”按钮，在下拉列表中选择“文本转换成表格”命令，弹出“将文字转换成表格”对话框，输入设置的参数，单击“确定”按钮即可将文字转换成表格，如图7-8所示。

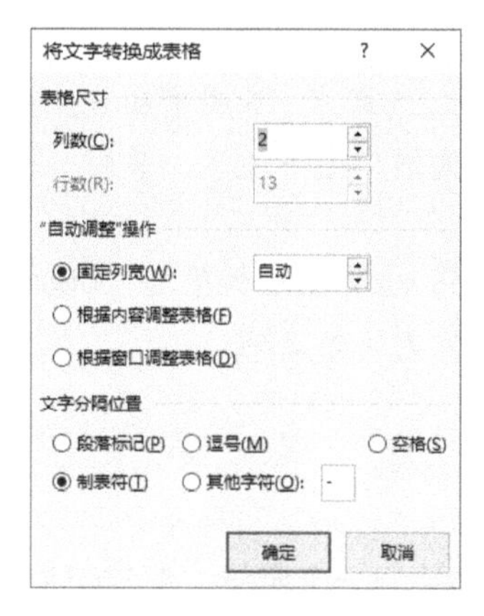

图 7-8 “将文字转换成表格”对话框

6. **表格的数据操作**

Word 没有 Excel 那么强大的对数据进行分析和处理的能力，但也可以完成普通的数据管理操作，包括对表格中的数据进行排序以及计算统计数据等功能。

（1）表格数据的排序

Word 提供对表格中的数据进行排序的功能，用户可以依据拼音、笔画、日期或数字等对表格内容以升序或降序进行列的排列。将插入点置于要进行排序的表格中，单击“表格工具”/“布局”选项卡→“数据”组→“排序”按钮，弹出“排序”对话框，在对话框中设置主要和次要关键字，单击“确定”按钮即可。

（2）表格中的公式计算

Word 表格功能中提供了一些简单的计算功能，如加、减、乘、除与求平均值等。表格中的单元格名称类似于电子表格中的 A1、A2、B1、B2 等，列用英文字符表示，行用数字表示，如图 7-9 所示。将插入点定位在要计算结果的单元格中，单击“表格工具”/“布局”选项卡→“数据”组→“公式”按钮，弹出“公式”对话框，如图 7-10 所示。在“粘贴函数”列表框中选择所需公式，在“编号格式”下拉列表框中选择数字格式，单击“确定”按钮即可在单元格中显示计算结果。

	A	B	C	D
1	A1	B1	C1	D1
2	A2	B2	C2	D2
3	A3	B3	C3	D3
4	A4	B4	C4	D4

图 7-9 表格中的单元格引用

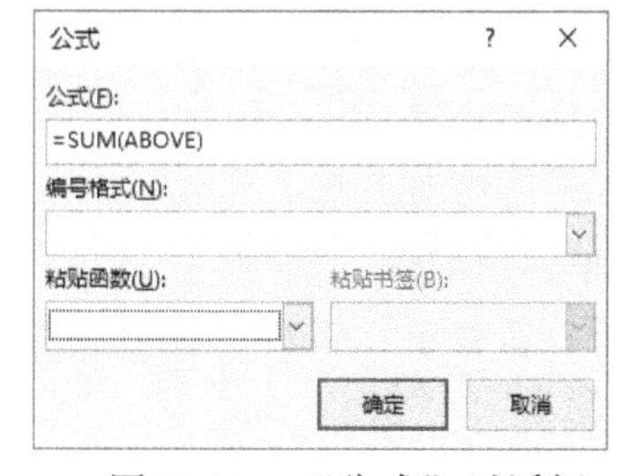

图 7-10 “公式”对话框

【例 7-2】制作请假单。

（1）创建表格

创建一个空白 Word 文档，插入一个 4 行 3 列的表格。

（2）插入行操作

在表格最后一行下方插入一行。

（3）设置行高和列宽

① 设置第 1 ~ 3 列列宽依次为 2.5 厘米、6 厘米和 6.5 厘米。

② 除最后一行外其余行行高为最小值 1 厘米，最后一行行高为固定值 2.2 厘米。

（4）合并与拆分单元格

① 合并第 2 行第 2、3 单元格；合并第 3 行第 2、3 单元格。

② 将第 1 行第 2 个单元格拆分为 1 行 2 列。

（5）分布列操作

将最后 1 行平均分布列宽度。

（6）手动绘制表格

在第 4 行第 3 个单元格中手动绘制一个竖线，要求与最后一行最后一个单元格左边框线对齐，如图 7-11 所示。

员 工 请 假 单

申请时间：　年 月 日

请假人		所属部门	
请假事由			
请假类别	□年假 □病假 □事假 □婚嫁 □产假 □丧假 □其他		
请假时间	自　年 月 日 时 分起 至　年 月 日 时 分起	合计	日　小时

直属主管：	部门经理：	总经理：

图 7-11　员工请假单样表

（7）录入数据文字

表格上方插入两个空段，如图 7-11 所示录入文字，其中第一行“员工请假单”前后与字间有空格。

（8）设置文字和段落格式

第一段等线 Light（中文标题）二号字加粗加双下画线，居中；第二段等线（中文正文）五号字，右对齐；表格中文字等线（中文正文）小四号字，参照样图 7-11，将对应单元格内文字加粗。

（9）设置表格对齐方式

整个表格水平居中对齐。

（10）设置单元格对齐方式

除最后一行外所有单元格水平且垂直居中对齐。

（11）行的移动

将表格第 2 行和第 3 行互换位置。

（12）设置表格边框和底纹

① 第 1 ~ 4 行设置底纹，填充主题颜色中的“蓝色，个性色 1，淡色 80%”。

② 第 1 ~ 4 行参照样图设置上、左、右外边框为主题颜色“黑色，文字 1”，实线 2.25 磅；内边框为主题颜色“蓝色，个性色 1”，实线 1.5 磅。

③ 第 5 行设置底纹图案颜色为标准色的“红色”、样式为“5%”，边框全部为红色 0.75

磅双实线。

（13）更改主题，保存文档

将文档主题更改为“暗香扑面”，以“员工请假单.docx”为文件名保存文档。

【例 7-3】处理成绩单。

（1）文本转换为表格

打开“成绩单.docx”文档，将文字以制表符分隔转换为表格。

（2）填充公式

计算表格中每个人的总分和各科的平均成绩及总分的平均成绩。

（3）排序

对表格中学生成绩按总分由高到低排序，总分相同的再按数学成绩由高到低排序。

（4）为表格应用表格样式

为表格应用“网格表 5 深色–着色 3”的表格样式，并突出显示汇总行和最后一列。

（5）保存文档

以原文件保存文档。

7.1.3 邮件合并

邮件合并功能是在邮件文档（主文档）的固定内容中合并与发送信息相关的一组数据，从而批量生成需要的邮件文档。Word 提供的“邮件合并”功能不仅可以批量处理信函和信封等与邮件有关的文档，还可以批量制作录取通知书、工资条、成绩单、准考证、宿舍卡片等。

邮件合并需要包含两个文档：一个是包含固定内容的主文档；另一个是包含不同数据信息的数据源文档。所谓合并就是在相同的主文档中插入不同的数据信息，合成多个含有不同数据的一类文档。合并后的文件可以保存为 Word 文档，也可以打印出来，还可以以邮件形式发送出去。

执行邮件合并功能的操作步骤如下：

① 创建主文档，输入内容固定的共有文本内容。

② 创建或打开数据源文档，找到文档中不同的数据信息。

③ 在主文档的适当位置插入数据源合并域。

④ 执行合并操作，将主文档的固有文本和数据源中的可变数据按合并域的位置分别进行合并，并生成一个合并文档。

【例 7-4】制作邀请函。

（1）打开主文档

打开“邀请函主文档.docx”作为邮件合并的主文档。

（2）建立邮件合并数据源

选择文档类型为“信函”，选择数据源文件为素材文件夹内的“通讯录.xlsx”，数据存储在 Sheet1 工作表中。

（3）插入合并域

插入合并域“邮政编码”“公司”“地址”和“姓名”。

（4）创建规则，插入域

在“《姓名》”后创建规则，如果“性别”为“男”则为“先生”，否则为“女士”。

（5）编辑收件人列表

将收件人列表以“姓名”升序排列，不合并收件人“周长春”。

（6）完成并合并全部记录到新文档

完成邮件合并；将全部记录（不含周长春）合并到新文档，并以“邀请函-打印.docx”为文件名保存。

（7）保存文档

保存“邀请函主文档.docx”。

7.1.4 长文档编辑

1. 使用样式快速格式化文档

样式规定了文档中标题、题注和正文等各个元素的显示形式，使用样式可以统一文本的格式，通过应用样式功能可以快速地对整篇文档进行高效的格式化处理。

（1）快速应用样式

在“开始”选项卡→“样式”组中显示 Word 提供的可应用的样式，选择合适的应用样式即可。比如选中文章的标题，在“样式”组中选择“标题”样式，此时选中的标题文本被设置为“标题”格式。也可以通过“样式”窗格来设置，选中要设置的文本，单击“样式”组对话框启动器，打开“样式”窗格，如图 7-12 所示，选择“标题”格式，选中“显示预览”复选框则可以通过窗格中标题样式预览样式。

（2）更改样式

用户可以根据需要对快速样式库中的样式进行修改。如对“标题 1”样式进行修改，具体操作步骤：右击“样式”窗格中的“标题 1”样式，在弹出的快捷菜单中选择“修改”命令，或单击“样式”窗格中“标题 1”下拉按钮，在弹出的下拉列表中选择“修改”命令，弹出“修改样式”对话框，如图 7-13 所示，修改样式格式，单击“确定”按钮即可完成修改。

图 7-12 “样式”窗格

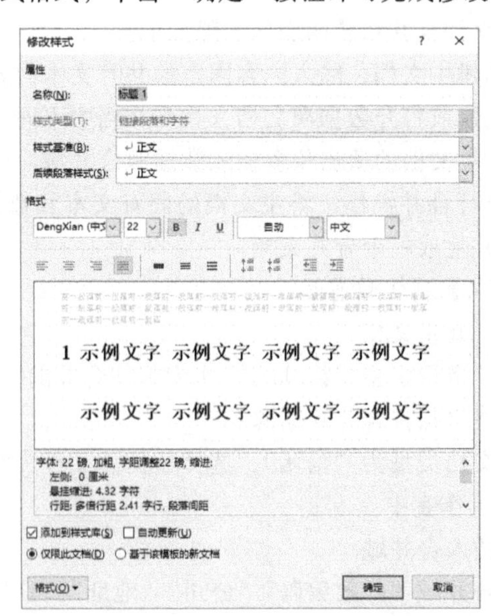

图 7-13 “修改样式”对话框

（3）新建样式

选中需要设置的文本，单击“开始”选项卡→“样式”组的对话框启动器，打开“样式”窗格，单击“新建样式”按钮，弹出“根据格式设置创建新样式”对话框，在“名称”文本框输入新建样式名字，默认为“样式 1”“样式 2”，依此类推。在“样式类型”下拉列表框中根据实际情况选择一种样式，如选择“字符”或“段落”样式。字符样式适用于选定的文本，字符样式中包含字体、字号、颜色和其他字符格式的设置，如加粗等；段落样式用于一个或几个选定的段落。段落样式除了包含字符格式外，还包含段落格式的设置。单击“格式”按钮可以对字体、段落、制表位、边框、语言、图文框、编号、快捷键和文字效果进行综合的设置。在预览区域中可以显示新建样式的预览效果，单击“确定”按钮即可将新建样式添加到快速样式库中。除了直接新建样式外，用户也可以将当前所选内容的样式添加到快速样式库。

2. 大纲级别

大纲级别用于为文档中的段落指定等级结构（1 级至 9 级）的段落格式。主要用于设置 Word 文档的段落层次和显示标题的层级结构。指定了大纲级别后，就可以在大纲视图或文档导航窗格中处理文档，并可以方便地折叠和展开各种层级的文档。

3. 目录

目录是长文档重要组成部分，文章的章、节的标题和页码构成了目录的主要内容，如图 7-14 所示。为文档建立目录前要给各级目录设置恰当的标题样式或大纲级别。单击“引用”选项卡→“目录”组→“目录”按钮，在下拉列表中选择一种目录样式，或者选择“自定义目录”命令，打开“目录”对话框，如图 7-15 所示，设置完成后，添加目录。

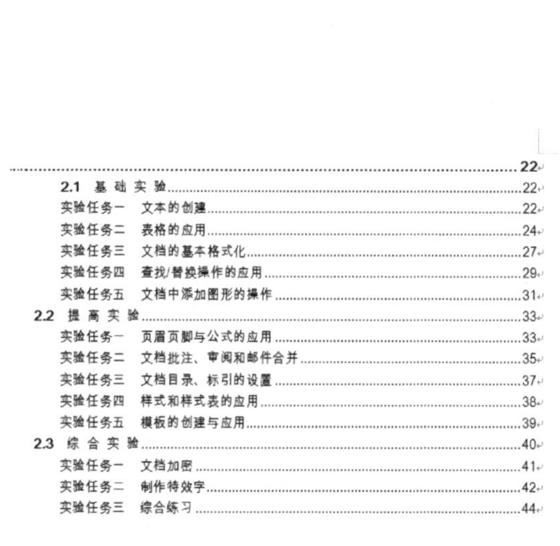
......22
2.1 基础实验......22
实验任务一 文本的创建......22
实验任务二 表格的应用......24
实验任务三 文档的基本格式化......27
实验任务四 查找/替换操作的应用......29
实验任务五 文档中添加图形的操作......31
2.2 提高实验......33
实验任务一 页眉页脚与公式的应用......33
实验任务二 文档批注、审阅和邮件合并......35
实验任务三 文档目录、标引的设置......37
实验任务四 样式和样式表的应用......38
实验任务五 模板的创建与应用......39
2.3 综合实验......40
实验任务一 文档加密......41
实验任务二 制作特效字......42
实验任务三 综合练习......44

图 7-14 目录生成结构

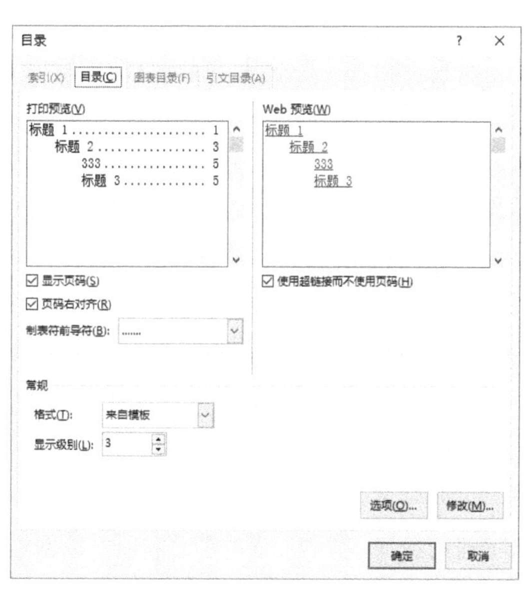

图 7-15 “目录”对话框

对已生成目录的文档内容进行编辑修改之后，要及时更新目录。先将光标定位到文档的目录上，单击“引用”选项卡→“目录”组→“更新目录”按钮，在弹出的对话框中选择“更新整个目录”单选按钮，单击“确定”按钮，即可完成目录文字、页码的更新。

【例 7-5】长文档排版

（1）样式设置

① 打开“三好学生、优秀学生干部评定办法.docx”文档，文档第一段“三好学生、优秀学生干部评定办法”应用推荐样式列表中的“标题”样式。

② 打开“样式”窗格，显示所有样式。

③ 第二段“评选条件和比例”应用“标题 1”，修改其为宋体四号字，居中，并更新“标题 1”样式。

④ 为“评选审定办法”和“时间及要求”两个段落应用更新后的“标题 1”样式。

⑤ 选择同第三段“优秀学生干部的评选”格式相同的所有文本，设置为宋体四号字、段落的大纲级别为 2 级，并将其添加到快速样式表中，命名为“规范标题 2”。

⑥ 文章其余部分，将其格式定义为新样式，样式名称为“规范正文”。

⑦ 修改“规范正文”样式格式：西文字体为“Times New Roman”，五号字，行距 1.5 倍。

（2）设置多级列表，并链接到样式中

设置如图 7-16 所示的多级列表，1 级的编号格式为“第 x 部分”（x 为自动编号的简体大写数字），编号在 0 厘米处左对齐，文本缩进 0.75 厘米，编号之后为空格，并链接到“标题 1”样式。2 级的编号格式为“x、”（x 为自动编号的简体大写数字），编号在 0.75 厘米处左对齐，文本缩进 1.75 厘米，编号之后为空格，并链接到“规范标题 2”样式。

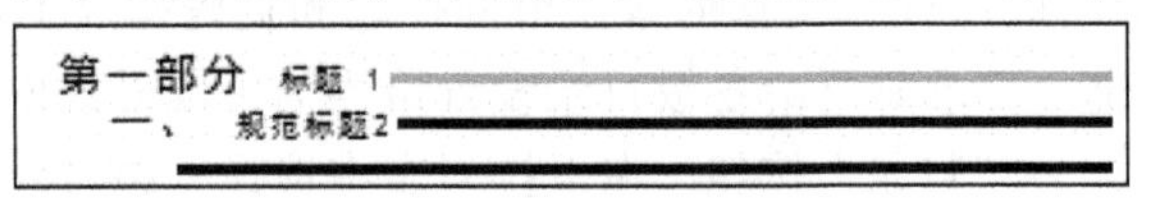

图 7-16 多级列表

（3）添加自动目录

标题后插入一个空段，插入自动目录 1。

（4）导航窗格的应用

显示“导航”窗格，浏览文章中标题，将“一、优秀学生干部的评选”和“二、三好学生的评选”部分互换位置。

（5）保存文档

保存当前文档。

7.2 电子表格软件

Excel 2016 是 Office 2016 办公软件的重要组成部分，是一款应用广泛的电子表格软件，用于管理和分析数据，并对数据进行各种复杂运算。Excel 提供了强大的数据库管理功能，不仅能对数据进行增、删、改、查，还能够按照数据库管理的方式对以数据清单形式存放的工作表进行排序、筛选、分类汇总和建立数据透视表等操作。Excel 提供的图表功能可以方便地建立报表和图表，广泛应用于管理、财务、金融等领域。

1. Excel 工作界面

Excel 启动后，即可打开 Excel 应用程序的工作窗口，如图 7-17 所示，该工作窗口主要由功能区和工作表区组成。功能区包含标题栏、选项卡及相应命令；工作表区由名称框、状态栏、工作表编辑区、滚动条等组成。

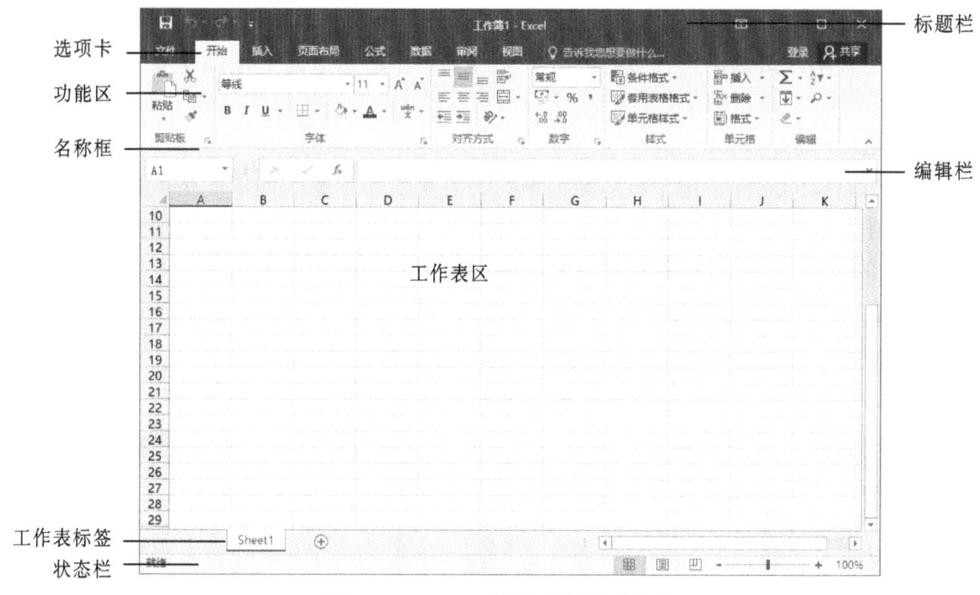

图 7-17　Excel 应用程序的工作窗口

（1）标题栏

工作簿的标题位于 Excel 应用程序窗口的最上面，用于标识当前文档的名称，其左侧图标 包含“保存”“撤销”“恢复”及“自定义快速访问工具栏”按钮；其右侧包含应用程序窗口“最小化”“最大化”及“关闭”按钮 。

（2）选项卡

选项卡包含“文件”“开始”“插入”“页面布局”“公式”“数据”“审阅”“视图”等；根据操作对象的不同，还会增加不同的选项卡，如对图片进行相关设置，功能区中会出现彩色底纹的“图片工具”/“格式”选项卡，如图 7-18 所示。用户可以根据需要单击选项卡进行切换，不同的选项卡对应不同的功能区。

图 7-18　“图片工具”/“格式”选项卡

（3）功能区

每一个选项卡对应一组相应的命令。功能区的命令按逻辑组的形式组织，能帮助用户快速找到所需命令。同时，用户可以通过 按钮打开和关闭功能区。命令组的命令可以直接使用，单击命令组右下角的对话框启动器 可以打开相应的格式设置对话框。如单击“对齐方式”组右下角的对话框启动器 ，可打开“设置单元格格式”对话框。

（4）名称框及编辑栏

名称框及编辑栏位于选项卡下方，工作表编辑区的上方。名称框用于显示当前单元格名称或活动单元格的地址，也可以快速定位单元格。编辑栏位于名称框的右侧，用于显示、编辑、修改当前单元格的内容或公式。两个区域之间有三个按钮 × ✓ fx，分别为“取消”按钮、“输入”按钮和“插入函数”按钮。单击“取消”按钮，可以撤销编辑内容；单击“输入”

按钮，即确认输入编辑内容；单击“插入函数”按钮，则编辑公式。

（5）工作表区

工作表区包含单元格数据、行号、列标、工作表标签、拆分条、滚动条等，并可对其进行相应操作。

（6）状态栏

状态栏位于窗口的底部，用于显示当前窗口的各种状态信息，如单元格模式、功能键的开关状态等，在其右侧还有视图切换、显示比例等快捷操作按钮。用户可以通过设置，在状态栏中显示更多信息，如在状态栏空白处右击可自定义状态栏。

2. 工作簿、工作表和单元格

（1）工作簿

工作簿是一个扩展名为.xlsx的Excel电子表格文件，它可以含有一个或多个工作表。Excel应用程序启动的时候会自动创建一个名为“工作簿 1”的工作簿，该工作簿默认有一个工作表，命名为Sheet1。用户可以根据需要自动调整工作表数。

（2）工作表

工作表是显示在工作簿窗口中的表格，由单元格、行号、列标、工作表标签、滚动条等组成。行的编号由数字组成，1～1 048 576，列的编号由字母组成，A～Z、AA～ZZ、……、XFD。每个工作表都有一个标签，显示工作表的名称，单击工作表标签，该工作表即为当前工作表。

（3）单元格

工作表中行与列交叉处的区域称为单元格，单元格是组成工作表的最小单位，用户可以在单元格中输入各种类型的数据、公式和对象等内容。单元格所在行、列的列标和行号形成单元格地址，犹如单元格的名称，表示单元格在工作表中所处的位置，如A1表示第A列与第一行交叉处的单元格。

单击任意一个单元格，即选中了该单元格，此时单元格的框线变为粗黑线，粗黑线称为单元格指针。单元格指针移动到的单元格即为当前活动单元格。当前活动单元格的名称显示在名称框中，单元格内容显示在单元格及编辑栏中。

选中一个单元格或单元格区域，单元格右下角会出现一个控制柄，当光标移动到控制柄时会出现“+”形状的填充柄，拖动或双击填充柄，可实现快速自动填充。

7.2.1 表格处理基本操作

1. 输入数据

（1）数值型数据

数值型数据由数字、正负号、小数点等构成，在单元格中默认右对齐。数值数据的特点是可以进行算术运算。输入数值时，默认形式为常规表示法，如输入“2013”“13411”等。当数值长度超过单元格宽度时，自动转换为科学计数法，如输入“4587954121332211”，则显示“4.58795E+15”。

分数的输入：在单元格内显示为“分子/分母”格式，在编辑栏中显示为该分数对应的小数数值。输入时先输入0和空格，再输入分子/分母，否则将会显示为文本类型或时间日期类型。如“0 1/5”表示“1/5”。

当单元格中数字显示为“######”时，说明单元格的宽度不够，将列宽调整为合适宽度即可正常显示。

（2）文本型数据

文本型数据由字母、符号、数字、汉字、空格等构成，在单元格中默认左对齐。文本型数据的特点是可以进行字符串运算，不能进行算术运算（除数字串以外）。在同一单元格中显示多行文本，可以在单元格格式中设置为“自动换行”，也可以按【Alt+Enter】组合键换行。

许多数字在使用时不再代表数量的大小，而表示事物的特征或属性，如身份证号。这些数据就是由数字构成的文本数据，可以使用以下两种方法输入：

① 在输入时应先输入半角单引号，再输入数字，如“'3277654”，单引号不会在单元格中显示出来。

② 先把单元格的数字格式设为文本形式，再输入数字。

（3）时间日期型数据

在单元格中输入时间日期型数据时，单元格的格式自动转换为相应的“日期”或“时间”格式。时间日期型数据默认右对齐。

（4）逻辑型数据

逻辑型数据只有两个值：TRUE（真）、FALSE（假），在单元格中默认居中对齐。可以在单元格中直接输入逻辑型数据，也可以通过输入公式得到计算的结果为逻辑值。如在单元格中输入公式“=10>11”，则单元格内容显示为FALSE。

2. 自动填充数据

对于相同或有规律的数据，可以采用自动填充功能高效录入数据。

（1）填充相同的数据

① 对于纯数值或不含数字的纯文本，直接拖动填充柄即可将相同的数据复制到鼠标经过的单元格里，也可以直接双击填充柄。

② 对于含有数字的混合文本，按住【Ctrl】键再拖动填充柄即可。

（2）按序列直接填充数据

① 对于含有数字的文本，直接拖动填充柄即可使文本不变，数字按自然数序列填充。

② 对于数值型数据，Excel能预测填充趋势，然后按预测趋势自动填充数据。例如，在单元格A2、A3中分别输入“100”和“101”，选中A2、A3单元格区域，再往下拖动填充柄时，Excel判定其满足等差数列，因此，会在下面的单元格中依次填充“102”“103”等值。

（3）使用对话框填充数据

利用“开始”选项卡→“编辑”组→“填充”按钮填充数据时，可进行已定义序列的自动填充。先在填充数据序列的起始单元格中输入第一个数据，然后选定需要填充单元格的区域，单击“填充”按钮在下拉列表中选择“系列”选项，弹出“序列”对话框，如图7-19所示。

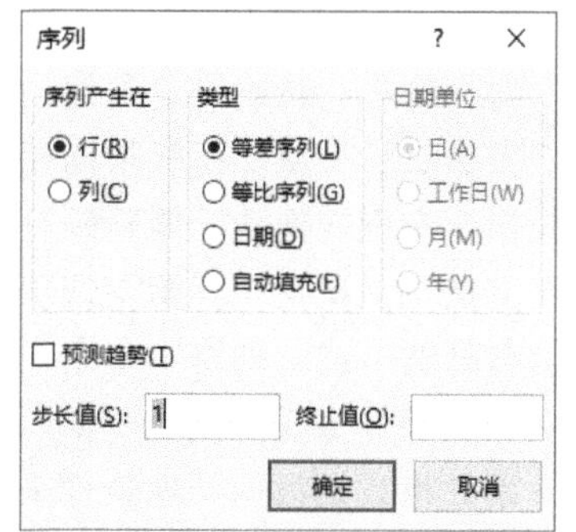

图7-19 【序列】对话框

3. **工作表的格式化**

（1）单元格格式设置

选中单元格或单元格区域，单击“开始”选项卡→“单元格”组→“格式”按钮，在下拉列表中选择“设置单元格格式”命令，弹出“设置单元格格式”对话框，如图 7-20 所示，在该对话框中设置单元格的数字格式、对齐方式、字体、边框、填充图案等。

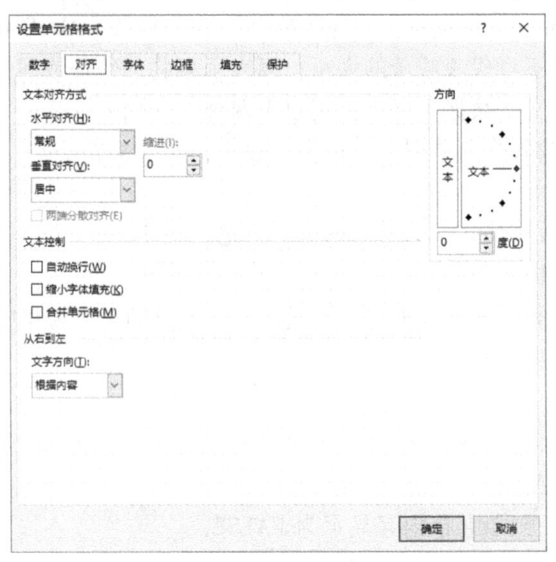

图 7-20　“设置单元格格式”对话框

（2）行高的设置

方法一：在相应行号上右击，在弹出的快捷菜单中选择“行高”命令，在弹出的“行高”对话框中，精确设置行高。

方法二：将鼠标指针指向相应的行号分隔线上，当鼠标指针变成垂直双向箭头形状时，按住鼠标左键并拖动，调整到合适高度，松开鼠标。

方法三：单击“开始”选项卡→“单元格”组→“格式”按钮，在下拉列表中选择“自动调整行高”或“行高”命令，可自行调整行高或精确设置行高。

（3）列宽的设置

方法一：在相应的列标上右击，在弹出的快捷菜单中选择“列宽”命令，在弹出的“列宽”对话框中，精确设置列宽。

方法二：将鼠标指针指向相应的列标分隔线上，当鼠标指针变成水平双向箭头形状时，按住鼠标左键并拖动，调整到合适宽度，松开鼠标。

方法三：单击“开始”选项卡→“单元格”组→“格式”按钮，在下拉列表中选择“自动调整列宽”或“列宽”命令，可自行调整列宽或精确设置列宽。

（4）条件格式的设置

条件格式是根据某种条件来决定应用于单元格的格式，例如，将教师信息表中职称为教授的显示为红色。可以使用内置的条件规则快速格式化，也可以自定义规则实现高级格式化。条件格式的设置是利用“开始”选项卡→“样式”组→“条件格式”按钮完成的。

各项条件规则的使用说明：

① 突出显示规则：通过比较运算符（“大于”“小于”“等于”等）限定数据范围，对该范围内的单元格设置格式。

② 项目选取规则：选定单元格区域中值最大的若干项、值最小的若干项、高于或低于该区域平均值的单元格设置格式。

③ 数据条：数据条可查看某单元格相对于其他单元格的值。数据条的长度表示单元格的值。

④ 色阶：通过两种或三种颜色的渐变效果比较单元格区域中数据的分布和变化。颜色深浅表示值的高低。

⑤ 图标：使用图标集对数据进行注释，图标表示一个值的范围。

（5）样式的设置

样式是单元格数字、对齐、字体、边框、填充多个设置格式的组合，将组合后的格式集加以命名并保存供用户使用。应用样式即应用样式名下的所有格式设置。

Excel 提供了内置样式和自定义样式。内置样式为 Excel 定义的样式，用户可直接使用；自定义样式是用户根据需要自定义的格式集。样式的设置是利用“开始”选项卡→“样式”组→“单元格样式”按钮完成的。

【例 7-6】创建信息表。

（1）创建一个新的工作簿，命名为“教师信息表.xlsx”，打开该工作簿，修改 Sheet1 工作表名为“教师信息”，并设置其标签颜色为橙色。

（2）在“教师信息”表中录入图 7-21 所示的信息。

（3）设置 F2:F11 单元格的数据为“长日期”型，G2:G11 单元格数据为“货币”型、负数第 4 种，无货币符号，两位小数。

（4）设置 A:G 列自动调整列宽，1:11 行高度为 20。

（5）A1:G11 数据区域设置紫色双实线的外边框，蓝色实线的内部边框。A1:G1 单元格填充颜色为“绿色，个性色 6，淡色 60%”，图案颜色为紫色，图案样式为“6.25%”。

职工号	姓名	性别	部门	身份证号	入职时间	基本工资
001	王孟	女	外语学部	110108××××××××0119	2001/2/12	3061
002	马会爽	男	公共教学部	110105××××××××0128	2012/3/27	2471
003	史晓赟	男	艺术学部	310108××××××××1139	2003/7/8	3380
004	刘燕凤	男	文学部	372208××××××××0512	2003/7/2	2825
005	齐飞	男	经济管理学部	110101××××××××1144	2001/6/12	2849
006	张娟	男	理学部	110108××××××××0129	2005/9/20	2782
007	潘成文	男	文学部	410205××××××××8211	2001/3/13	3191
008	王金科	男	艺术学部	110102××××××××0123	2001/10/18	3030
009	李云飞	男	法政学部	551018××××××××1126	2010/5/9	3214
010	邢易	女	理学部	372208××××××××0512	2006/5/7	2395

图 7-21　数据录入

（6）将 G 列基本工资数据大于等于 3500 的数据设置为红色加粗字体。

（7）在最上方插入一行，A1 单元格中输入“教师信息表”，格式为华文行楷、20 号字。A1:G1 单元格跨列居中。

（8）保存工作簿。

7.2.2 公式与函数

1. **单元格引用**

数据计算时常用到单元格数据，Excel 中往往用单元格的地址代表单元格内的数据，这种数据的表示方法称为单元格引用。掌握并正确使用不同的单元格引用类型是熟练应用公式和函数的基础。

（1）相对引用

相对引用是指在复制公式或函数时，参数单元格地址会随着结果单元格地址的变化而发生相应变化的地址引用方式。即引用的单元格地址不是固定的，而是相对公式所在单元格的相对位置。相对地址的表示形式为 A1、B2 等。

例如，在 Sheet1 工作表中 E2 单元格含有公式“=A2+B2+C2-D2”，当把公式复制到 E3 单元格时，公式自动调整为“=A3+B3+C3-D3”，原因是公式的位置向下移动了一行，公式中所引用的单元格地址也相应向下移动一行。

（2）绝对引用

绝对引用是指在复制公式或函数时，参数单元格地址不会随着结果单元格地址的变化而发生变化的地址引用方式。绝对地址的表示形式为$A$1、$B$2 等。

例如，在 Sheet1 工作表中 E2 单元格含有公式“=$A$2+$B$2+$C$2-$D$2”，当把公式复制到 E3 单元格时，公式仍为“=$A$2+$B$2+$C$2-$D$2”，公式中单元格地址不变。

快捷输入绝对引用的方法：选中含有公式的单元格，将光标定位在单元格编辑栏中的单元格名称上，按【F4】键。

（3）混合引用

混合引用是指在单元格引用的列标和行号中，一部分是相对引用，另一部分是绝对引用的地址引用方式。混合引用的表示形式为“列标$行号”或“$列标行号”，如 A$1、$B2 等。快捷输入混合引用的方法：按两次或三次【F4】键。

（4）跨工作表的单元格地址引用

单元格的一般形式为“[工作簿文件名]工作表名！单元格地址”。当引用当前工作簿的各工作表单元格地址时，“[工作簿文件名]”可以省略；引用当前工作表单元格时，“工作表名！”可以省略。

用户可以引用同一工作簿中多个连续工作表的单元格或单元格区域数据，这种引用方法称为三维引用，其表示形式为“工作表名:工作表名！单元格地址”。例如，“=SUM(Sheet1:Sheet3!A1:A5)”，表示的是对 Sheet1、Sheet2、Sheet3 三个工作表的 A1:A5 单元格求和。

（5）名称与引用

为了更直观地引用单元格或单元格区域，可以给单元格或单元格区域自定义一个名称。当公式或函数中引用了该名称时，就相当于引用了该单元格或该区域的所有单元格。

2. **公式**

（1）公式的形式

公式的一般形式为“=<表达式>”，其中表达式可以为算术表达式、关系表达式或字符串表达式等，表达式可由运算符和操作数组成，操作数一般为数值、单元格地址、区域名称、函数或其他公式等。

（2）运算符

运算符用于对公式中的数据进行特定类型的运算，常用的运算符有算术运算符、比较运算符、文本运算符和引用运算符。运算符具有优先级，表 7-2 为常用运算符。

表 7-2　常用运算符

运　算　符	功　　能	示　　例
:（冒号）	区域运算符	A1:A10
（单个空格）	交叉运算符	A7:E7 E1:E8
,（逗号）	联合运算符	SUM(A7:D7,E1:E8)
-	负号	-1
%	百分比	10%
^	乘方	5^2 即 25
* 和 /	乘和除	2*3，8/2
+ 和 -	加和减	5+9，9-4
&	字符串连接	"A"&"B"即"AB"
=	等于	1=2 值为假
< >	不等于	1<>2 为真
<	小于	1<2 为真
<=	小于等于	1<=2 为真
>	大于	1>2 为假
>=	大于等于	1>=2 为假

说明：若公式中包含相同优先级的运算符，则从左到右进行运算。

（3）公式的输入

公式的输入可以在数据编辑栏中进行，也可以双击该单元格在单元格中进行，类似于一般文本的输入，只是必须以“=”开头，然后是表达式，公式中所有的符号都是英文半角符号。其操作步骤如下：

① 选定要输入公式的单元格。

② 在单元格或编辑栏中输入“=”。

③ 输入公式，按【Enter】键或单击编辑栏左侧的“输入”按钮进行确认。

（4）公式的复制

选定含有公式的单元格，单击“开始”选项卡→“剪贴板”组→“复制”按钮，鼠标指针移到目标单元格上右击，在弹出的快捷菜单中选择“粘贴公式”命令。还可以拖动被复制单元格的自动填充柄完成相邻单元格公式的复制。

3. **函数**

函数是 Excel 内部预先定义的特殊公式，它可以对一个或多个数据进行数据操作，并返回一个或多个值。为了方便用户使用，Excel 提供了大量不同种类的函数，包括数学和三角函数、统计函数、日期与时间函数、逻辑函数、财务函数、文本函数、查找与引用函数和工程函数等。

函数的一般形式为“函数名(参数 1,参数 2,[参数 3],...)”。其中，函数名指定要执行的运算，参数指定运算所使用的数值或单元格，返回的计算值称为函数值。括号中的参数可以有多个，不带方括号的参数为必须的，带方括号的参数为可选的。函数中的参数可以是常量、单元格地址、数组、已定义的名称、公式函数等。

（1）函数的使用

如果用户特别熟悉函数的格式，可以直接在单元格中输入函数，但是更多的是使用“插入函数”功能，方法如下：

① 选中目标单元格，单击编辑栏左侧的“插入函数”按钮 f_x，或单击“公式”选项卡→“函数库”组→“插入函数”按钮，弹出图 7-22 所示的“插入函数”对话框。

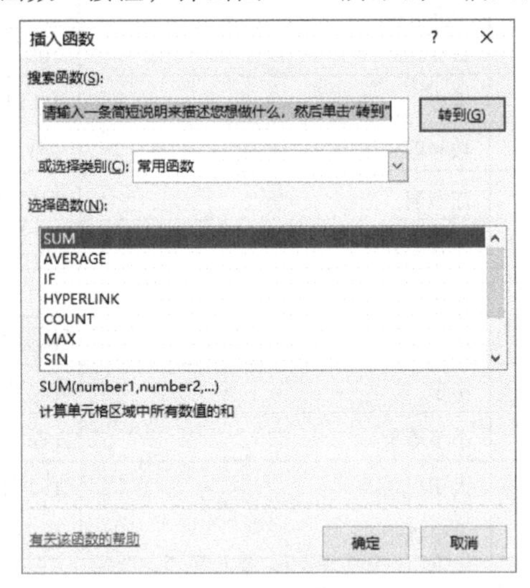

图 7-22 “插入函数”对话框

② 在“插入函数”对话框中选择所需要的函数，打开“函数参数”对话框，以 IF()函数为例，如图 7-23 所示，按照提示输入正确的参数，完成函数的引用。

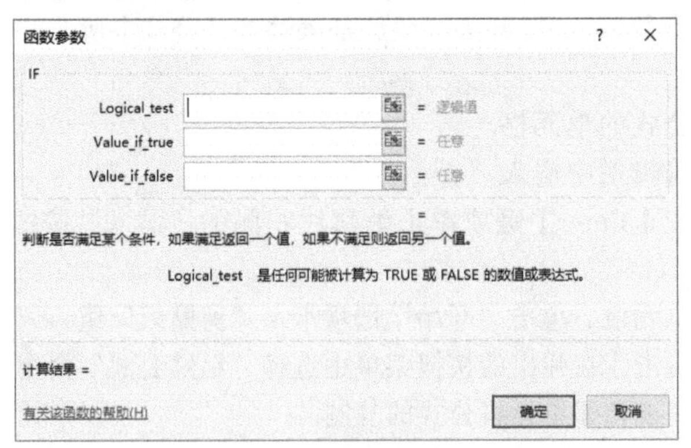

图 7-23 “函数参数”对话框

（2）常用函数

熟练使用各种常用函数，可以快速完成数据的处理，表 7-3 是一些常用函数。

表 7-3　常用函数

函　　数	格　　式	功　　能
ABS	ABS(number)	返回数 number 的绝对值
MOD	MOD(number,divisor)	返回数 number 除以数 divisor 的余数
SQRT	SQRT(number)	返回数 number 的平方根
INT	INT(number)	将数值 number 向下传入到最接近的整数
TRUNC	TRUNC(number,[num_digits])	将数值 number 的小数部分截去，返回整数
ROUND	ROUND(number,num_digits)	将数值 number 按指定位数四舍五入
SUM	SUM(number1, [number 2],...)	返回所有有效参数之和
SUMIF	SUMIF(range,criteria,[sum_range])	对指定的单元格区域中符合指定条件的值求和
SUMIFS	SUMIFS(sum_range,criteria_range1,criteria1, [criteria_range2, criteria2],...)	对指定单元格区域中满足多个条件的单元格求和
AVERAGE	AVERAGE(number1, [number 2],...)	返回所有有效参数的平均值
AVERAGEIF	AVERAGEIF(range,criteria)	对指定区域中满足给定条件的所有单元格中的数值求算术平均值
AVERAGEIFS	AVERAGEIFS (averger_range,criteria_ range1, criteria1,[criteria_ range2,criteria2],...)	对指定区域中满足多条件的所有单元格中的数值求算术平均值
MAX	MAX(number1,[number2],...)	返回所有有效参数的最大值
MIN	MIN(number1,[number2],...)	返回所有有效参数的最小值
COUNT	COUNT(number1,[number2],...)	返回所有参数中数值型数据的个数
COUNTA	COUNTA(number1,[number2],...)	返回所有参数中非空值单元格的个数
COUNTIF	COUNTIF(range,criteria)	统计指定区域中满足单个指定条件的单元格的个数
COUNTIFS	COUNTIFS(range,criteria1,[criteria2],...)	统计指定区域中满足多个指定条件的单元格的个数
RANK.EQ	RANK.EQ(number,ref,order)	返回数 number 在参数列表中的实际排位
RANK.AVE	RANK.AVE(number,ref,order)	返回数 number 在参数列表中的平均排位
NOW	NOW()	返回当前日期时间
TODAY	TODAY()	返回当天日期
DAY	DAY(serial_number)	返回一个月中的第几天的数值
MONTH	MONTH(serial_number)	返回月份值
YEAR	YEAR(serial_number)	返回日期的年份
DATE	DATE(year,month,day)	返回由年份、月份和日号组成的日期
WEEKDAY	WEEKDAY(number,type)	返回代表一周中的第几天的数值
IF	IF(logical_test,value_if_true,value_if_false)	判断逻辑条件 logical_test 是否为真，若为真返回值为 value_if_true，否则返回值 value_if_false
LEFT	LEFT(text,num_chars)	从字符串的第一个字符开始返回指定个数的字符
RIGHT	RIGHT(text,num_chars)	从字符串的最后一个字符开始返回指定个数的字符
MID	MID(text,start_num,num_chars)	从字符串中指定的起始位置返回指定长度的字符
CONCATENATE	CONCATENATE(text1,[text2],...)	将多个文本合并成一个，也可以使用文本连接符“&”
EXACT	EXACT(text1,text2)	比较两个字符串是否完全相同（区分大小写）

续表

函　　数	格　　式	功　　能
LEN	LEN(text)	返回字符串的字符个数
VLOOKUP	VLOOKUP(lookup_value,table_array,col_index_num,range_lookup)	搜索表区域首行满足条件的元素，确定待检索单元格在区域中的行序号，再进一步返回选定单元格的值

其中函数里常见参数有 number：要进行计算的实数；value：各种不同类型的数据；criteria：以数字、表达式或文本形式定义的条件；range：进行计算的单元格区域；text：要进行计算的文本字符串；serial_number：Excel 进行日期及时间计算时使用的日期-时间代码。

（3）公式与函数常见问题

在输入公式或函数的过程中，当输入有误时，单元格中往往会出现不同错误提示。为了更好地发现并修正公式或函数中的错误，需要了解常见错误。表 7-4 为常见错误列表。

表 7-4　常见错误列表

错误提示	说　　明
######	当某一列的宽度不够而无法在单元格中显示所有字符时，或者单元格包含负的日期或时间值时，将显示此错误
#DIV/0!	当一个数除以 0 或不包含任何值的单元格时，将显示此错误
#N/A	当某个值不允许被用于函数或公式但却被其引用时，将显示此错误
#NAME?	当 Excel 无法识别公式中的文本时，将显示此错误
#NULL!	当指定两个不相交的区域的交集时，将显示此错误
#NUM!	当公式或函数包含无效值时，将显示此错误
#REF!	当单元格引用无效时，将显示此错误
#VALUE!	如果公式所包含的单元格有不同的数据类型，将显示此错误

【例 7-7】制作成绩单。

打开素材文件夹中的“学生期末成绩表.xlsx”，在“Sheet1”工作表中，根据已有数据，运用公式和函数填充工作表。

（1）填充总成绩列，总成绩为各科成绩的和。

（2）填充加权平均分列，加权平均分=（必修课成绩*学分）/必修课总学分。

（3）填充等级列，加权平均分 90 ~ 100 等级为优秀，80 ~ 90 等级为良好，70 ~ 80 等级为中等，60 ~ 70 等级为及格，其他显示空白。

（4）根据加权平均分列填充名次列（名次列为学生实际排名）。

（5）根据工作表中的数据，填充 S15: S20 单元格。

（6）根据“辅导员对照表”填充辅导员列。

7.2.3　数据处理

1. 数据筛选

数据的筛选是指在工作表的数据清单中查找满足条件的记录，它是一种用于查找数据的快速方法。使用“筛选”功能可在数据清单中显示满足条件的记录，而不满足条件的记录则被暂时隐藏。对记录进行筛选有两种方式："自动筛选"和"高级筛选"。

（1）自动筛选

自动筛选是指通过筛选按钮进行简单条件的数据筛选。操作步骤如下：

① 选中数据清单中任一单元格，单击"数据"选项卡→"排序和筛选"组→"筛选"按钮，数据清单中所有字段名右侧都会出现一个筛选按钮。如果选中某一列，则只在该列字段名右侧出现一个筛选按钮。

② 单击筛选条件对应的筛选按钮，打开筛选列表，列表下方显示当前列包含的所有值。当列中数据格式为文本时，显示"文本筛选"命令，如图 7-24 所示；当列中数据格式为数值时，显示"数字筛选"命令，如图 7-25 所示，在筛选子菜单中选择相应命令，弹出相应的筛选对话框，在其中设置筛选条件即可。

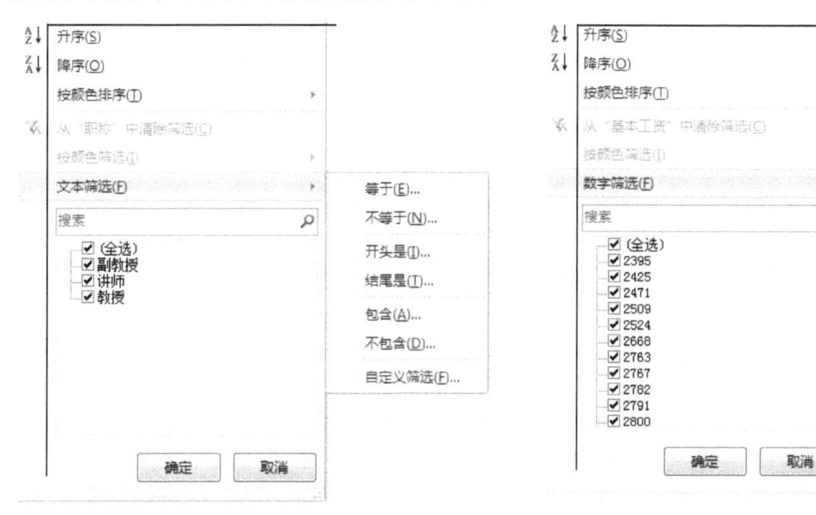

图 7-24　文本筛选命令

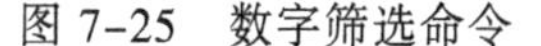

图 7-25　数字筛选命令

（2）高级筛选

高级筛选主要用于多字段条件的筛选，同时可在保留原数据清单显示的情况下，将筛选出来的记录复制到工作表的其他位置。高级筛选前必须先建立条件区域，用来编辑筛选条件。条件区域应遵循：条件区域的第一行为所涉及的字段名，这些字段名必须与数据清单中的字段名完全一样；每个条件的字段名和条件值都应写在同一列中；多个条件之间构成"与"关系时，条件值应写在同一行；构成"或"关系时，条件值应写在不同行；条件区内不能包含空行。

2. **数据排序**

数据排序一般是指依据某列或某几列的数据顺序，重新调整数据清单中各数据行的位置，数据顺序可以是从小到大，即升序；也可以是从大到小，即降序。如有特殊需要，也可以按自定义序列、单元格颜色、字体颜色或单元格图标对数据清单进行排序。

（1）简单排序

利用"数据"选项卡→"排序和筛选"组→"升序"按钮A↓Z或"降序"Z↓A按钮进行排序。操作步骤如下：

① 在数据清单中，单击作为排序依据字段所在列的任一单元格。

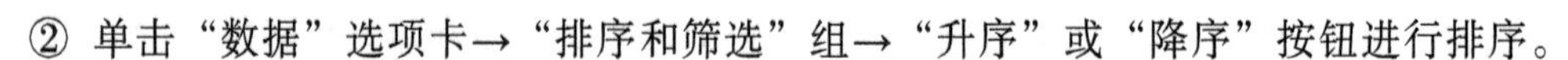

② 单击“数据”选项卡→“排序和筛选”组→“升序”或“降序”按钮进行排序。

（2）多重条件的排序

多重条件排序是指数据清单中的数据先按主要关键字排序，主要关键字相同时再按次要关键字排序。如对数据清单按部门降序、姓名升序、职工号升序排序，即是指先按部门降序排序，当部门相同时，按姓名升序排序，当姓名相同时，再按职工号升序排序。利用“数据”选项卡→“排序和筛选”组→“排序”按钮进行多重条件的排序。操作步骤如下：

① 单击数据清单中任一单元格，单击“数据”选项卡→“排序和筛选”组→“排序”按钮，弹出“排序”对话框。也可以单击“开始”选项卡→“编辑”组→“排序和筛选”按钮，在下拉列表中选择“自定义排序”命令，弹出“排序”对话框。

② 在“主要关键字”下拉列表框中选择相应字段并选择排序依据及次序，单击“添加条件”按钮，在“次要关键字”下拉列表框中，依次进行设置，设置完排序条件，如图 7-26 所示，单击“确定”按钮。

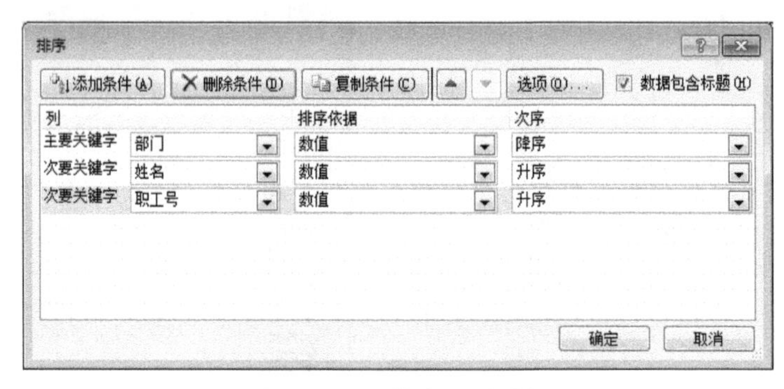

图 7-26　“排序”对话框

3. **数据的分类汇总**

分类汇总是在数据清单中快速汇总各项数据的方法。在进行分类汇总前，必须根据分类字段对数据清单进行排序。操作步骤如下：

① 按分类字段对数据清单进行排序。

② 利用“数据”选项卡→“分级显示”组→“分类汇总”按钮快速汇总相应数据项。

4. **图表**

图表是 Excel 最常用的对象之一，它是根据工作表中的一些数据系列生成的，是工作表数据的图形表示方法。与工作表相比，图表可以清晰地显示各类数据之间的关系和数据的变化情况，以便用户对比和分析数据。

（1）图表类型

Excel 内置了大量图表标准类型，每种图表类型又分为多个子类型，可以根据需要选择不同图表类型表现数据。常用的图表类型有柱形图、条形图、折线图、饼图、XY 散点图、面积图、圆环图、雷达图、曲面图、气泡图、股价图等。常用图表类型及用途说明如表 7-5 所示。

表 7-5 常用图表类型及用途

图表类型	用途说明
柱形图	用于比较一段时间中两个或多个项目的相对大小
条形图	在水平方向上比较不同类别的数据
折线图	按类别显示一段时间内数据的变化趋势
饼图	在单组中描述部分与整体的关系
XY 散点图	描述两种相关数据的关系
面积图	强调一段时间内数值的相对重要性
圆环图	以一个或多个数据类别来对比部分与整体的关系
雷达图	表明数据或数据频率相对于中心点的变化
曲面图	当第三个变量变化时，跟踪另外两个变量的变化，是一个三维图
气泡图	突出显示值的聚合，类似于散点图
股价图	综合了柱形图的折线图，专门设计用来跟踪股票价格

（2）图表的构成

一个图表主要由以下部分构成。

① 图表区：整个图表及其包含的元素。

② 绘图区：以坐标轴为界的区域。

③ 图表标题：描述图表的名称。

④ 坐标轴：为图表提供计量和比较的参考线，一般包括 X 轴和 Y 轴。

⑤ 数据系列：图表上的一组相关数据点，来自工作表的某行或某列。

⑥ 图例：包含图表中相应的数据系列的名称和数据系列在图中的颜色。

⑦ 网格线：图表中从坐标轴刻度线延伸开来并贯穿整个绘图区的可选线条系列。

⑧ 数据表：在图表下方，以表格的形式显示每个数据系列的值。

⑨ 背景墙和基底：三维图表中会出现，是包围在许多三维图表周围的区域，用于显示图表的维度和边界。

（3）图表的创建

图表按显示位置不同可分为嵌入式图表和独立图表。嵌入式图表是位于原始数据工作表中的一个图表对象。独立图表是独立于数据源工作表而单独以工作表形式出现在工作簿中的特殊工作表，即图表与数据分开，一个图表就是一张工作表。无论哪种图表都与创建它们的工作表数据源相关联，修改工作表数据时，图表会随之自动更新。

创建图表主要应用“插入”选项卡→“图表”组完成。图表生成后选中图表，功能区会出现“图表工具”选项卡，利用该选项卡完成图表修改、格式设计、布局等相关操作。

（4）图表的编辑与格式化

图表创建后，如果对图表的显示效果不满意或者需要修改数据源生成新的工作表，可利用“图表工具”选项卡中“图表布局”“图表样式”“数据”“类型”“位置”“形状样式”“艺术字样式”等命令编辑和修改图表，也可以在图表任意位置右击，在弹出的快捷菜单中选择相应命令对图表进行编辑和修改。

5. **数据透视表与数据透视图**

分类汇总可以按一个字段分类，一次或多次汇总。而数据透视表可以对数据进行多角度分析，即按多个字段分类汇总，从而能快速地对工作表中的数据进行汇总分析。

（1）创建数据透视表

① 单击“插入”选项卡→“表格”组→“数据透视表”按钮，在下拉列表中选择“数据透视表”命令，弹出“创建数据透视表”对话框，如图 7-27 所示，选择数据区域及放置数据透视表的位置，单击“确定”按钮，打开“数据透视表字段”窗格。

② 在“数据透视表字段”窗格（如图 7-28 所示）中设置数据透视表布局。拖动右侧“选择要添加到报表的字段”列表框中相应字段到“列”“行”“筛选器”或“值”框中，完成数据透视表的创建。

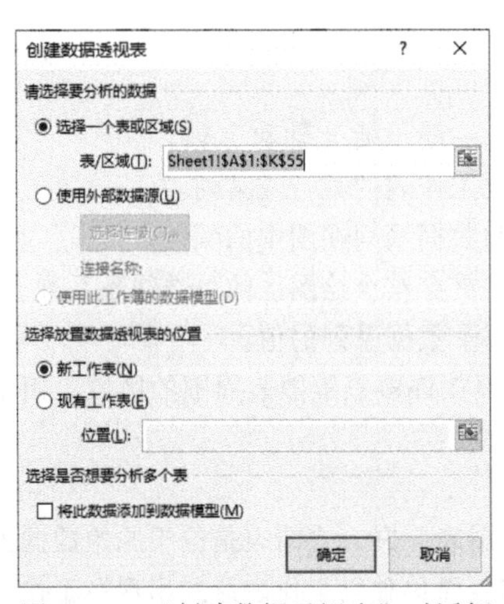

图 7-27 “创建数据透视表”对话框

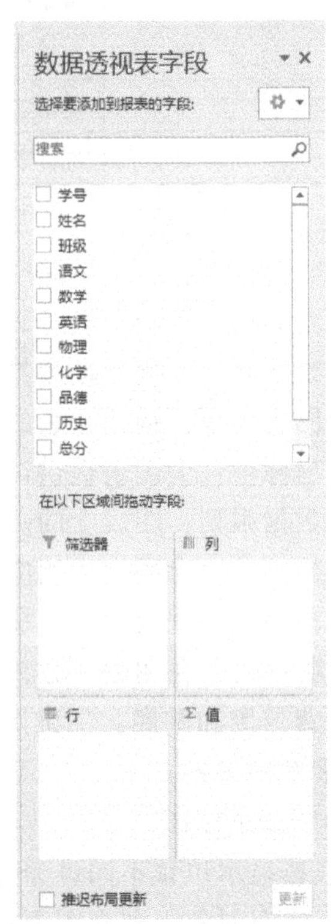

图 7-28 “数据透视表字段”窗格

（2）编辑数据透视表

单击数据透视表中任一单元格，功能区会出现“数据透视表工具”选项卡，如图 7-28 所示，利用该选项卡完成数据透视表的编辑及格式设置。右击数据透视表，在弹出的快捷菜单中选择“数据透视表选项”命令，弹出“数据透视表选项”对话框，利用该对话框的选项可以改变数据透视表的布局、格式、汇总、筛选项以及显示方式等。

【例 7-8】成绩分析。

打开素材文件夹内的“学生成绩总表.xlsx”，完成如下操作。

（1）将 Sheet1 表中数据根据总分由高到低排序，总分相同的语文成绩高的在上方。

（2）在 Sheet1 工作表中筛选出“数学”“语文”“英语”三科成绩均大于 90 的数据。

（3）复制 Sheet1 工作表，命名为“分类汇总”。

（4）将“分类汇总”工作表中的数据使用分类汇总功能统计每个班的各科平均分，数值保留两位小数。

（5）利用“分类汇总”工作表中的汇总后数据，创建簇状柱形图。图表位置为命名为“Chart1”的新工作表，图表标题为“各科平均成绩”，图表样式应用“样式 6”，垂直坐标轴最小值为 60，最大值为 110，间隔为 5；为各系列添加外侧数据标签。完成效果如图 7-29 所示。

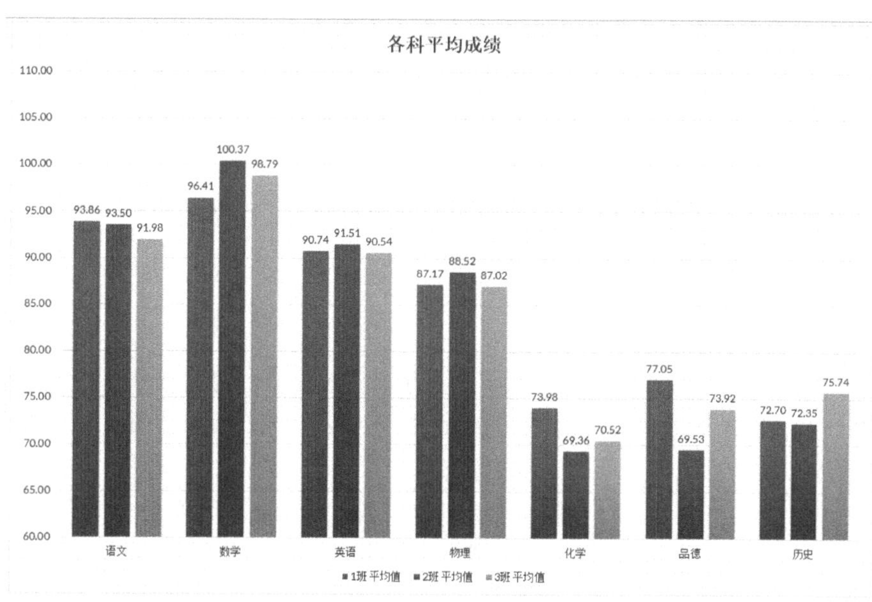

图 7-29　图表样图

（6）利用 Sheet1 工作表中数据，在新工作表中建立数据透视表，工作表命名为“数据透视表”，统计每个班级各科的平均成绩，数值保留两位小数，并用簇状柱形图表示。

（7）以原文件名保存文件。

7.3 演示文稿软件

PowerPoint 2016 是 Microsoft Office 2016 的组件之一，广泛应用于会议报告、课程教学、广告宣传、产品演示等方面。使用 Microsoft PowerPoint 2016，可以将文字、图片、声音、动画和电影等多种媒体有机结合在一起。PowerPoint 2016 演示文稿可以通过计算机屏幕或者投影仪进行放映，或通过 Web 进行远程发布，还可以与其他用户共享文件。

PowerPoint 2016 的窗口界面由标题栏、快速访问工具栏、选项卡、功能区、幻灯片/大纲浏览窗口、幻灯片窗口、备注窗口、状态栏、视图按钮等部分组成，如图 7-30 所示。

1. 标题栏

标题栏显示打开的文件名称和软件名称 Microsoft PowerPoint 所组成的标题内容。右边是三个程序控制按钮：最小化、最大化/向下还原和关闭。

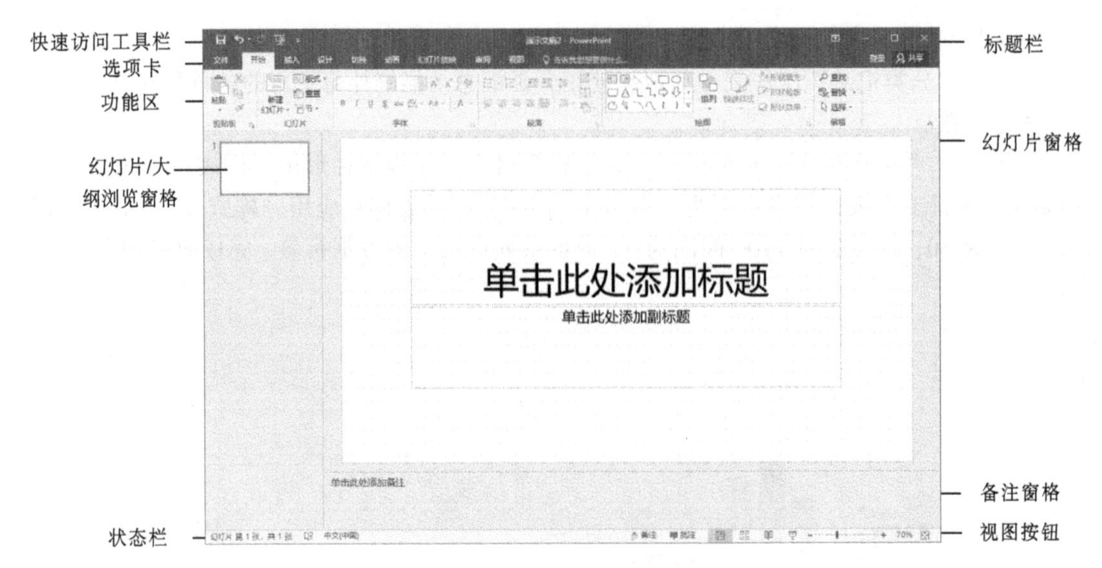

图 7-30　PowerPoint 2016 窗口

2. 快速访问工具栏

快速访问工具栏位于窗口左上角，默认情况下，它有保存、撤销和恢复三个按钮。利用工具栏右侧的“自定义快速访问工具栏”按钮，用户可以增加或更改按钮。

3. 选项卡

选项卡包括“文件”“开始”“插入”“设计”“切换”“动画”“幻灯片放映”“审阅”“视图”等。选项卡下含有多个组，这些选项卡和组可以进行绝大多数操作。当操作对象不同时，还会增加相应选项卡，称为“工具选项卡”。例如，当插入 SmartArt 图形后，选中此图形时，会显示“SmartArt 工具”/“设计”选项卡，如图 7-31 所示。

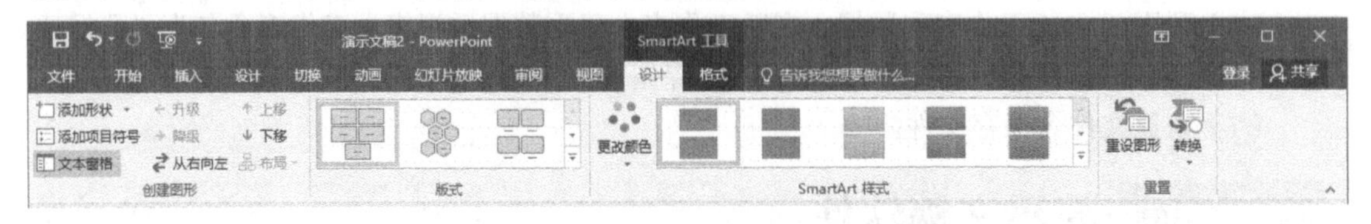

图 7-31　“SmartArt 工具”/“设计”选项卡

4. 功能区

功能区位于选项卡的下面，当选中某选项卡时，其对应的多个命令组出现在其下方，每个命令组内含有若干命令。

5. 演示文稿编辑区

演示文稿编辑区位于功能区下方，包括左侧的幻灯片浏览窗格、右侧上方的幻灯片窗格和右侧下方的备注窗格。

（1）幻灯片窗格

幻灯片窗格是整个演示文稿的核心，它位于工作界面的中间，用于显示和编辑幻灯片，所有幻灯片的制作都是在这个窗格内完成的，其中包括编辑区、标尺、滚动条和幻灯片切换按钮等几个部分。

（2）幻灯片浏览窗格

幻灯片浏览窗格位于工作界面的左侧，用于显示幻灯片的数量及位置，通过它可以方便地掌握演示文稿的结构。以缩略图的形式显示演示文稿的幻灯片，易于展示演示文稿的整体效果，同时可以利用这些缩略图来复制、删除幻灯片，或者调整幻灯片的前后顺序。

（3）备注窗格

幻灯片窗格下面是备注窗格，用于输入在演示时要使用的备注。如果需要在备注中加入图形，则必须转入到备注页才能实现。

6. 视图按钮

PowerPoint 2016 根据用户的不同需要，提供“普通视图”“幻灯片浏览视图”“阅读视图”“幻灯片放映视图”四种视图。单击视图按钮就可以方便地切换到相应的视图模式。

7. 状态栏

位于窗口底部，主要显示当前幻灯片的页数、主题、输入法等信息。

7.3.1 演示文稿基本制作

1. 幻灯片版式

PowerPoint 提供了多个幻灯片版式供用户选择。幻灯片版式确定了幻灯片内容的布局，单击“开始”选项卡→“幻灯片”组→“新建幻灯片”按钮，在打开的下拉列表中选择适合的版式，也可以更换版式，方法为：选中某张幻灯片，单击“开始”选项卡→“幻灯片”组→“版式”按钮，从下拉列表中选择需要的版式即可。

2. 占位符

在“普通视图”模式下，幻灯片中被虚线框起来的部分就是占位符。用户可在占位符中输入文本或插入图表、图片等，还可设置占位符的文本格式等。

3. 幻灯片基本操作

（1）选择幻灯片

对幻灯片进行相关操作前必须先将其选中。单击幻灯片浏览窗格中某张幻灯片的缩略图即可选中该幻灯片。

结合【Shift】键或【Ctrl】键可选中多个连续或不连续的幻灯片。按【Ctrl+A】组合键，可选中当前演示文稿中的全部幻灯片。

（2）添加幻灯片

方法一：选中某张幻灯片，单击“开始”选项卡→“幻灯片”组→“新建幻灯片”按钮（快捷键【Ctrl+M】），从打开的下拉列表中选择需要的幻灯片版式，即在选中幻灯片的后面添加一张新幻灯片。

方法二：右击某张幻灯片，在弹出的快捷菜单中选择“新建幻灯片”命令。

方法三：在“幻灯片浏览”视图下，在两张幻灯片之间右击，在弹出的快捷菜单中选择“新建幻灯片”命令。

方法四：单击“开始”选项卡→“幻灯片”组→“新建幻灯片”按钮，将在当前幻灯片下插入一张版式相同的幻灯片。

方法五：单击“开始”选项卡→“幻灯片”组→“新建幻灯片”按钮，在下拉列表中选

择“重用幻灯片”命令，可以在打开的演示文稿中重复使用来自幻灯片库或其他 PowerPoint 文件的幻灯片。

方法六：单击“开始”选项卡→“幻灯片”组→“新建幻灯片”按钮，在下拉列表中选择“幻灯片（从大纲）”命令，在弹出的“插入大纲”对话框中选择文件，此文件内容将转化成幻灯片。

（3）删除幻灯片

方法一：选中需要删除的幻灯片，按【Delete】键即可删除该幻灯片。

方法二：在幻灯片浏览窗格下右击某张幻灯片，在弹出的快捷菜单中选择“删除幻灯片”命令。

（4）复制幻灯片

方法一：在“普通视图”或“幻灯片浏览”视图下选中幻灯片，单击“开始”选项卡→“剪贴板”组→“复制”按钮，光标定位在目标位置，单击“剪贴板”组→“粘贴”按钮。

方法二：在幻灯片浏览窗格中右击某张幻灯片，在弹出的快捷菜单中选择“复制幻灯片”命令，右击目标位置前的幻灯片，在弹出的快捷菜单中选择“粘贴”命令。

（5）移动幻灯片

方法一：在幻灯片浏览窗格中选中某张幻灯片，单击“开始”选项卡→“剪贴板”组→“剪切”按钮，找到目标位置，单击“剪贴板”组→“粘贴”按钮。

方法二：在幻灯片浏览窗格中右击某张幻灯片，在弹出的快捷菜单中选择“剪切”命令，右击目标位置前的幻灯片，在弹出的快捷菜单中选择相应“粘贴选项”命令。

方法三：在幻灯片浏览窗格中，选中某幻灯片，按住左键拖动到目标位置，松开左键即可移动该幻灯片。

4. 主题

PowerPoint 中自带了大量主题，可以根据需要应用主题样式。在“设计”选项卡“主题”组中选择内置主题，也可单击下方的“浏览主题”命令，打开“选择主题或主题文档”对话框，选择主题文档即可应用。

5. 插入音频和视频

在幻灯片中加入音频视频对象，如音乐、电影等，可增加视听效果，增强演示文稿的感染力。

（1）在幻灯片中插入音频文件的操作步骤。

选择要插入音频的幻灯片。单击“插入”选项卡→“媒体”组→“音频”按钮，在下拉列表中选择“文件中的音频”命令，弹出“插入音频”对话框，找到要插入的音频，将其插入到当前幻灯片。

（2）在幻灯片中插入视频文件的操作步骤。

选择要插入视频的幻灯片。单击“插入”选项卡→“媒体”组→“视频”按钮，在下拉列表中选择“文件中的视频”命令，弹出“插入视频”对话框，找到要插入的视频，将其插入到当前幻灯片。

6. 超链接

使用超链接功能不仅可以在不同的幻灯片之间自由切换，还可以在幻灯片与其他 Office

文档或 HTML 文档之间切换，也可指向 Internet 上的站点。设置超链接的步骤如下。

（1）在幻灯片里选择某个对象，单击“插入”选项卡→“链接”组→“超链接”按钮。

（2）在弹出的“插入超链接”对话框中，选择要链接的文档、Web 页或电子邮件地址。

说明：幻灯片播放时，把鼠标指针移到设有超链接的对象上，鼠标指针会变成☝形，单击即可启动超链接。

7. 动作按钮

动作按钮可以实现在播放幻灯片时切换到其他幻灯片、返回目录幻灯片或直接退出演示文稿播放状态等操作。

单击“插入”选项卡→“插图”组→“形状”按钮，在下拉列表中选择相应的动作按钮，在幻灯片页面中，用鼠标拖动出一个动作按钮，即可弹出“动作设置”对话框，设置相关参数后，单击“确定”按钮即可。

【例 7-9】制作景点介绍演示文稿。

（1）启动 PowerPoint 2016，新建一个空白演示文稿，以“北京主要旅游景点介绍”为名，保存文件。

（2）设置文档主题为“平面”。

（3）设置第 1 张幻灯片，标题占位符输入“北京主要旅游景点介绍”，副标题占位符输入“历史与现代的完美融合”。

（4）新建第二张幻灯片，标题占位符输入“北京主要景点”，内容占位符插入 SmartArt 图形，布局为列表中的图片条纹，文本分别为“天安门、故宫博物院、八达岭长城、颐和园、鸟巢”，并配上相应的图片。完成样图如图 7-32 所示。

图 7-32　第二张幻灯片样图

（5）新建第 3 张幻灯片，标题占位符输入“北京主要景点参观人次”，内容占位符插入图表。图表类型为：簇状柱形图；数据为文件夹中“图表.jpg”中的数据；更改图表样式为样式 18；设置纵坐标轴标题为旋转过的标题“单位（亿）”；修改图例为在底部显示，完成效果如图 7-33 所示。

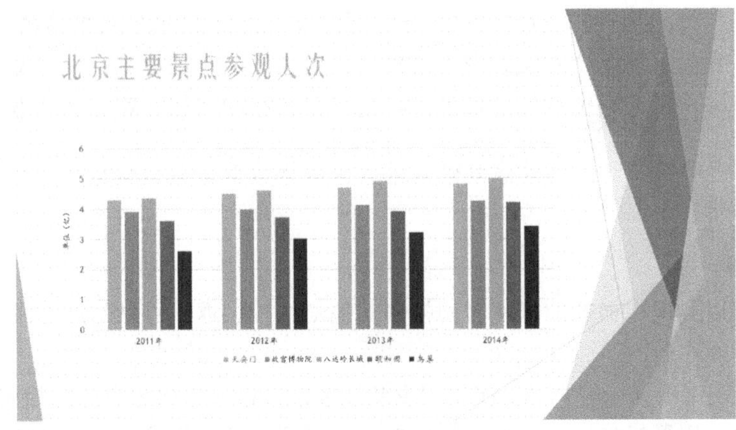

图 7-33　第三张幻灯片样图

（6）新建第 4 张幻灯片，修改版式为“两栏内容”，标题占位符输入“天安门”，左侧内容占位符复制 Word 文档“北京主要景点介绍-文字.docx”中关于天安门的介绍，右侧内容占位符插入图片天安门，样图如图 7-34 所示。

图 7-34　第四张幻灯片样图

（7）按照第 4 张幻灯片的形式依次新建四张幻灯片，按照步骤 5 的要求制作故宫博物院，八达岭长城，颐和园，鸟巢。

（8）在最后新建一张幻灯片，设置版式为“空白”，插入艺术字“北京欢迎您!”：样式为“图案填充-蓝色,个性色 1,50%,清晰阴影-个性色 1”；字号为 115；文本效果为转换中的跟随路径-上弯弧。

（9）在第 2 张幻灯片“北京主要旅游景点介绍”中，插入音频“北京欢迎你.mp3”。设置音频选项：开始方式为自动，跨幻灯片播放，放映时隐藏，循环播放，直到停止。

（10）在第 1 和第 2 张幻灯片之间新建一张幻灯片，设置版式为“空白”，插入视频“北京宣传片.avi”，并设置视频全屏播放，开始方式为自动。

（11）为“北京主要景点”幻灯片 SmartArt 图形中的文本添加超链接，文本“天安门”“故宫博物院”“八达岭长城”“颐和园”“鸟巢”分别链接到后面对应的文本介绍幻灯片（第 5 至第 9 张）。

（12）为第 5 至第 9 张幻灯片在右下角分别添加样式为“第一张”的动作按钮，设置超链接到第 3 张幻灯片。

（13）为第 10 张幻灯片设置背景格式为：纹理中的蓝色面巾纸，并隐藏背景图形。

（14）保存演示文稿。

7.3.2 演示文稿动态展示

1. 幻灯片母版

幻灯片母版是存储有关演示文稿主题和模板信息的主幻灯片，这些模板信息包括字形、占位符大小和位置、背景设计和配色方案等。幻灯片母版的目的是方便用户进行全局更改，并使这些更改应用到所有幻灯片中。设置幻灯片母版的方法如下。

（1）单击“视图”选项卡→“母版视图”组→“幻灯片母版”按钮，在母版视图下，可以根据需要编辑母版的内容。

（2）单击“母版版式”组→“插入占位符”按钮，根据需要从下拉列表中选择添加的占位符。

（3）单击“幻灯片母版”选项卡→“背景”组→“背景样式”按钮，从下拉列表中选择准备应用的背景。

（4）单击“幻灯片母版”选项卡→“编辑主题”组→“主题”按钮，应用内置的主题，还可以在母版中设置页眉、页脚、日期和时间等。

（5）单击“幻灯片母版”选项卡→“关闭”组→“关闭母版视图”按钮，关闭退出。

2. 动画分类

动画类型分为以下四类。

① 进入：设置动画从外部进入或出现幻灯片播放画面的方式，如飞入、旋转、淡入、出现等。

② 强调：设置在播放画面中需要进行突出显示的对象，起强调作用，如放大/缩小、更改颜色、加粗闪烁等。

③ 退出：设置对象离开播放画面时的方式，如飞出、消失、淡出等。

④ 动作路径：设置播放画面中的对象路径移动的方式，如弧形、直线、循环等。

3. 添加动画效果

（1）选中需要添加动画效果的对象，单击“动画”选项卡→“动画”组的下拉按钮，出现四类动画选择列表。在下拉列表中选择需要的动画类型。

（2）如果在列表中没有满意的动画设置，可以选择列表下面的“更多进入效果”“更多强调效果”“更多退出效果”“其他动作路径”命令进行设置。

4. 设置动画效果

为对象设置动画后，可以为动画设置效果、开始播放时间、动画速度等，方法如下。

① 选中已添加动画效果的对象，单击“动画”选项卡→“动画”组→“效果选项”按钮，可选择下拉列表中的选项来设置对象的动画效果。

② 单击“动画”选项卡→“计时”组→“开始”下拉列表框中的下拉按钮，出现动画播放时间选项，包括下列选项：

- 单击时：动画效果在用户单击时开始。

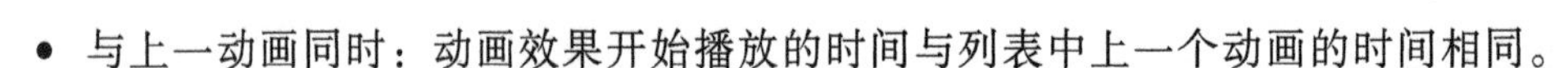

- 与上一动画同时：动画效果开始播放的时间与列表中上一个动画的时间相同。
- 上一动画之后：动画效果在列表中上一个动画完成播放后立即开始。

③ 在“计时”组→“持续时间”文本框中输入时间值，设置动画放映时的持续时间。在“计时”组“延迟”输入时间值，设置动画开始前的延时。

④ 触发器动画即通过单击幻灯片中的某个对象控制某个动画的触发，其广泛应用与类似教学课件的交互选择题中。先设置某个对象的动画，然后单击“动画”窗格→“高级动画”组中的“触发”按钮，在展开的下拉列表中单击“通过单击”，再选择某一对象名称，即可完成触发动画的设置。

5. **使用动画窗格**

多个对象添加动画后，可使用“动画窗格”或“动画”选项卡→“计时”组查看和改变动画顺序、调整动画播放时长等，具体步骤如下。

① 选中相应的幻灯片，单击“动画”选项卡→“高级动画”组→“动画窗格”按钮，在幻灯片的右侧出现“动画窗格”，窗格中出现了当前幻灯片设置动画的对象名称及对应的动画顺序，当鼠标移近某对象名称会显示动画效果，单击“播放”按钮，可预览幻灯片播放时的动画效果。

② 选中“动画窗格”中某对象的名称，利用窗格上方的上移或下移图标按钮，或拖动窗口中的对象名称，可以改变幻灯片中对象的动画播放顺序；也可以使用“动画”选项卡→“计时”组→“向前移动”或“向后移动”按钮。

③ 在“动画窗格”中，利用鼠标拖动时间条的边框可以改变对象动画放映的时间长度，拖动整个时间条可以改变动画开始时的延迟时间。

④ 选中“动画窗格”中对象的名称，单击其右侧的下拉按钮，选择下拉列表框中“效果选项”命令，弹出动画效果设置对话框，此处“动画播放后”设为“下次单击后隐藏”。在“计时”选项卡中，可选择“上一动画之后”选项，单击“确定”按钮。

6. **复制动画设置**

将某对象已设置的动画效果复制到另一对象上时，可使用“动画”选项卡→“高级动画”组→“动画刷”按钮完成。方法为：选中某一已添加动画效果的对象，单击“动画刷”按钮，再单击需要添加同样动画效果的另一对象，动画效果即可复制到该对象上。双击“动画刷”按钮，可将同一动画效果复制到多个对象上。

7. **叠加动画**

幻灯片中的对象不仅可以设置一种动画，还可以使用“添加动画”功能为其设置多个动画，例如可同时设置对象飞入和陀螺旋。多种动画的组合可以打破单一动画表现力的局限性，使播放效果更加出彩。

8. **幻灯片切换方式**

幻灯片的切换效果指幻灯片播放过程中，从一张幻灯片切换到另一张幻灯片的效果、速度及声音等。设置方法如下。

① 选中需要设置切换方式的幻灯片，单击“切换”选项卡→“切换到此幻灯片”组→“其他”按钮，从下拉列表中选择相应的切换效果即可。

② 选择了一种切换效果后，可在“计时”组中“持续时间”后方设置幻灯片切换效果

持续的时间。

③ 在“换片方式”选项区域中有两个复选框，分别是“单击鼠标时”和“设置自动换片时间”。如果选择前者，那么在幻灯片放映时，只有在单击时，才会换页；如果选择后者，并设置换页间隔时间的秒数，在幻灯片放映时将会每隔几秒钟自动放映下一张幻灯片。

④ 单击“声音”列表框右侧的下拉按钮，在声音列表中选择换页时相应的声音效果。选择“声音”下拉列表框中“播放下一段声音之前一直循环”命令，声音将会循环播放，直至幻灯片中有一张幻灯片或一个对象调用了其他的声音文件。

⑤ 单击“计时”组→“全部应用”按钮，可同时设定所有幻灯片的切换效果。

【例 7-10】 演示文稿动态展示。

（1）打开“北京欢迎您.pptx”文件。为第 3 张幻灯片 SmartArt 图形添加动画。

① 动画效果：“进入”效果中的“缩放”。

② 效果选项：序列中的逐个。

③ 声音：鼓掌。

④ 开始：与上一动画同时。

⑤ 延迟：1 秒。

（2）为“两栏内容”母版中的两个文本占位符添加进入动画中的基本缩放。

① 效果选项：从屏幕中心放大，序列按段落。

② 开始：上一动画之后。

（3）为第 3 张幻灯片标题占位符添加动画。

① 动画效果：“进入”效果中的“飞人”。

② 效果选项：方向自左侧。

③ 在动画窗格中将该动画顺序调整至第一位。

（4）使用动画刷将步骤 3 中的动画复制给第 4 张幻灯片的标题占位符。

（5）为第 4 张幻灯片中的图表添加动画：浮入；并为其添加触发器，触发效果为：单击标题时。

（6）将除第 2 张外的所有幻灯片的切换方式设置为：库，效果选项：自左侧，声音：单击，持续时间：2 秒，单击时或每隔 6 秒换片。

（7）以原文件名保存演示文稿。

习题

一、选择题

1. 在 Word 中，切换不同的汉字输入法，应同时按下（　　）键。

   A. <Ctrl>+<Shift>　B. <Ctrl>+<Alt>　C. <Ctrl>+<空格>　D. <Ctrl>+<Tab>

2. 在 Word 中，如果要选取某一个自然段落，可将鼠标指针移到该段落区域内（　　）。

   A. 单击　B. 双击　C. 三击鼠标左键　D. 右击

3. 在 Word 中，如果要选取某一个自然段落，可将鼠标指针移到该段落左侧文本选择区（　　）鼠标。

   A. 单击　B. 双击　C. 三击　D. 右击

4. 在 Excel 中我们直接处理的对象称为工作表，若干工作表的集合称为（　　）。

A. 工作簿　　B. 文件　　C. 字段　　D. 活动工作簿

5. 在 Excel 中单元格 F3 的绝对地址表达式为（　　）。

A. $F3　　B. #F3　　C. $F$3　　D. F#3

6. 在 Excel 中，当某单元格中的数据被显示为充满整个单元格的一串“#####”时，说明（　　）。

A. 其中的公式内出现 0 做除数的情况

B. 显示其中的数据所需要的宽度大于该列的宽度

C. 其中的公式内所引用的单元格已被删除

D. 其中的公式内含有 Excel 不能识别的函数

7. 设 E1 单元格中的公式为=A3+B4，当 B 列被删除时，E1 单元格中的公式将调整为（　　）。

A. =A3+C4　　B. =A3+B4　　C. =A3+A4　　D. #REF!

8. 演示文稿中每张幻灯片都是基于某种（　　）创建的，它预定义了新建幻灯片的各种占位符布局情况。

A. 模板　　B. 母版　　C. 版式　　D. 格式

9. 在 PowerPoint 中，幻灯片母版是（　　）。

A. 用户定义的第一张幻灯片，以供其他幻灯片套用

B. 用于统一演示文稿中各种格式的特殊幻灯片

C. 用户定义的幻灯片模板

D. 演示文稿的总称

10. 在 PowerPoint 中，可以创建某些（　　），在幻灯片放映时单击它们就可以跳转到特定的幻灯片或运行一个嵌入的演示文稿。

A. 动作按钮　　B. 过程　　C. 替换　　D. 粘贴

二、 填空题

1. 在 Word 操作时，需要删除一个字，当光标在该字的前面，应按________键。

2. Word 中按住________键的同时拖动选定的内容到新位置可以快速完成复制操作。

3. Word 中当用户在输入文字时，在________模式下，随着输入新的文字，后面原有的文字将会被覆盖。

4. Word 提供了 5 种段落对齐方式，分别是________、________、________、________、________。

5. 在 Excel 中函数参数必须用________括起来，以标识参数开始和结束的位置。

6. 在 Excel 编辑的“学生成绩表”中，计算每位学生的平均成绩，使用________函数完成。

7. Excel 2016 默认保存工作簿的格式扩展名为________。

8. 在幻灯片的放映过程中要结束放映,可以直接按________键。

9. PowerPoint 中，在浏览视图下，按住【Ctrl】键并拖动某张幻灯片，可以完成________操作。

10. PowerPoint 中，超链接只有在________视图中才能被激活。

三、操作题

1. 打开素材文件下的“朱自清.docx”，如图 7-35 所示，对文档中格式进行必要的设置。

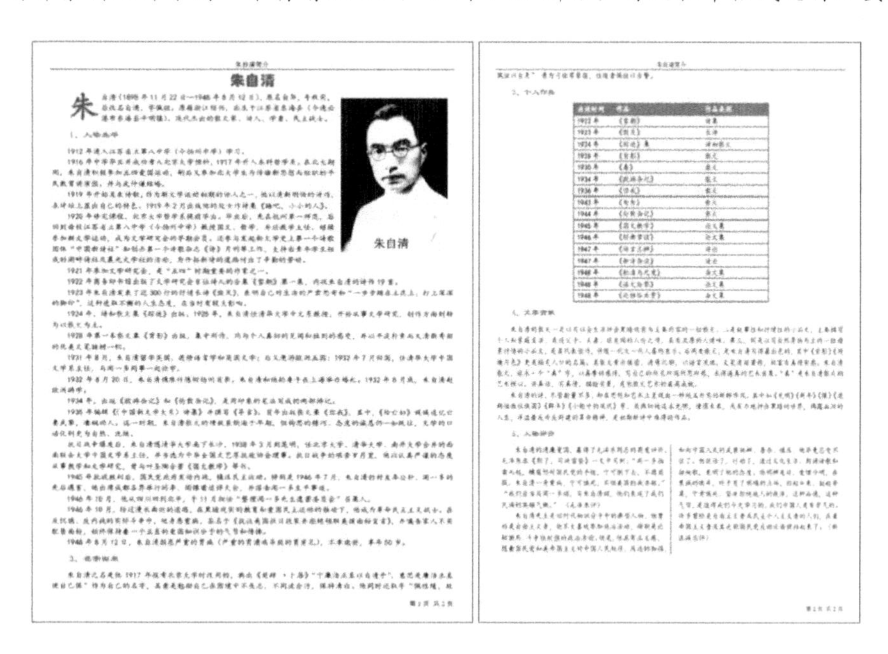
朱自清

朱自清

图 7-35 完成样图

（1）关于文档格式，请注意如下说明。

① 纸张大小为 A4；上、下、左、右页边距均为 1 厘米；页眉、页脚距边界均为 1 厘米。

② 大标题字体为华文琥珀，字号 20，颜色为标准色的蓝色。

③ 正文中除表格外所有段落首行缩进 2 字符。

④ 正文中小标题[1，2，3……]文字字体为隶书、小四号、加粗，颜色为标准色的绿色；段前段后 0.5 行。

⑤ 正文中除小标题外文字均为五号楷体。

⑥ 文章中的“散文”两字为标准色的红色并加粗。

⑦ 页眉页脚均为宋体小五号字。

（2）参照样图，插入素材文件夹内图片“朱自清.jpg”，通过文本框添加图注文字，适当调整大小设置格式后进行对齐设置并组合，而后设置其为四周型文字环绕，参照样图调整图片位置。

（3）保存“朱自清.docx”文件。

2. 开素材文件夹中的“成绩单.xlsx”工作簿文件，按下列要求操作。

（1）基本编辑。

① 在“Sheet1”工作表第一行之前插入 1 行，设置行高 30 磅，合并后居中 A1:J1 单元格，输入文本"学生成绩单"，黑体、22 磅。

② 填充"学 号"列，从 2016511001 开始，差值为 1 递增填充，"文本"型。

③ 将 A 列列宽设置为自动调整列宽，将 C、D、E、F、G 列的列宽均设置为 6 磅。

④ 公式计算"成 绩"列数据，成 绩= WORD 分值*0.35+EXCEL 分值*0.35+PPT 分值*0.3，"数值"型，负数第四种，2 位小数。

⑤ 根据"成 绩"列数据公式填充"等 级"列数据：成绩小于 60 为差，大于等于 60 且小于 70 为可，大于等于 70 且小于 85 为良，大于等于 85 且小于 100 为优。

⑥ 根据“成 绩”列数据计算学生名次，填充到“名 次”列，分数越高，排名越靠前。

⑦ 将 Sheet1 工作表中 A2:I37 单元格区域复制到 Sheet2 工作表中的 A1 单元格起始处，并将 Sheet2 重命名为"筛选"。

⑧ 删除“Sheet3”工作表。

（2）建立数据透视表。

根据“筛选”工作表中的原始数据，建立数据透视表，结果如图 7-36 所示,。透视表放在新建工作表中，工作表名：“成绩汇总表”。

	A	B	C	D	E	F
1						
2						
3	计数项:学 号	列标签				
4	行标签	差	可	良	优	总计
5	01班	2	2	5	2	11
6	02班	2	1	8	1	12
7	03班		5	4	3	12
8	总计	4	8	17	6	35
9						

图 7-36　数据透视表样图

（3）保存“成绩单.xlsx”文件。

3. 打开素材文件夹下的"最美石家庄.pptx"文件，进行如下操作。

（1）为演示文稿应用素材文件夹中的主题“beautiful.pptx”。

（2）将第 1 张幻灯片（标题：石家庄欢迎您）移动到最后一张幻灯片的后面。

（3）为第 1 张幻灯片的标题占位符"最美石家庄"设置动画：

动画效果："进入"效果中的"基本缩放"；

持续时间：1 秒；

开始：与上一动画同时开始；

动画文本：按字母；

动画播放后：其他颜色，自定义：红色 255、绿色 100、蓝色 100。

（4）将 2 至 7 张幻灯片的版式修改为"标题和内容"。

（5）删除第 7 张幻灯片（标题：城市夜景 2）。

（6）设置所有幻灯片的切换方式为"门"，持续时间 1 秒，每隔 3 秒换片

（7）保存“最美石家庄.pptx”文件。